Xinjiang Discovery Series

新疆探索发现系列丛书

总主编 / 李翠玲

主　编 / 巫新华

穿过亚洲

（中）

［瑞典］斯文·赫定 / 著

赵书玄　张　鸣　王　蓓 / 译

新疆人民出版社

（新疆少数民族出版基地）

穿过塔克拉玛干大沙漠

第三十四章

到玛喇巴什

1895 年 2 月 17 日，上午 11 点钟，我与斯拉木巴依、约翰尼斯传教士、哈西姆和哈西姆·阿克汗一起向东朝玛喇巴什进发。

我们的考察队由两辆大型二轮运货马车组成，有两个高高的铁缘车轮，每一辆车由 4 匹马拉着。第一辆马车由我和约翰尼斯同乘，车顶铺着麦秆，里面用一块毡毯铺了一排，后面的空隙也用毡片封闭，尽可能将尘土挡在外面。车底铺有毡子、坐垫和毛皮，成了一个柔软舒适的躺椅。但在凹凸不平的路上，车子颠簸得好像在波涛汹涌的大海上航行，产生的噪音震耳欲聋。

车主陪着我们，每一组马车都有它自己的驭手，拽着一根长缰绳，时而在侧面步行，时而坐在一根车辕上，吹着口哨。另一辆马车中是斯拉木巴依和哈西姆，与我们所有的行李在一起，我们的两只狗约尔达西和哈姆拉赫被系在我的车下。两辆马车沿公路吱吱嘎嘎地呻吟着前行，直到我们来到库姆达瓦斯赫（Kum-därvaseh）沙门（The Sand Gate）。从那里，要花将近两个小时到喀什噶尔的新城，这是喀什噶尔的汉族人区。

在那儿，我们有一次奇特的遭遇。一个汉族士兵向我们冲过来，把马勒住,宣称哈姆拉赫是他的狗。一大群人很快围拢在马车周围,我下令驱车向前,但此人打着手势大喊大叫,最后竟躺在马车底下的地上,表示那狗是他的,要求把它还给他。为了安慰这家伙,我同意把哈姆拉赫放开,丢在后面:如果它当时跟着汉族士兵,那狗就是他的;但如果狗跟着我们,它就是我们的。狗一被解开绳子,它就开始沿着路拼命跑,消失在一团尘雾之中。这个勇猛的汉族人看上去十分垂头丧气,在人群的一片大笑声中溜走了。

日子令人不爽,单调寒冷,天空阴暗,空气静止不动,但充满浓厚的尘雾,到处都是朦胧的景色,来来往往的大量交通产生出浓浓的尘雾,笼罩在沿路旁排列的柳树中。

在一年的这个季节,克孜尔河几乎没有流水,在双孔桥下有一点点结冰,经过桥之后,我们折向东,因此,河在我们的左边。当我们到达雅曼雅(Yaman-yar,简陋的地方)时,已是晚上9点钟,在一片黑暗中已连续行驶了两三个小时。我们各自在一间休息室睡觉,而两个马车驭手睡在各自的车里,以便保护我们的行李不被偷。

2月18日,我们驱车穿过了许多小村庄一直到法扎拜德(Faizabad,神圣的住所),这是在玛喇巴什和喀什噶尔之间的主要城镇。碰巧是赶集日,狭窄的街道挤满了异常忙碌的身着色彩华丽的服装的人,这是附近村庄的居民一周一次常去的地方,为贮存食品去采购。在到那里的路上,我们遇到或超过许多旅行者,有些步行,有些骑马,还有搬运到市场去的各种乡村产品,如绵羊、山羊、家禽、水果、干草、燃料、木制家用器具等。长长的集市到处都回荡着人们的喊叫声和喧闹声,前来采购的人来来回回地在市场上奋力穿行,与摊贩们争吵着,而小贩们则大声吆喝着推销自己的货物。我们不时地遇见一些妇女,头戴圆形大帽子,汉族人则从头到脚穿着蓝色服装。驴队慢慢地强行穿过人群,这个地方充满了生气。

在市场的一端有一个大门,旁边有许多木制小门,但镇上没有城墙。算上周边的农庄,这个地方房屋或家庭总计在700~800之间,较大部分人口是当地人,东干人也是人口众多,并有几户汉族移住民。镇上生产稻子、棉花、小麦和其他谷类植物,以及西瓜、苹果、犁、葡萄和各种蔬菜。

2月19日,离开法扎拜德之后,我们进入一马平川的、带点灰黄色的贫瘠原野。地表是一成不变的荒芜景色,地面覆盖着干燥的细粉状尘土,一丝丝风都能将其吹起来。尘土到处弥漫,无孔不入,钻进我们的皮毛里,粘附在车内的一切东西上,车顶聚积了厚厚的数层土。我们将帐篷毡子盖在马车上,试图把自己保护得好一点儿,让毡子在前面交叠地披下来,尽可能不遮住视线。

　　尘土又厚又深,马车就像在一个巨大的羽毛褥垫上行驶,车轮几乎被尘土吞没了。由于我们的负担沉重,所以前进的速度十分缓慢。步行时,每走一步,整个脚都陷入尘土中,留下的足迹只不过是一系列坍陷的浅浅的小窝。不幸的是,马匹要全力以赴地紧拖着它们的缰绳,直到汗水从它们的身侧淌下。它们也被尘土闷得喘不过气来,并且完全成了灰褐色。三匹马在前面被肩并肩地套在一起,用长长的缰绳拉着,第四匹马在车辕之间。辕马保持车辆平衡,必须适当地装载货物,以使它不会被过重的负重压着,如果它绊一下,我们就要感受到摇晃了。

　　中午过后不久,我们在新城的旅店让马休息了4个钟头,院子里有许多其他的马车,装载着来自最近的森林的燃料。然后我们从晚上5点钟到第二天早晨5点钟,穿过一片漆黑的旷野,走了整整一晚上。路况极差,马车东倒西歪摇晃得厉害,但被安置在柔软的坐垫、毛皮和毡子中,我们很快就被摇入梦乡。

　　2月20日夜间,我们竟然迷路了,因为车夫总是抓着机会就要打个盹儿。经过在附近长时间地搜索探路之后,我们终于回到正确的路上来。在喀拉玉尔滚(Kara-yulgun,黑桎柳)村,我们经过一座木桥,渡过了喀什噶尔河,那以后不久,经过了雅兹布拉克(Yaz-bulak,夏泉)村。这个地方真是名副其实。夏天,河水溢出堤岸,淹没了它两边的大面积的低地和平坦的地方。每年夏季都有大片的洪水滞留,到冬天还结着冰,在冰中生长着丰茂的芦苇。在每年的温暖季节,大路会绕相当多的弯路,以避开这些被水淹没的部分。大约5点钟我们就到达了这种地方。结着冰的支流穿过大路伸向右边,我们全速前进,直到向下来到光滑的冰面上。有很大的爆裂声和碎片,冰破裂了,马车陷进去,就像被一个老虎钳子夹牢一样。所有的马匹都被卸下来套到车后,这花费了一个小时的时间,又是拉又是拽的,才成功地将车身正过来。之后我们

● 我的一辆二轮马车在从喀什噶尔到玛喇巴什的路上

在另一个地方尝试着过去,我的马车总算安全过去了,但第二辆马车的一个车轮就像一把锋利的刀子切进冰中,不断地发出嘧嘧声和呜呜声,像一把蒸汽锯,我们不得不卸下行李把它抬过去。天气寒冷,令人很不舒适,斯拉木巴依为我在岸上生起了一堆大火,而其他人继续把马车赶过岸去。凌晨1点30分,我们到达了奥德克利克(ördeklik,鸭子村),在那休息了一会儿。

2月21日,就在驻地的那边,我们走进一片稀疏的胡杨林,但这林地渐渐地变得越来越密。道路在有些地方的黄土上被冲刷出相当深的沟,并常常在低矮的圆锥形小山之间穿行,山顶长满了柽柳和其他灌木。东干麻扎的休息室的院子被成堆的车棚包围,顶棚是用粗细不等的树枝搭建。圣者的墓地的标志,是上面挂着帆杆或碎布等祭品。晚上我们在喀拉柯沁(Kara-kurchin)的一条背水的平坦的路上安营。

2月22日,我们驱车行进了一整天,穿过一片森林,据说这里是老虎、狼、狐狸、鹿、羚羊和野兔常出没的地方。我们将要经过的奇尔盖赫(Chyrgeh)驻地,离喀什噶尔河4英里多一点儿。

驿站上的建筑物和干柴堆、燃料堆、车棚、马车常常是非常别致的,并充满了生命色彩——牛、羊、猫、狗以及家禽和鸡蛋、牛奶、馕到处都可买到。这里的交通线上,主要依靠驴队在喀什噶尔和阿克苏之间运送棉花、茶叶、地毯、兽皮等。两地之间的距离大约340英里,被分成18个奥尔塘,即驿站,到达每个驿站对二轮马车或一个商队来说都是一天的行程。另一方面,汉族人的邮件在三天半的时间内被运到,特别是有重要文件时。在每一个驿站都有一个汉族主管和三个伊斯兰教徒助手,一个是汉族驿站站长的仆人,而其他两人则负责运送邮件。邮包只被送到下一站,从那里,它们立即被另一人骑马运送到另一个站点。每个驿站都保证有10匹马,邮件被快速地按时送达。既然中国政府根据英国政府的建议采用(引进)电报通信,旧有的邮政机构不再具有它以往的重要性,尤其是在喀什噶尔和阿克苏之间,从那里,到喀喇沙尔❶、迪化、哈密、肃州和凉州府。迄今为止,在亚洲腹地,电报邮政是少见的,它们被小心谨慎地尽量建立在一条直线中。当汉族人在建造它们的时候,他们由一支军队伴随,并给他们提供马车、食物和工具。

　　2月23日,在到达玛喇巴什之前一段距离,森林消失了。从森林消失那一点起,路况极差,光秃秃的地面令人乏味。我们渡过喀什噶尔河仅片刻,在一个干燥的地点经过一个小木桥,驱车绕过玛喇巴什的一个要塞,它的城垛墙是窑烧制的砖墙,在几个拐角上有小塔,据说有300人的驻军。城镇的主要市场由西向东贯穿,非常长,非常直,很脏,店铺被排成一列,离此地不远是旅馆敞开的大门。我们自己住了两间屋子,随身用具放在一个简陋的堆放杂物的小房间里。

　　2月24日。玛喇巴什镇与周边据说总共达1000户住户。附近的镇子叫作刀郎(Dolon)。在塔里木的某些地方,例如在叶尔羌,这个名字是唯一在使用着的。"刀郎"这个词表示"原始森林地带,没有村庄",被用在这里与喀什噶尔和阿克苏形成对照。被自豪地称为"刀郎"的居民有相同的语言、习俗,就像塔里木的其他居民一样,但似乎又有一点儿差别。

　　我散步穿过小镇,这是一个不太重要的镇子,虽然像法扎拜德一样,它有两个小门,也坐落于市场的每一端,分别叫作喀什噶尔大门和

---

　　　❶　喀喇沙尔,即新疆焉耆。

阿克苏大门。这里有两座主要的清真寺,分别叫刀郎和姆沙弗(Mussa-fir),正面是简朴的灰泥土墙,院内有几个木制阳台。刀郎清真寺坐落于阿克苏镇附近,它的旁边另有一个镇子,从这里我们来到了喀什噶尔河,河中水量很小,几乎不流动。水从这里被引入渠道(或灌渠),用来驱动堤岸附近的磨坊。

我们去看了看其中一个磨坊,它仅仅是一个茅草屋顶的小屋,以桩子为基础。屋子的一个角落里,谷物在水平的磨石中间被磨成面粉。磨石是从喀什噶尔买来的,每一个花费100天罡(22s.6d.),使用寿命约5年。当时正在磨玉米和小麦。磨坊主的额外所得,是被磨的面粉的十六分之一。在另一个地方正在给稻子脱壳,原稻在被脱壳之前叫作"shall",而没有芒的纯白米则被叫作"grytch"。脱壳磨的组成,是一只水轮行驶在一个水平的曲柄上,驱动两个木槌,木槌被装配在两个倾斜的凹陷的槽中,原稻或稻子被倒进凹槽中,通过槌子反复不断地敲击,稻子的壳和芒就脱落下来。之后,废渣被筛掉,每一满袋稻子被放入磨中三次,为此,磨坊主得到一些脱壳的米。他一天能完成15chärecks。在玛喇巴什,磨坊主一天可赚得6天罡(1s.3d.),而附近生产大量的稻子、玉米和小麦。

早晨,一位汉族官员和4位伯克代表按班前来欢迎我。

伯克们极为客气并爱说话,认为我的穿过塔克拉玛干大沙漠的计划是可行的。他们告诉我,在沙漠中的叶尔羌河和和阗河之间曾经有一个叫作塔克拉玛干的大镇,但它已被埋藏在沙中很长时间了,现在整个沙漠就是以这个名字命名的,虽然有时它会被简读成"塔干"(Takan)。他们还说:沙漠腹地是被telesmat(巫术或超自然力)阻断生命的地方,并有古旧的塔、墙和房屋,还有一堆堆的金锭和银圆(当时的硬通货)。如果一个人随着一个商队去那里,他的骆驼上装着金子,他将永远再也不会走出沙漠,只得靠精神支撑留在那里。在那种情况下,只有一个办法能够使他拯救自己的生命,那就是扔掉金银财宝。

伯克们认为,如果我尽最大可能要去和阗河边的麻扎塔格,就要带足水,那才有可能穿过沙漠,但无论如何马是绝不能穿过沙漠的,它们将必死无疑。

第
三
十
五
章

到麻扎塔格的一次考察

　　2月25日，我做了一次从玛喇巴什到麻扎塔格山脉的考察，这条山脉到镇东需要一天的行程。只有一个驭手，斯拉木巴依和约尔达西随行。轻载的马车载着我们沿着道路飞速前进，两个小时的旅程之后，透过尘雾开始可以看到带有锯齿形山顶的山脉，尽管背景有点暗。我们转向右从大路到阿克苏，开始穿过一片坚硬且荒芜的草原，地面上稀疏地散布着草丛。接着，我们从两个山嘴之间穿过，一个在右边，比另一个大一些，是一个荒凉、崎岖的高原地区，呈现出重度风化和风力侵蚀的样子。它的岩石是一种淡绿色的结晶状片岩。在山脚，有足够的青草提供给几个小的冬牧场。

　　离山脉的东北脚不远处，是乌拉格大坟墓，被一堵晒干的灰色砖墙所围绕。我们进入的第一个地方是一个大的四方院子，院子里面，一圈长树枝围着一棵矮树被插入地里，枝条和矮树上挂着各种旗子，一些是带红边的白旗，另一些是整个红色或蓝色的旗，其他的又是带锯齿形边饰的三瓣旗。从那里有一个门引进去是一个祷告室，地上铺着地毯。远端有一个打开的木制隔板，它后面是圣徒的坟墓，被一个普通的墓碑所标志。在一个正方形的黑屋子里，装饰有旗子、碎布、鹿角和野绵羊角。圣墓和它的圆顶盖是用窑烘砖建造的,每周五由附近来的朝圣者朝拜。在外面的院子里有一个厨房,他们在那里做饭。

我们把住处定在圣墓前方一所宜人的房舍中,立刻就被一些宗教权势人物所拜访。我从他们那里得到了许多有价值的信息。例如,他们告诉我在前行路线的那一地区,叶尔羌河被分成两条支流,并又继续说,三个相当大的湖泊位于附近,当河流泛滥时,体积不仅增大,而且充满了鱼。尤其使我产生兴趣的,是我获悉麻扎塔格在东南方向穿过沙漠,一直延伸到和阗河,虽然这信息令人怀疑,因为他们没有一个人亲眼见到这条山脉伸进沙漠有多远。

他们当中有些人把沙漠叫作"戴肯戴卡"(Dekken-dekka),因为据说有1001个城镇被埋在它的沙包之下。此外,在这些地方也许会发现大量的金银贮藏品,使用骆驼到那里是可能的,也许在洼地中还能找到水。

2月26日。大概了解麻扎塔格正是我现在的目的地,因此,我带了一个向导,乘坐二轮马车沿它们的东边前行。在我们的左边有一片沼泽,被荒芜的沙山包围。3个小时的车程之后,我们到达了天鹅河(Kodai-daria)。北边是叶尔羌河的支流,足有120码宽,上面覆盖着软冰,能经得起人在上面步行,但在马车的重压之下冰就会破裂。在河水水位高的时候,刀郎人❶使用的小船被牢牢地冻结在冰中。夏季,当河流发洪水时,大量的水流过两个支流,使支流涨满溢出并连成一片,成为一个像湖一样的扩张物,而同时,河右岸上大片大片的树林一半都被淹没。

4月初,大批的刀郎人常常赶着他们的羊群去那里,在树林中度过半年,住在搭建在不会遭遇洪水的地方的芦苇棚里。这些夏营地被叫作"叶依里茨"(Yeyliks)。因此,刀郎人可以说是半游牧民。

再不能利用马车前行时,我骑上一匹马,带了一个队员一起通过一条非常艰险的小路,登上了麻扎塔格,然后继续沿着山的西边前进,直到来到了芦苇丛生的硕尔库勒。但盐湖却含有淡水,里面满是野鹅。这座山是由一种纹理粗糙的火成岩构成,沿着它整个山基塞满了落下

---

❶ 刀郎人,又译作"多浪人"。一般认为是明清之际由喀什、麦盖提、巴楚等地迁居到阿瓦提多浪的人的自称,其以能歌善舞著称。

来的石块,石块光滑并被风雕成奇形怪状,圆形的石块高出像浅碟形的坑,悬在狭窄的柱或支撑物上。与叶尔羌河的左岸平行的硕尔库勒是一个典型的河流潟湖,它的起源应归功于沉积物逐渐沉积在河床中,使水流升高到它的堤岸之上,直到水满得溢到它两侧的凹地上。

　　沿着去乌拉格大坟墓的路返回到营地,我们发现麻扎塔格是由结晶状的片岩、斑岩和一种类似正长岩的岩石构成。它从这个角度看就像一座废墟,立在喀什噶尔河和叶尔羌河之间,而它本身看上去就像一座麻扎或圣墓。

　　2月27日,我们取东北北方向返回到阿克苏公路,再由大路向四个花园(Char-bagh)方向前进。我们再一次穿过喀什噶尔河,或者更确切地说,是越过分成众多支流的地方,每一条支流上都架有一座小木桥。之后不久,亚克赫麻扎塔格(Akhur-Masar-tagh)山就透过充满尘雾的大气隐隐显现出来,其中一个凸出来的山嘴被冠以"麻扎哈兹瑞特阿利"(Masar Hazrett-ali)之名。早上,刮起了不大的东风,但接近中午时分,风刮得相当猛烈,把一切都遮蔽在浓厚的尘霭之中,尘雾悬浮在我们的马车行驶的路上。沿途不时地瞥见树林、灌木丛、马匹和村庄,看上去就好像被脏水覆盖,在这样的天气下,路上没有几个旅行者。

　　图姆舒克(Tumshuk)山向北派生出的4个山嘴现已进入视线,在它陡峭的山坡上像竖立在圆形剧场中的座椅。而依附在裸岩上的像燕窝一样的,是为数众多的倾圮的房屋和墙壁。在地平面以上60～80英尺高处,可以轻易辨认出建筑物是属于两个不同时期。更古老时期的是用烧制的砖建筑的,而那些后来时期的,是晒干的土坯结构。在山脚下的地面上也有许多废墟,所有这些都是旧城市的遗存,无疑是被后面凸起的山庇护而保存下来的。这个地区现在贫瘠且荒无人烟,很可能是因喀什噶尔河河水改道,导致城镇被遗弃。

　　2月28日,在距图姆舒克驻地西北方向1个小时路程的地方,是另一个被叫作"伊斯克萨里"(Eski-shahr,老城)的遗址集中地,我也对这里进行了考察。保存最好的建筑物是一个正方形结构,每个边长是10码,准确地建造有4个基本方位,门口对着东,它是用坚硬的烧制砖建造。这大概是一个清真寺,屋内4个角是用装饰砖修饰的,门口也是用装饰砖装饰的,也许当时它是贴砖的。

　　附近有一座小山,向西北方向伸出两条平行的山脊。我们在那里发现了从前的石墙废墟,其建筑风格属伊斯兰时期。因此,这些考古学的遗存是不可能追溯至1150余年前的。

　　风暴仍在继续,大约到了中午,太阳是灰暗的,由于当时一场雷暴雨可能来临,沙子和尘土沿着地面旋转,并呈旋转的圆柱升入天空。小心即大勇,我们急忙赶回在恰巴格(Char-bagh)的休息处。这是一段不尽如人意的行程,我们每一次吸气都感受到空气中那呛人的尘土,甚至连马车前面的马匹都时不时地从视线中消失,以致到达目的地时,我们完全被尘土闷得透不过气来。

　　3月1日,风暴平息下来,我们在较好的天气中踏上返回玛喇巴什的旅途。在那儿我高兴地发现来自家乡的信件正等待着我。把我这些信件带来的邮政信使是一个能干的家伙,是来自费尔干纳的奥什的老萨特,我以前在摩哥哈布见过他,我临时雇用了他。

　　一位80多岁的老人听说我试图穿过塔克拉玛干大沙漠,来到我的屋子,告诉我他年轻时知道一个人准备从和阗到阿克苏,在沙漠中迷了路,来到了一座古城。他在那里的房屋中发现了无数双汉族人的鞋子,但他刚一触摸到那些鞋子,它们随即便碎成粉末。还有一个人从阿克萨克玛洛尔(Aksak-maral)动身进入到沙漠中,完全偶然地发现了一座城镇,在这片废墟当中,他挖掘出大量的金银元宝及钱币,他把元宝装入他的口袋以及随身带来的一个麻袋中,当他带着他的战利品刚要离开时,一群野猫扑向他,他惊恐万分,扔下所有的东西逃跑了。一段时间之后,当他鼓起勇气第二次去碰碰运气时,却再也找不到那个地方了。这个神秘的城镇完全被掩埋在沙海之中。一个来自和阗的毛拉是更成功的,他负债累累,走进沙漠准备去死,但他不但没有死,反而发现了金银财宝。他现在可是一个富甲一方的人。那些带着同样企图走进沙漠却再也没有返回的人多得不计其数。

　　老人一本正经地向我保证,那些隐藏的财宝能够被成功地找到之前,邪恶的灵魂一定会被驱除。灵魂蛊惑着不幸的人到那里冒险,致使他们变得混乱而迷惑,不知道他们在干什么,他们不停地转着圆圈行走,顺原路返回,走啊走啊,直到彻底耗尽体力倒下来,渴死途中。

　　有一群闲人围在沙漠边缘逛荡,他们坚信迟早会发现埋藏在沙子中的财宝。这些寻宝者总是被他们的邻居斜眼看待并且避之不及。他们不干活,而是靠着一举就有好运气的希望生活着。他们是寄生虫,是邻居的负担。他们在"业余时间"里,从事着偷盗抢劫之事。因此不用说,他们从未找到过任何埋藏的财宝。

但所有这些传说来自何处? 对于这些被埋藏的城市的确切描述、这些从前的大城市的各种传说和被掩埋在沙海中的塔克拉玛干作何解释? 这些广泛流传的传说飞到和阗和叶尔羌,玛喇巴什和阿克苏,只是偶然吗? 这座古城总是以相同的名字被认知只是偶然吗? 当地人详细地叙述这些,说他们曾见过被遗弃的房屋,说从前在那里有大森林,是麝和其他大型猎物的家园,这只是为了使他们自己感兴趣吗? 不,它不可能是偶然,这些传说一定有根据和原因,在它们下面的深处,毫无疑问,一定有其以实际存在的某种事物为根据的出处,它们不应该被藐视,它们更不应该被鄙视和忽略。

对于这些寓言般的富于冒险的传说,我就像一个孩子急切地倾听着,它们每天都会增加我期待的冒险之旅的诱惑。我被所有这些传奇式的传说强烈地吸引着,对存在的危险视而不见。我已坠入沙漠的神秘魔法的符咒之下,甚至连沙尘暴(来自热沙熔炉的心脏,它们是中亚可怕的灾祸)在我眼里都是美丽的,使我心醉。在那里,在地平线的边界,是壮观的,那圆形的沙丘我从未看够过,在它们那边,在墓地般的寂静之中,是伸向未知的、使人沉迷的陆地,甚至连最古老的记录都没有提及它的存在。我将要去这块陆地做第一次踏访。

3月2日,付清一切账目,我们离开了玛喇巴什,驱车向西南方向,朝着位于叶尔羌河左岸的喀玛尔(Khamal,风村)前进。道路穿过一片微微有些起伏的大草原,上面生长着稀疏的牧草、草丛和灌木丛。喀玛尔村由30个家庭组成,他们耕种小麦和玉米,他们的田地正被一条从河流引过来的灌渠所灌溉。夏季,当河水泛滥时,渠道溢满了水并淹没沿岸的宽宽的小道。春洪是由于冬季结的冰融化引起的,同样又带下来超大的水量,正如我们每天看到的一样。

3月3日,穿过丛林和芦苇丛,穿过胡杨林,穿过小沙带,穿过冰正在融解的沼泽,我们的嘎吱嘎吱作响的马车沿着叶尔羌河西岸费力地开路前行。公野猪充满了丛林,在很大程度上损害着周围村庄的庄稼。为了防止这种破坏，当地人在田地周围搭建了棚舍，当收获时节接近时，他们住在那里守着。

玛喇巴什的按班事先对各个村庄负责10人以上的头领下达命令，他们必须以适当的方式接待我。事实上，他的指示是通过信件执行的。在我们停留的每一个地方，我们发现房屋都是预先准备好的，而在食物方面，我们及牲畜所需要的一切都已准备好。

阿克撒克玛洛尔（Aksak-maral，瘸鹿）是我们下一站的逗留地。这里有30户住户，大部分是刀郎人，他们饲养耕牛和绵羊，种植小麦和玉米。这里冬季天气寒冷，但雪量不大，春季多风，秋季小量的降雨逐渐来临，常常对庄稼不利。

夜间，当天空平静且寒冷时，通过白天强烈照射作用而升高的气流不再升起，大气逐渐变得明朗起来。今天就是这样，上午和下午天空是灰暗色的，而晚上，月亮和繁星在天穹闪烁，十分明亮，尽管它们在地平线附近隐没在尘霭之中。早晨，再次是蓝色的天空，仅在天顶可见，而接近地平线处逐渐呈现出灰暗色。

3月4日。一天的行进使我们穿过了一个非常大的沼泽地。穿过沼泽的路是政府大约7年以前修建的，它被修建得足以抵御住洪水的侵袭，是用桩子、栅柱和泥土建造的，就像一条窄窄的丝带蜿蜒穿过沼泽，在某些地方被带上桥，以致未能接受大水量的检验。然而尽管如此，道路在7月、8月、9月三个月期间仍经常被淹没，迫使旅行者绕远道通过喀什噶尔走完全程。实际上，沼泽是一个地势低洼的潟湖，据说远古以来就已存在。它被叫作"奇瑞里克托克拉克塔斯库尔"（Cheraylik-tograktasi-köll，美丽的胡杨湖）。

阿拉阿伊西尔（Ala-ayghir，有斑点的母马）是下一站的名字，那是一个有25个刀郎家庭的村落。和前文提到的村庄一样，那里具有同样的生活和气候环境，春季也普遍刮着东风。在玛喇巴什和叶尔羌之间，有汉族人的邮政通信以及总的来看非常繁荣的交通往来，主要是依靠二轮马车和驴队从事运输，骆驼很少被使用。

阿拉阿伊西尔位于离叶尔羌河半英里多一点儿之处，但当夏季河水上涨时，水可抵达村庄。两年前，甚至在冬天，河岸线竟延长到濒临村庄的地方。而人们告诉我，更为特别的是，在过去的几年中，河水已显示出将它的河道稍向东改道的趋势。

3月5日,驱车行进10个小时,时常走在泥泞难走的路上,浸泡在水中,以致车轮深深地切进泥沙里。我们路过了三个村庄,在第四个村子麦尼特(Meynet),我们拐进去,在一个非常舒适的旅店过夜。墙上用汉语和察合台语文字贴出一张黄色的大布告,传达下列家长式的通告:

"有鉴于我已听说,某些伯克在我的人民当中非法征税,而且垄断了他们的捕鱼权,我希望并要求所有这类违法事件立即报告给最近的道台,如果后者没有听到,上述情况的补救方法是:这些人可以直接给我写信。况苏(KwangTsü)。"

可怜的况苏!他甚至从未听说过麦尼特村,他就那么关心在叶尔羌河中捕鱼吗?麦尼特自夸有15户刀郎人,而河流森林地带在那个地点仅几英里宽,很快就会在沙漠中枯萎干死。狼群出没,捕食畜群,另一方面,多年来那里没有老虎,除了两年前有一只单独行动的老虎在阿拉阿伊西尔出现过。

3月6日,开始的几英里穿过了茂密的胡杨林一直到河边。河水在那被分成两个主要支流和若干个小支流,除了靠近岸边的开阔水域,这些支流仍被软冰所覆盖。

我们白天的逗留地是雷利克(Lailik,灰褐色黏土地区),在这个方向上隶属于玛喇巴什按班的最后一个村庄。在南面,它毗连叶尔羌地区。它是由15个刀郎家庭组成,他们以在河中捕鱼为生,在洪水高峰季节河流的最大深度据说大约有5个人身高的总和。水的流速相当大,但没有骑马人的速度快,一个骑马人需要4天时间到玛喇巴什,而河水需要差不多10天的时间流过这段距离。

3月7日,雷利克暂时作为我们的指挥部,因为穿越沙漠的远征必须做大量的准备工作。最为困难的就是骆驼的采办。我们被喀什噶尔的商人误导,他们告诉我玛喇巴什是得到优等骆驼的最佳地点,而我们在那儿几乎没有见到一峰骆驼,除了试着从喀什噶尔购买一些,别无他法。这个任务交给了穆罕默德·雅柯布,他无论如何必须到那里去邮寄信件并取回另一些信件。一峰健硕的骆驼在叶尔羌需要花费500天罡(5英镑15s.),而在喀什噶尔仅需400天罡(4英镑12s.)。穆罕默德·雅柯布随身带了信件给彼得罗夫斯基领事,并向长老申诉,请求他们对购买骆驼一事给予帮助。10天内他将再次返回,并带回8峰上好的骆驼和两个人。

我们的驿夫现被解雇,我付给他们从玛喇巴什出发至今的旅程费用200天罡(2英镑6s.)。他们想到叶尔羌去寻找工作,并打算沿路从最后一片森林拾些木柴装满两马车。在叶尔羌,一头驴负载的木柴价值3天罡(8d.),一马车可容纳10个这样的负载,因此他们希望在返程中挣到额外的天罡(13s.9d.)。

斯拉木巴依被派到叶尔羌,骑马去购买我们沙漠之旅所需的几样东西,例如贮水用的铁罐以及馕、稻米、绳子和大量工具,再如铁锹和短柄小斧,我还让他带回一定量的麻油和同一种植物碾碎的种子中的谷壳等等。油是打算用来在沙漠中喂骆驼。一斤油(不到一品脱)可维持一峰骆驼一个月不吃其他食物,尽管行进期间找到牧草总是极大的好事,以使牲畜可以在一定程度上变得精神焕发和尽快恢复耗尽的体力。在3月和4月,没有水,骆驼就不可能顺利地走完3天多的路程。但在冬天,在平地上,如果必要的话,它们能坚持6~7天。

我的队伍就像大风前面的雾一样消失了。传教士约翰尼斯是剩下的唯一一个了。

3月8日,我步行穿过一片小树林一直到河边,为的是做一些观测,并找到一只渡船,在70秒内用篙撑过河去,并能够同时运载7匹马、6头驴和20个人。

河流两岸截然不同,左岸低矮、平坦且寸草不生,有许多沙坝。右岸被紧靠它下面的流水冲刷成直角,茂密地生长着胡杨和怪柳。它们的根扎进细密的淤积土中,因此,河流显示出迫向右岸的趋向特征。但水流蜿蜒曲折,以致在其他地方左岸被冲蚀掉,但总体上左岸冲刷程度比右岸要小得多。

右岸的树林在河平面以上6英尺高,但河水在7月溢出,河宽200英尺,最大深度6英尺3英寸,流速每秒2英尺8英寸,流量每秒3060立方英尺。这个流量与盛夏时节向罗布淖尔倾泻的水量相比微不足道,气温是46.9°F(8.3°C)。遍地都没有结冰,但水是透明的,只有2英寸深。

第三十六章

奥尔当帕德沙赫圣陵

3月9日。这是可以干些事情的一天，而我的队员走了。我决定去考察沙漠中的奥尔当帕德沙赫（OrdanPadshah）圣陵。在雷利克以西两天的旅程，我找到了一个识路的人。早上8点，我们骑着马，步伐轻快地向西偏西北方向而去。首先穿过树林，慢慢越过树林进入灌木丛，然后穿过大草原，接着来到了沙漠。不过沙子不是很厚，沙丘也不高，但沙丘朝西的面是很陡的斜面，表明在一年的那个季节普遍刮着东风。

这是一次有趣的远足，因为这个地区以前从未被一个欧洲人拜访过。

离开我们右边的一个蒙古族大型村庄后，我们来到了塔里木❶。伯克把他的房屋让给我使用，但我需要小房间，因为我除了最低限度的必需品外，没带什么东西，只有两匹马。

塔里木村和蒙古村各有200户人家，被1个伯克和8个助理管理，还有一个汉族收税官住在那里。"塔里木"这个词的意思是"一个耕作之

---

　　　❶　塔里木，又译作"铁里木"，原意是"耕地"，这里指一个农耕聚落。

地"。村民告诉我，塔里木从前很有名，那是因为它的丰收和丰富的水源，人们从各地来到这里购买谷物。发生变化无疑应归咎于河道的改变。现在，这个地方从可汗阿里克（Khan-arik）大灌渠得到它的给水。大灌渠像一条主干线从盖孜河（Ghez-daria）流出，路经塔兹滚（Tazgun）村和可汗阿里克村，延伸到最后的小渠网，直到塔里木。但供水量是不足的、无规律的和不确定的，因而常常使庄稼歉收。

就可汗阿里克来说，有一种由当局制定的特殊的管理办法。通过这个办法，每个村庄只在某一时段允许使用水。塔里木到现在已经供水3个月了，但供水将在12天内被中断，在接下来的整整4个月里，不会有一滴水从灌渠系统到达它那儿。村民们将被迫用井水来满足自己的生活所需，直至夏末，他们才将再次使用为期34天的生命之水。

3月10日，我们离开了塔里木，向西穿过大草原、沙漠和沼泽。在这里我对4条古河床有了重大发现，它们虽然现在是干涸的，但仍有非常明显的水曾流经的痕迹。每一条河从100码到110码宽不等，向东北北方向伸展。它们绝对是叶尔羌河的被遗弃的水道。拜可汗库尔（Bai-khan-köll，富饶的可汗湖泊）的湖水咸且浅，沼泽般的岸上茂密地生长着芦苇，我们几乎完全被牢牢地阻挡住。当冬天结冰时，湖面是最大的，而夏天尽管得到喀什噶尔新城的泄洪或渠道溢流的补给，但目前湖水几乎全部被蒸发。在克孜尔济（Kizil-ji）地区，我们通过一座桥穿过了另一条新城的泄洪水道或渠道的延长部分。

在那附近，有个叫作"克孜尔济可汗尼姆"（Kizil-ji-khanem）的墓，一个有意思的事实是，这个名字曾出现在12世纪著名的阿拉伯地理学家爱迪斯（Edrisi）的地图中。

在沙漠开始的地点，沙丘约有25英尺高，坐落着一座兰赫（Lengher，疗养站）小村庄。在这个地方的远处，沙丘整个连成一片，但由于它们是从西南南伸向东北北，我们骑向西南南，逐渐能够趁机利用居中的洼地行走，那里土壤是硬泥土。

当我们到达靠近麻扎的祷告室时已是黄昏。那是一个有25户人家的村子，大部分人只是短时间待在那里，但有4户一年到头都住在那里。

村子里有8所房屋，排成两排，一条街道从它们中间自东向西伸展。北边又有两三所房屋,一半被埋在正威胁着村庄本身的沙丘中。

　　给我分配的住处是旅店楼上一间极为舒适的屋子,窗户是带网格的,向外望去,南面是一片沉闷的沙漠。尽管在下面的街道上那喧闹声持续了一整夜,我依然酣睡到次日早上。醒来时,我发现正刮着猛烈的沙尘暴,一团团尘雾打着旋地透过网格窗刮进来,并围着屋子以急速地旋转舞蹈着。

　　3月11日专门用于结识一位亲近的熟人与这个特殊的朝圣地。以前,在1874年4月,此地被一个名叫玛乔·比罗(Major Bellew)的欧洲人拜访过。他从西边到达这里,我从东边接近这里。因此,我们的勘察可以互补。

　　这个地区决定沙丘运动的风,是从西北方向刮来的。在最近的沙丘向风的一面旁边是一个半埋的墓冢。沙丘目前正在向这个方向移动,坟墓将很快会受到影响,再次被完全地暴露出来。沙丘的最大宽度将近400英尺,高约16英尺,因此它高出马的顶部。小村庄位于这个沙丘背风的一面和东南方向离它最近的沙丘之间的土洼地中。两个沙丘之间约170码宽,在强烈的风暴中,沙子直接从一个沙丘刮到另一个沙丘。

　　祷告室有一个朝东的阳台,阳台由16根柱子支撑。就在村子的北面有一眼淡水泉,叫切瓦特可汗尼姆(Chevätt-khanem),从地下冒出泡沫,正注满一个用木围栏围起的圆水池。水还算清亮,可能是沙子一年一次被清除掉,但水流得很慢,根本不够节日期间使用。在这种情况下,朝圣者必须退到另一眼泉,它位于10分钟路程远处,泉水有点咸。

　　向西北方向20分钟路程远处,有一座圣徒的麻扎或墓地,结构的确很特别。它是由一捆2000～3000根幡杆组成,每一根上都系着一面旗子,以埃菲尔铁塔的形状堆积起,高为40英尺,在沙丘的顶部,很远就能看到它。企图通过在麻扎周围的沙中插成捆的芦苇来固沙,这种权宜之计在一定程度上是成功的,因为麻扎依靠的沙丘部分在西北方向即迎风方向伸出,现在却遭到相邻沙丘的威胁。

　　沙尘暴肆虐着,丝毫不减其猛烈程度,使得无数的旗子剧烈地摆动飘扬着,带着永不消逝的连续的小的爆裂声。为了防止整个建筑物被刮倒,两个方形木制十字架枝条被牢牢插在顶上,许多更小捆的旗子形成一个围栏,30码见方,整个围住了坟墓。

我了解到一些奥尔当帕德沙赫的故事。他的真名叫撒尔坦·阿利·阿尔斯兰·可汗(Sultan Ali Arslan Khan)。800年前,他与托格达拉西德挪克塔拉西德(Togdarashid-Noktarashid)宗族不和,他在他们当中努力传播伊斯兰教。在争乱之中,他遭到了来自哈瑞斯姆(Kharesm)的喀拉布兰(Kara-buran,黑沙暴)的突然袭击,他及他的全部队伍被埋葬。从这天起,他在塔里木的殉难史中扮演了一个重要的角色。

下午,我们穿过了多斯特布拉克(Dost-bulak,朋友泉)村、库拉散(Khorasan)和普撒恩(Psänn),从正北方向到亚奇克(Achick,苦啤酒),首领友好地欢迎了我,并告诉我许多关于附近地区天气和道路的事。

3月12日。要经过8小时的骑程才能到达塔里木,我们很早就出发了,一直是在猛烈的偏西风中前进。这两个地方之间的地区主要具有沼泽般类似大草原的特征,偶尔有一些柽柳丛、蓟属植物丛和草丛。当这些植物干透了时,常常会被风连根拔起,卷曲成球,沿着地面急速滚动。地表覆盖着细微松散的尘土,在大风前像烟雾一样被吹得很高。我们时常走过不流动的沼泽地,有时我们被迫绕道以避免通过更湿的地方。在此过程中,我们有几次迷了路,但被牧羊人纠正,他们在他们的狗的帮助下守卫山羊群和绵羊群。

我们连一丝微弱的光线都看不清。天空一片红黄,有时还会变成暗灰色。当我们最后经由枯死的林地到达塔里木时,我们和马匹都已被灰尘呛得喘不过气来。

3月13日。大风仍持续不减,但今天风向转向北和东北。这三天的风暴当地人叫作"黄风暴",因为它的确将天空染成了黄色。

离开塔里木,我们向东南方向前进,来到叶尔羌河的泰瑞克兰赫(Terek-Lengher,胡杨树休息室)村。9个小时,我们轻快地骑马穿过了一个众所周知名叫"阿拉库姆"(Ala-kum)的被草原和流沙交替覆盖着的沙漠地区。

在河流附近,我们穿过了一座横跨汗迪阿瑞克(Khandi-arik)的桥梁。这是一个重要的灌渠,起源于叶尔羌上游一天的行程之外,向众多的村庄提供水源,它是9年前修复的。据说这项工程雇用了1.1万人。起初是利用叶尔羌河原有的很长一段河床,因此,这项庞大工程刚开始似乎相当容易,渠道与河床之间几个以前的河流水位线都能清楚地被辨认出来。村民们认为,这条河流曾经就在他们村边流过,虽然现在它已离村庄2英里远。他们表达了自己的看法,同时也对这种大自然的变化感到满意,因为这使得他们可以在以前河床的淤积土上扩大农作物的种植面积。

3月14日,风平息了一点儿,并完全转向了东。

我注意到,风暴常常是以西风开始,然后风向由北转向东。我们沿着河流一直向东北方向前进,直到到达雷利克。在一段距离内,河床被冲蚀得很厉害,高高隆起像一堵高达13英尺的直立的墙,露出细黄土、沙和冲积层的水平层面,充满着数不清的根须,那根须有时浮在水上摇摆。旅程的最初一半,我们穿过了一系列的村子,然后是荒芜的地区,直到我们到达雷利克附近的小树林。我们是正午刚过到达那里,发现始发地的一切在约翰尼斯的照管下情况良好。

第
三
十
七
章

沙漠的起点

3月15日，这一天标志着长时间等待的开始，并在极端地考验着我的耐心。

一天一天地过去了，但骆驼没有到，我很高兴因此省略了整个25天的叙述。但我发现在我的笔记簿中，一些事情和细节还是很有趣味的。利用这段时间，我所做的事情就是尽可能搜集关于向东延伸的沙漠的所有信息资料。例如今天我就听说几年前有两个人从杨塔克（Yantak）村出发，带着12天的干粮沿叶尔羌河右岸前行。3天后，他们到达一个又深石头又多的废弃河床，上方有一座木桥，但木桥损毁严重，以至于它无法承受他们走过桥去。他们起初想循着河道向上走，但由于发现那个方向没有水，他们顺原路返回，向溪流下游走去。在那里他们发现了大量的软玉和碧玉。又一个7天之后，他们到达麻扎塔格山，在那里发现了芦苇，并挖掘出了水。

萨合尔卡塔克（Shahr-i-katak），通常省略为卡塔克，是经常出现在亚洲大沙漠同一个地方的另一个传说中的城镇。它那闻名于世的位置总是变幻莫测。在雷利克，人们告诉我它位于村西12.5英里，许多年以前，一个人在那里发现了遗址，但后来去寻找时却找不到了。人们说没有一个人能够去那里,不管他本人怎样不屈不挠地搜寻,他将永远也不会找到这个地方,除非上天愿意让他找到。

我还听说,有12个人为寻找金子就要从叶尔羌出发进入沙漠。他们一般选择春天做这种探险,据他们说,那时的沙暴更可能把金子暴露出来。一个月以前,有一个人进入了沙漠,没有回来。在叶尔羌,人们相信,旅行者穿过沙漠时常常听到有人叫他的名字的声音,但如果循着声音走,他就会迷路并最终干渴而死。这与马可·波罗曾说过的巨大的罗布沙漠相比较是很有趣的:"只有一件与这个沙漠有关的不可思议的事情,这就是,当旅行者晚上行走时,其中一个碰巧落在了后面或睡着了等诸如此类的事发生,当他试图再次赶上他的同伴时,他会听到神灵在说话,而会想象成是他的同伴在说话。有时神灵会叫他的名字,于是这个旅行者将会被引入歧途,使得他永远也找不到他的队伍。就这样,许多人已死去了。"❶

今天,斯拉木巴依从叶尔羌返回,带来了4个铁罐以供储水,6个储水用的山羊皮口袋,麻油和喂骆驼的种子壳,以及石油、馕、炒面、空心面、蜂蜜、麻袋、铁锹、鞭子、马勒嚼子、碗、杯和若干其他必需品。

3月18日。这几天中,我常有机会非常密切地观察到,散热取决于大气中充满的尘埃数量。当天空几乎晴朗时,热度上升到114.8°F（46℃）,但在一阵猛烈的冷风之后,气温下降到69.1°F（20.6℃）。这是3月16日,之后天气逐渐晴朗,使得3月17日气温上升到81.7°F（27.6℃）。第二天是97.9°F（36.6℃）。与此同时在冷风停息之后,晚间温度下降到最低而天气逐渐转晴。例如,冷风之前,最低温度是21.2°F（-6℃）,而冷风前一天中,气温上升至31.3°F（-0.4℃）,但又下降到28.4°F（-2℃）。昨天到25.7°F（-3.5℃）。也就是说,热度是随尘埃落回到地面和被刮走的程度变化而变化。同样的方法,天空中的气温在正午阴凉处依大气的晴朗程度而升高。因此,在3月16日、17日、18日,我得到的读数分别是41.7°F（5.4℃）、45.3°F（7.4℃）和51.8°F（11℃）。大气中充斥的尘埃数量因此给气象仪的读数施加了相当大的影响。

　　　❶　摘自玉尔（YULE）的《马可·波罗游记》第1卷第203页（1874年）。——原注

3月19日，我们走向叶尔羌河右岸的大型村庄麦盖提●，从那里，考察队将向沙漠进军。

早上，麦盖提的许多村民前来陪同我们到他们村子。穆罕默德·尼牙孜（Mehemmed Niaz）伯克带着礼物来了，有鸡、蛋和少量的点心。他个子很高，留着稀疏的白胡子，看上去精神矍铄，严肃正经，并且雇来运输马匹运送我们的行李。他那漂亮的妻子既和蔼又热情。在他们家逗留期间，作为丰厚的回报，我们给了他们钱和布匹。我们向下来到渡口，船只往返4次运送我们和我们的大型考察队。再向南，冰已明显停止了融解，因为河水自3月8日以来已下降了11英寸，而从这一时刻起它将继续下降，直到夏季洪水从山上而来。向东南方向骑行了一刻钟之后，我们路经了安奇特里克（Anghetlik）村，它从叶尔羌河东面的一条支流获取它的灌溉水。一小时后，我们到达了恰姆格鲁克（Chamgur-luk）村，又一个45分钟之后，就到了麦盖提。伯克把他自己的房间安排给我任我使用，很快我就被安置在一间又大又舒适的屋子里，地上铺着地毯，墙上有壁龛。

数一数冬村周围，麦盖提总计有1000处住所，其中250处紧靠着巴扎。向北不远处的杨塔克村有300所房屋。杨塔克和安奇特里克与恰姆格鲁克组成在一个伯克领导下的行政区域（beklik 或 beghik）。而麦盖提有它自己的伯克。在麦盖提地区，住着2个收税官、2个汉族商人和4个来自西喀坡的印度放债者。这是一个丰饶多产的地区，盛产小麦、玉米、大麦、豆类、萝卜、黄瓜、甜瓜、甜菜根、葡萄、杏子、桃子、桑葚、苹果、梨和棉花。在丰年，庄稼充裕，大量的谷类被运往喀什噶尔和叶尔羌。而在歉收年情况却相反，要从叶尔羌输入谷类。

虽然麦盖提离叶尔羌河堤岸很近，但它却不能从这里获得灌溉所需的水，而是从与叶尔羌河平行流动着的喀加利克（Kargalik）河流的提斯那布河（Tisnab-daria）中取水。当水位低的时候，这条河到不了杨塔克更远的地方，但在其他时候，它能再向北流动很长一段距离，并形成两个小湖，但小湖在其他季节是干涸的。它的右岸也有一片森林带，但

●　麦盖提，位于叶尔羌河东岸，意为"幅员广阔"。

● 在一个乡村的巴扎入口处

外围宽度不到12.5英里。冬天寒冷但降雪少,雪下到地面直接就融化了。正相反,夏季虽热,降雨量被平均分配到整个暖季,有时雨量也很大,以致冲毁房屋的平顶。东北风盛行,风暴持续2～4天,天空中充满尘埃,带来"土雨",降在草木上,呈现出浓浓的带点灰黄色的状态。

说也奇怪,以前麦盖提从未被任何欧洲人拜访过。麦盖提这个名字最先出现在别夫佐夫的游记中,而他却不能在叶尔羌河发洪水期间拜访它。但汉族人长期以来就知道这地方,它被名叫Mai-ghe-teh的人在1823年出版的一本名叫Si-yi-shuy-dao-tsi的书中提到过。根据汉译本,"Yandak"或"Yantaklik"变成"Yan-va-li-ke","Tisnab"变成"Tin-tsa-bu"。该书作者陈述说这条河与叶尔羌河合并,表述出这种情况:如果水没有用于灌溉,是不会被分散到已经提到的小湖中去的。然而他的描述也许在8年前是非常正确的。

在麦盖提,有一些我已提到过的游手好闲的寻宝者。有一个人告诉我,他与几个同伴一起步行穿过沙漠,行走了20天,跟随他们的是载着食物和水的驴。在巨大的沙丘旁边向东北东方向行走了7天之后,他们到达一座长长的零零落落的山跟前,偶然看见几株柽柳,有些地方通过挖掘可获得水。为我提供消息的人除了许多其他人以外,就是习惯于每年外出进入沙漠寻找财宝的人。但到目前为止,他们什么也没找到。他们把沙漠叫作"塔克拉玛干"("地底下的城市"之意),总的一致意见是:有了强健的骆驼,我们应该能够顺利穿过沙漠到达和阗河。

晚上,我举办了一个招待会。穆罕默德·尼牙孜伯克和安奇特里克的头人托克塔霍加每人都送给我一只羊作为礼物,而寄居于此的印度人给了我大量的马铃薯和黄油,这两种食物都非常受欢迎。后来,我们听了很长时间由齐特拉琴(Setar)和小竖琴一起演奏的音乐,曲调十分舒缓,虽然音乐相当单调,但合奏在一起时就非常精彩。

3月20日。托克塔霍加绝对是有教养的人,他常来看望我,会坐在我的屋子里一起聊上几个钟头。当我开始因为没有骆驼的消息而渐渐变得急躁的时候,他总是劝我耐心一些,并带着不容置疑且平和镇静的语气说:"他们会来的! 他们会来的!"但骆驼仍然迟迟不到,宝贵的时光正被浪费着。我感到我们的头上正堆积着灼热的炭火,因为春天正向我们走来,在每年的炎热季节,沙漠简直就是一只火炉。

同时,托克塔霍加给了我许多有价值的信息。例如,今天他告诉我麦盖提的村民是刀郎人,依照他们自己的看法,他们与喀什噶尔人相同,只是在语言上有一些微小区别,仅此而已。但托克塔霍加本人认为,他们与他们的邻居有很大的不同。他们的性格冷酷无情,他们不轻易原谅人,以致一些微不足道的争执都会持续个好几年。

3月21日,我参观了巴扎。巴扎很大,每一类交易和职业都被分有一个专门的小巷,不过除了一周一次的巴扎日以外,平时没有交易可做。当货物被从家带来时,被码放在搭建于他们前面的平台上,在我参观的时候,有许多妇女正坐在平台上缝纫。妇女们一般不戴帽子,留着两条又粗又黑的长辫子,但有时她们头上戴着小圆帽或无边小帽。她们特别喜爱的消遣似乎是消灭某些令人讨厌的寄生虫。我看见一个妇女把头枕在她旁边妇女的腿上,这不是件难得一见的事。

就在村外,有一座25～30英尺高的沙丘,从西南南向东北北方向延伸。结构很有规则,好像是被有意建成的。它的顶部建有奇姆戴瑞赫可汗(ChimderehKhan)的麻扎,是被小小的四合院围绕着的平顶屋子,可以俯瞰到村子上方的美景。

3月22日,终于,穆罕默德·雅柯布从喀什噶尔回来了,带来了一个硕大的邮包,但是没有骆驼! 因此,我离开了正好是我月初来到的地方。现在,我去寻求我那优秀的斯拉木巴依的支持,并在第二天派遣他尽可能快速地到叶尔羌,最后命令他,没有骆驼就不要再回来。幸而我有我的气象观察和天文观察,更不必说我刚刚收到的信件和老托克塔霍加陪伴我度过等待的时光。

我没有得到约翰尼斯教会所能提供的财力。在后来的几天,我患上了一种非常严重、非常疼痛的咽喉炎,通称为"Gorkak",这种病在当地非常流行。我尝试着使用了伯克的方子——用温牛奶漱喉咙,但没有效果。他建议我应该给"心灵除妖者"(Peri-bakshis)一个考验,我告诉他,我不相信这种愚蠢的举动,但驱除精神妖魔还是很受欢迎的。

天黑之后,当屋内没有光线时,来自炉边的发光的煤炭补充了亮光。心灵除妖者出场了——这是三个高大的蓄着胡须的男人,穿着长长的白色袷袢,每人拥有一面鼓,牛皮被紧紧地绷在鼓面上。他们用鼓开始表演,用手指轻敲,用手掌拍击,用拳头捶击。鼓发出的声音非常之大,以至于在6~7英里远的雷利克都能听到鼓声。表演者以惊人的速率打击着乐器,并且三人都在同一精确的时间内。用指尖轻扣鼓一段时间后,三人都一致地在同一瞬间猛击起鼓来,然后用他们的拳头沉重地重击6下,以加强效果。接着,指头轻敲再次开始,整个过程被重复,没有一刻停止。有时他们静静地坐着,有时他们受独具特色的音乐感染而失去自制力,起身跳起舞来,有时他们又把鼓抛入空中,并成功地接住它。每一轮持续5分钟,打击按某一次序开始,这说明三个人能够很好地在一起准确地合着拍子。驱逐邪恶的灵魂整个过程是9个回合,一旦除妖者已经开始,使他们停下来是不可能的,直到"好汉的全部故事都获悉了"!

心灵除妖者通常是由妇女请来,因为妇女比男人更加相信这个仪式。除妖者进入病房,专注地凝视着油灯的火苗,说他们在那里能看到哪个妇女拥有邪恶灵魂,接着立刻开始敲鼓,而屋里屋外则聚集着病人的朋友和熟人。当最后一阵雷鸣般的隆隆声停息时,集会散去,但表演并没有结束,只有心灵除妖者和患病妇女单独留在一间屋子里。在屋子当中,巫师用力甩着杆子,杆子的一头系着一根绳子,而它的另一端被牢牢系到屋顶上,妇女用力拉扯绳子直到成功地使绳子松掉,而心灵除妖者猛击他的鼓,绳子瞬间从屋顶脱离出来,邪恶的灵魂从妇女身上离开了。

猎隼也被认为有类似的除妖魔力,因此,它被叫作"除妖者"或假定邪恶的灵魂非常惧怕它。在妇女分娩的阵痛期间,她看到邪恶的灵魂在屋里飞来飞去,其他人看不见,不过猎隼可以看到,于是被放出来在屋内把它们驱赶出去。很明显,猎隼、鼓、绳子和棍子都趋于同一个目的,即在一定程度上分散妇女的注意力,因而使她忘记自己的痛苦。

3月26日。穆罕默德·尼牙孜伯克每天在他自己家里执法,通常他的座位在支撑阳台顶的一个柱子旁边。只要诉讼持续着,他的面部表情就非常严肃。在工作台上,靠他旁边坐着他的秘书,记录谈话内容,并参与诉讼。他周围站着他的手下及法官,他前面是犯人。

今天有一桩非常奇特的案子,一个人有5个妻子,第五个妻子是个漂亮、高个、结实的年轻女人,和另一个男人私奔到喀什噶尔。伯克发出通知给那里的当局,他们找到了这个女人,并把她送回到麦盖提。她现在要对她的行为负责。在她被宣判有对丈夫不忠的罪之后,伯克扇了她一耳光。她开始哭泣。她在为自己辩护时一定要说的一件事就是,她忍受不了与她在一起生活的另外4个妻子。她身上藏有一把小刀,当伯克问她准备用刀做什么,她回答,如果她被逼迫回到她丈夫身边,她打算自杀。对她的处罚是,她将去和毛拉住上一段时间,直到她心情好转,然后平静地回到丈夫家。

另一个年轻女人被带出来之后,她的脸被划破了,正在流血,后面跟着她的母亲和她的丈夫。她也离开了丈夫,但这个男人擅自处理,并狠命地踢她,虐待她,几个目击者证实了这一陈述。男人使用剃刀划伤她,但他否认这一点。为了使他招供,伯克命令把他的双手捆在背后,然后把他吊在树枝上,他没被吊多久就招供了。男人的气焰被压下去,并在其身体的那个部位鞭笞40下。同时,他说他的妻子打他的脊背,于是他立即被剥光了衣服,但由于没有痕迹可见,结果招致又一次的鞭打。

在这个边远地区,审判的判定可稍微灵活。如果被告有钱,便能逍遥法外,总之,伯克对于他的案件收取一定的天罡。如果原告不满意裁决,可以要求到更高一级当局——最近的汉族官员那里。

私通案件总的来看并不罕见,她们也不会受到特别严厉的惩罚,通常是把妇女的脸抹黑,双手绑在背后,让其倒骑在一头公驴上,拉着在村子的大街小巷和巴扎上穿行。一夫一妻制是法则,很少有一个男人有四五个妻子。

关于新娘的嫁妆(Kalim),这里的风俗与柯尔克孜族人的差不多。嫁妆被付给新娘的父母,根据男人的家境与财产的不同而不同。一个巴依给到2jambaus那么多。通常这一切都是以实物给付,但新娘的嫁妆是规定的嫁妆。一个穷人只能估量着给食物和衣物,数量完全取决于新娘父母的要求。而美丽的容貌和苗条的身材,在柯尔克孜族人中间是不重要的。一对年轻人想要结合,没有得到双方父母的同意,私奔是常有的事。但一般他们会在几个月后回来,盛情款待老人,然后一切误解就烟消云散了。

另一次,伯克审判两个正在赌博的男人,其中一个人的耳朵上有一道深深的伤口,他的整个脸和胸部满是血。他输了7天罡(1s.6d.),并答应去巴扎想法子赚钱,但赢者要求他赢的钱立即当场兑现。于是,输者拔出刀子在自己耳朵上猛割了一刀,喊道:"你拿这个来当作你的钱吧!"伯克命令当众罚赢者鞭笞,另一个赌输的人只要等他的伤好了,也要遭鞭笞。不用说,赢的钱到了伯克的口袋里。

第三十八章

从麦盖提出发

4月8日,斯拉木巴依和穆罕默德·雅柯布回来了。在经过数次讨价还价并经历许多麻烦事之后,他们成功地在喀加里克(Kargalik)买到了8峰极令人满意的公骆驼,每峰价格在6英镑以上。不知怎的,在村民当中谣传四起,说我们肯定会用骆驼作为即将开始的沙漠之旅的坐骑。结果他们抬高价格,是平常的两到三倍。

更大的困难出现了,情况出乎意料——将要为我们服务的这些难得的骆驼,一定更习惯于走平原路。对在沙漠地区旅行,它们必须要习惯于在沙漠上前进并能够耐热、能够忍受饥渴,这些特性比骆驼的外观和它们的肌肉、骨骼状况要重要得多。

一上午,我们忙于为骆驼取名,测量它们驼峰之间的围长,其目的是确定它们并于旅程结束时做出比较。这里给出了几峰骆驼的名字和量得的尺寸:

骆驼名	年 龄	围 长
白骆驼（Ak-tuya）	8岁	7英尺9英寸
男子汉（Boghra）	4岁	7英尺8.5英寸
大个子（Nähr）	2岁	7英尺4.5英寸
巴伯（Babai，老人家）	15岁	7英尺5.5英寸
大黑（Chong-kara）	3岁	7英尺3.5英寸
小黑（Kityick-kara）	2岁	7英尺3英寸
大黄（Chong-sarik）	2岁	7英尺6.5英寸
小黄（Kityick-sarik）	1.5岁	7英尺

我们根本无法预知，在旅途当中幸存下来的唯一的一峰骆驼是"大黑"。"白骆驼"，一峰漂亮的白色骆驼，由绳子牵引着，绳子上系着一个重重的铁舌的大铜铃铛，都走到了沙漠的另一边，但它不久之后还是死于因长途跋涉而导致的疲劳过度。"男子汉"是一峰体形极为匀称的骆驼，忍耐力强，脾气好，我选择它作为骑乘。"大个子"是一峰烈性的骆驼，总是试图踢咬靠近它的任何同伴。"老人家"是这支队伍中最年长的，一身灰色皮毛，是第一个死去的。其他三峰骆驼又年轻又活泼，已经长眠，它们总是乐意行进，真正是以行进（或不断走动）为乐趣。

它们来到时，碰巧正在脱毛。它们那粗浓蓬松的大腿上厚密温暖的冬毛每天都在减少，只要脱落的过程持续着，它们的外表就会一直是斑驳的。每一峰骆驼都配置了一副上好的柔软的驮鞍，里面填塞着干草和稻草，斯拉木巴依还带来了一抱驼毛绳，用来捆绑行李和三个大驼铃。

骆驼被拴在靠近穆罕默德·尼牙孜伯克房屋对面的一个大院子里，给了它们充足的上等草料，这是它们最后一次享有的难得的奢侈品。站在那注视着我自己的健壮的骆驼蹲伏在地上大声咀嚼着香甜的草料，看着它们那褐色的大眼睛如何闪烁着平静快乐的光芒，真是非常令人愉快。而我们的两只狗约尔达西和哈姆拉赫都持有不同观点，特别是前者，不能容忍骆驼，它冲着它们叫，直到嗓门嘶哑。当它靠近骆驼把一峰或更多的骆驼咬掉一撮毛时，很明显，它对自己感到非常满意。

斯拉木巴依在叶尔羌进一步设法找到了两个可信赖的人：一个是穆罕默德·沙赫（Mohammed Shah），蓄着灰胡子，55岁，他惯于照看骆驼，是唯一能接近倔强的大个子而没有被咬的人。虽然妻子孩子留在叶尔羌，但沙漠对他而言并不恐怖。他是一个很好的伙伴，像日子（白天）一样可靠。我现在能清楚地看见他，就好像我们昨天才分手一样，他那沉着冷静从未舍弃他，当不幸的阴影浓密地聚集在我们注定要倒霉的旅行队周围时，他那良好的心情从未消失过，脸上总是挂着笑容，甚至当他处在濒临死亡的昏迷之中时，一线喜悦的宁静在他眼中闪烁，内心的平静在他那失去生气的铜褐色面容上展现。

第二个帮助管理骆驼的人叫喀西姆·亚克翰（Kasim Akhun），阿克苏人，但当时他是叶尔羌居民，48岁，未婚，以给商队当向导为职业，中等身材，体格强壮，留有黑胡子。他具有强烈的控制欲，不苟言笑，尽管总是友好愉快，但他经常要别人提醒他的职责。

我们还想再找一个人，西姆·尼牙孜（Him Niaz）伯克为我们从疏勒找到了另一个喀西姆·亚克翰，他和穆罕默德·沙赫同岁，在过去的6年中每年春天都要进入沙漠找宝10～14天，把所带的食物放在驴背上，但他保证自己能够通过挖掘得到水，不会更进一步冒险。在我们考察期间，为了把他和另一个喀西姆区别开来，我们有时叫他尤尔奇（离开道路的指示者），有时叫他库姆奇（Kumchi，沙漠人）。几年以前他迁居到麦盖提，现在他的妻子和成年孩子都留在那里。他后来的结局在某种程度上都是他自己造成的。他蛮横不讲理，脾气暴躁，因为他对其他人横行霸道，他们很快就开始憎恨他。他仗着自己的沙漠探险经验理直气壮地采取一种盛气凌人的腔调，他对斯拉木巴依持有特别的妒忌，因为斯拉木巴依被指定为驼队向导，其他三人被吩咐要服从他。麦盖提的一些村民告诫我们要防备此人，告诉我们他因为偷窃已不止一次被惩罚过，但警告来得太迟了。当我雇用他时，我还认为我们偶然遇上了一个宝贝，因为他是这个地方唯一对沙漠无所不知的人。

我们的"家畜动物园"还包括我们打算一个接一个地宰杀的3只羊、6只母鸡和1只早上唤醒我们的公鸡。这几只鸡被放在一个篮子里，篮子被放到骆驼载着的行李顶上。最初几天，母鸡下了两三枚蛋，但只要开始缺水,它们就不下蛋了。公鸡是一种古怪的动物,它压根儿就不喜欢骑在骆驼背上,不时地从篮子盖那里挣脱出来,在高处平衡一会儿身体,咯咯地叫着,飞到地面。每次搭建营地时,家禽都被放出来跑一跑,它们对这特别荒芜的四周传递着小小生命的迹象。我们会往沙子当中扔一把谷子,供它们食用和运动。

4月9日,我们做最后的准备工作,把事先已吩咐准备好的馕包上两三袋,将河里的淡水灌满4个铁罐,它们分别可容纳17.5加仑、19加仑、19加仑和27加仑水,另又在一个山羊皮袋内加了17.5加仑水。我们总共有100加仑水,足以满足25天的行进所需。铁罐是长方形的,是专门用来从印度到叶尔羌运送蜂蜜的,被木网格包住,免于薄铁皮被撞坏。在铁罐和网格中间塞满了青草和芦苇,避免阳光直射在铁皮上。

关于我的旅行计划还有几句话。普尔热瓦尔斯基、凯利(Carey)和戴尔格雷什(Dalgleish)是最早(1885年)见到过位于和阗河左岸的麻扎塔格山的欧洲人,关于这一地点,最早被提及的记载如下:

> 从塔瓦库勒(Tavek-kel)开始,经过三天短暂的行进之后,我们到达了和阗河那个地方。在麻扎塔格山脉眺望它的左岸,山脊的东部宽不超过1.25英里,升高到周边地区以上约500英尺,它是由两条平行的截然不同的山脉组成。南边的山脉是由红色的陶土板岩构成,点缀着许多石膏石,另一个或北边的山脉是均质白色雪花石膏体,在离和阗河16英里远的麻扎塔格,可以得到火石(燧石),带到和阗去卖。那一点再向远方,我们就看不见山脉了。它们已和沙漠混为一体了。但它们朝反方向转向西北延伸过去,中部高度增加。当地人告诉我,一直远到喀什噶尔河上的玛喇巴什的防御哨所,没有一点儿草木的踪迹,山坡从山脚到山腰都被流沙掩埋。

因此,普尔热瓦尔斯基依赖于当地人给出的数据,在他的地图上指出,山脉以一个斜角向前延伸穿过沙漠。他的错误是很正常的。因为人们告诉他,在玛喇巴什也有一座山叫作麻扎塔格,这也就会自然而然地让人想到,它只不过是和阗河的麻扎塔格的延长部分。凯利更加谨慎,他的地图里只显示出他从河中能够看到的山脉(区域)。

因此,我推断,如果从麦盖提沿着我们的路线向东前进,或更确切地说,向东北东方向前进,我们迟早会被束缚。来到麻扎塔格山,像当地人一样,我确信,我们应该找到一条山脉下风处的山腰,那里,流沙将不会被刮到一起,而我们将能够在坚实的地面上进行长距离的轻松的日间行进,甚至很可能会发现泉水和植被,或许还会偶然遇上一个古文明的痕迹。我在手边的地图上测算出穿过沙漠的直线距离是180英里,如果我们一天只走12英里,整个旅程应该不会超过15天。因此,经过充分地计算,我们的供水绰绰有余,我对自己的预算感到十分满意,并想象着在我们面前有一件很容易的工作。

——事实上,旅行花费了26天,几乎是我预期的两倍。

4月10日,在太阳还要很久才会升起之时,院子里就已十分热闹了。我们的各种箱子、大包和其他辎重已准备就绪并称量好重量,以便骆驼的负重可以被适当调整,几个包裹已完全被绳子捆扎好。这些初步工作结束,行李被两个两个地放置在地面。在这样相隔距离下,一峰骆驼正好可以在它们之间跪下,而它的负重被牢牢拴在驮鞍上。它站起来之后,一条粗大的绳索被交叉捆绑整整一圈,牢牢拴在驮鞍框架中的水平杆子上。我们还随身带有一件大型设备,准备了几个月的粮食,尤其是米、馕、罐头食品、糖、茶叶、蔬菜、面粉等。另外,我们有一大批冬季服装以及毡子、毯子,因为我打算离开和阗河之后向西藏行进。当时我有科学仪器,有摄影机,还有差不多1000张底片,有几本书、一套一年的瑞典杂志刊本,我打算每天晚上看一期,另有一个烹饪炉及其附件和金属器皿、陶器等,连同一大批其他物品。加上所有这些,以及可供25天之用的水,显然,每一峰骆驼都有相当重的担子要驮运。

在往骆驼身上装货时,我测量了每一个400米基线(接近0.25英里)。男子汉走这段距离用时5分30秒,这是每日必做的工作,因为地形变化很大,沙深使得骆驼在走同一段距离时使用的时间大不一样。

1895年4月10日在麦盖提的史册上是一个伟大的日子。院子里,每一个小巷、附近的每一个屋顶上都挤满了人,都在忧虑地为我们送行。"他们将永远不会回来了——永远。""骆驼驮得太重了,他们将永远不会穿过深深的沙子。"我们听到他们互相喊着。

这些预示不利的声音丝毫没有打扰我。我脚下的地面正在燃烧。我们对消除他们在送别活动中的不吉预言有一剂良方,就在我调动骆驼时,人们在我头上撒几把da-tien,喊叫:"好运与你同行!"

骆驼用两根绳子每4峰系在一起,一根小木棒穿透骆驼鼻子的软骨,一根绳子紧紧拴在木棒的一头,被松散地在前面骆驼的尾巴上打个结,用这样的方法,如果第二峰骆驼摔倒了,绳子的结将会自动松开。

小木棒的另一端是一个绳结,是为了防止木棒从骆驼鼻子里滑出来,4峰幼年骆驼走在第一串绳子中,跟在它们之后的是男子汉,我骑在它的背上,在它后面是老人家、白骆驼和大个子。穆罕默德·沙赫从不松开男子汉的缰绳,使得我丝毫不需要为骆驼之事操心而可以全神贯注于我的指南针。通过这些,我掌握我们的行动方向和测量我们白天行进的距离,观测我们旅行通过的地区。斯拉木巴依在为我安排我的负载中表现出了足智多谋。它是由两个箱子组成,里面放着我最精密的仪器。像这种东西通常是我们晚上扎营时所必需的。在箱子顶部和驼峰之间,他铺着皮毛、毯子和坐垫,使得在前面的驼峰的每一侧可放一条腿,我骑在上面舒适得好像坐在一把安乐椅上。当一切准备就绪,我向穆罕默德·尼牙孜伯克告别。我给了他一大笔优厚的报酬,以及向传教士约翰尼斯和哈西姆告别。前者已在雷利克说过,他不打算和我一起穿过塔克拉玛干,现在,看到考察队准备出发,他完全失去了勇气。这是第二次在真正面临危险的时刻他抛弃了我,我看不起这家伙,尽管他装作虔诚,他绝对缺乏使一个人完全依赖上帝的勇气。与斯拉木巴依相比,这是多么不可思议、多么悬殊的差别,他整日整月地跟随着他的主人,从未曾有过半点犹豫,不管我走到哪里,甚至当我仓促间陷入如果慎重一点儿就应该可以适当防止的危险当中时!

春天来了,变化的迹象每天都越来越明显地显露出来,气温上升缓慢但平稳,最低气温持久保持在冰点以上。太阳开始显示出能量,春风在我们耳边沙沙作响,田地开始播种谷物,稻田已泡在水下,空中到处都是飞来飞去的苍蝇和其他昆虫,不停地嗡嗡叫着。亚洲美丽的春天充满了我们周围,这是一个永远充满希望的季节,我们开始踏上我们的旅途,到那个一切都仿佛被包围在麻木了千年的如同死域的地区。这里每一个沙丘都似一座坟墓,这个地区的气候是如此恶劣,以至于与它相比,最严酷的冬天都将是明媚的春天。

我们穿过城镇挤满了人的狭窄小巷,大步走过的长串的骆驼,它们有着庄重及雄伟的外观,趾高气扬。这是一个庄严的时刻,每个旁观者都会留下极深的印象。人群中一片死寂,当我的心绪追溯到那一时刻时,我不自觉地回想起送葬行列,我能听到驼铃沉闷单调的铿锵声仍在我耳边响起。事实上,它们那缓慢悲哀的调子,就是为我们中的大多数人在开始向那片可怕的沙漠进发的那天鸣起的丧钟。一座令人悲痛却又安静平和的坟墓就在这永恒的沙海之中——这将是他们令人感伤的结局!

城镇周围地势平坦,城镇本身被分布在老胡杨树、田地、小树林、果园和灌渠中间,半小时左右,我们静静地行进,穿过这令人愉快的环境。突然出现一阵令人担心的骚动,两峰最小的骆驼精力充沛地挣脱了缰绳,抖掉了负重,就像两只顽皮的小狗开始围着田野赛跑,在它们身后扬起一团团的尘烟。一峰骆驼还驮着两个水罐,水罐一被甩掉,其中一只就漏水了。但所幸漏水的位置只是在罐顶拐角处附近,因此并不是真正被毁坏了。逃亡者很快就被捉住,它们的担子被重新捆绑在背上。那以后,每一峰骆驼都被单独牵引着,因为我们有很多帮手,至少有100个骑马人正陪伴着我们到村外。一小时后,另外两峰骆驼挣脱出来,这几峰骆驼身上都有碰破擦伤,货箱被拖在地上。穆罕默德·沙赫说道:"骆驼在休息了一段时间之后总是很难驾驭的,它们想要伸展一下腿脚,但扎扎实实走几天就会使它们像羊羔一样安静。"

这之后,作为预防措施,每一峰骆驼都由一个人单独牵引。

但尽管那样,由于在开始行进的头一两天经常发生这类事件,我们有几个意料之外的困难要对付。例如,骆驼荷载的左侧会比右侧重,所以必须要调整,或一袋米就要滑掉的时候必须把它系紧,等等。

第
三
十
九
章

沙漠边缘

　　第二天的行进比较安稳地度过，并在方式方法上更有条理，这得益于我们第一天的经验。我们更加成功地把行李称重并分配，我们最宝贵的财产——在行李当中第一位的水——被放在性格最温顺的骆驼身上。我自己坐在离地面相当高的座位上，四面八方都可看到壮观的景色。刚开始移动时，我感到有点头晕眼花，但不久我就习惯于这一路上上下下来来回回的颠簸，这种颠簸还和左右的摇摆掺和在一起，单调的、从不停歇地摇着，但我对此并没有任何不良反应。我能轻易地相信任何人遭受到晕船都是极不舒服的。

　　把属于麦盖提的最后一所房屋和最后一块田地丢在身后，我们开始迈进一片平坦的大草原。那里到处都是生长得相当好的灌木丛和缠结纷乱的矮木丛，甚至有几处还有胡杨树丛。突然刮起一阵西北西风，浅浅的灰黄色的沙柱高高地向东飘去，它们的顶端顺着风的方向有点弯过去。地表部分被细细的、柔软的尘土覆盖，部分被盐的沉积物覆盖，但我们很快就走进一片只有沙子的地方。沙子被风吹成低矮的小沙丘和沙脊，但只有一条狭窄的沙带，因为在另一面，我们又一次来到了丰富的植物生命区，主要是芦苇和胡杨树。在深谷的边缘，我们搭建了营地过夜。

半小时之后,负载被全部从骆驼背上卸下来,而骆驼被围成一个圈系在一起,以防它们躺下,腿脚变得僵硬。站立了两个小时后,它们被松开到芦苇丛中吃草。在我们的营地,许多行李和动物呈现出一派极为别致的图景,它使我有一种深切的满足感,认为这一切都是我的。我的帐篷,一个简洁的印度官员的帐篷,这是马嘎特尼先生给我的,被搭建在一棵胡杨树底下。年轻的利乌泰尼特·达维逊(Lieutenant Davison)在穿过帕米尔到喀什噶尔的旅途中死在这顶帐篷里,但帐篷被彻底地消毒,而且我不迷信。帐内的地面铺着杂色地毯,地毯四周放着我的箱子、仪器箱、摄影机和我的简易床架,其他箱子、行李和水罐一起都被放在外面露天里。我的队员点燃了篝火,围着火蹲下,准备晚餐——米饭布丁和鸡蛋,因为这几样东西我们带得很多。羊被赶出去吃草,家禽全都在营地啄食着来自饭锅里的剩余饭菜。狗在吞食着我们扔给它们的肉块,并开始在沙丘上互相追逐。总之,我们创作了一幅真正的田园生活的图画。

营地一建妥,我首先关心的就是察看一下阻挡住我们的深沟,它从北向南的走向无疑是由提斯那布河的一条支流形成的,但现在河流是干涸的,河道20英尺宽,5英尺深。我吩咐队员们在河床底部挖一个洞,刚刚向下挖到3英尺6英寸深时,水就开始慢慢流出来。水温是49.8°F(9.9°C),而同一时间即下午2点钟,大气温度是76.6°F(24.8°C)。水虽然喝起来冰凉刺骨且味道难闻,但两只狗和羊还是贪婪地喝着,至于骆驼,则要一直到第二天早上动身前差不多一小时才能允许它们喝水。

从刚一开始,我们就被迫对我们的淡水供应实行最严格的节约措施,因此,来自深沟里的水被用来煮鸡蛋、洗盘子和进行个人清洗。穆罕默德·雅柯布一路跟着我们来到营地,带给我们最受欢迎的礼物——两满铜壶的淡河水,使得考察队每一个成员都能充分解渴,而无须打开我们带来的水罐。

这一天,天气温暖,但太阳刚落山我们就感到了寒冷,又添加了衣服。晚间一片死寂,帐篷垂下来的边沿被掷向后边,但蜡烛的火焰却纹丝不动。我们的"沙漠人"给我们传授了一点儿知识,他劝我们刚开始几天一直沿着叶尔羌河的右岸行走,直到我们来到叫作恰克玛克(Chackmak)的山前,到达一个与一条流向北的河流连接的大湖泊。到那个地方需要18天,从那再走一天多就会到麻扎塔格山,它那整个地区最高的山峰,从麻扎塔格山到东边的和阗河就不太远了。恰克玛克山的北边有一条寻宝者习惯走的小道,一直到路标(yagatch-nishan)。那个标记再向远,就是闻名的柯克基什拉克(Kirk-kishlak)沙漠,或称为"四十个村镇",因为它包含有许多古城废墟。

4月11日,在经过一夜安静而使精力恢复的睡眠之后,我在太阳升起前醒了,发现天气与所希望的正相反,一阵猛烈的东北风呼啸着刮过营地,天空中充满了浓浓的尘埃,除了帐篷附近,整个视野都被笼罩在一片同样灰蒙蒙的尘雾中。

卸下行李、搭建帐篷几乎没有花费什么时间,但把所有的东西再次装载,一切开动起来,却需要足足两个小时,虽然包括准备早餐。骆驼抗议,不愿担上负重,但在之后路程的行进间表现很好。所有的植被逐渐消失了。我们在15~20英尺高的无规律组成的沙丘迷宫中迷路了,尽管它们大部分都是南北走向,我们试图尽可能绕过它们,仍然有几个难走的沙埂,我们被迫越过去。在其中一个沙埂上,运载水的骆驼跌倒了,万幸每次都只是前腿跌倒,我们卸去了骆驼身上的荷载才使之站起

● 塔克拉玛干大沙漠边缘的沙暴

来,而后,我们必须再把行李捆到它们的背上。骆驼非常聪明,当滑下沙坡时,充分利用它们的后腿。

正午,我们陷入很高的沙丘中,被迫绕了很长的路到北边以摆脱它们。尤尔奇说,向东走没有用,因为我们只是被迫往回走,在那个方向除了大沙地什么也没有,我们那天的路线是沿着大沙地边缘的一条蜿蜒曲折的路行进。沙丘再次降低到只有10英尺高,偶尔我们行进在暄土上,路面还算平坦。好多次我们走进一种月牙形沙丘的角之间,不得不折回来。我们常常路经几棵单独的胡杨树和枯萎的芦苇丛,骆驼在蹒跚地走过它们时,趁机抢食几口。

东北风刮了一整天,天空乌云密布,阴暗朦胧,湿冷阴寒。我们在行进了约13.25英里之后,在尘雾中停止了前进,并在一个坚硬平坦的沙丘顶扎营。我们脚下是舒适干燥的地面,附近有几棵枯萎的胡杨树,我们当作燃料用来生火。芦苇丛为骆驼提供了饲料,骆驼在经过长途跋涉之后,身体发热,被牵着又走了一会儿让它们凉快下来,以防感冒。

我们在两个沙丘之间发现了一个地点,沙子已经湿了。我们在那挖井,在2.5英尺深处水开始涌了出来,水温是49.1°F(9.5℃)。水和昨天深沟里的一样,有点咸味。

4月12日,我们走了将近15英里,仍然一直沿着向北伸出岬的大沙漠的边缘。有几个沙梁,我们被迫翻越过去。在其他方面,荒芜的沙漠与狭窄的大草原带交替出现,草原带上生长着稀疏的草丛,已枯萎,像玻璃一样硬,稍微一碰就随着爆裂声啪地一下折断了。最好走的路面是坚固平坦的沙地,但有几处土地被盖着一层尘土,平脚的骆驼的每一个足迹都在土里印上了鲜明的轮廓。尘土和羊毛一样暄软,有两三个地方很深,骆驼陷进去,土竟到达它的膝盖。有时有一层薄薄的盐壳在骆驼蹄下嘎吱嘎吱地踏过去,伸向平坦的沙地部分。笨拙的骆驼庄重而缓慢地一个接一个地大步走过,伸开它们的长脖子俯下身去撕扯着长在它们能够得上的范围内的草丛,仿佛它们有艰难时刻即将到来的预感。

在第3号营地,两个队员照常在挖井,但向下挖到深于6英尺时仍然没有水。当我们离开井两小时后,水滤出来并聚积到洞底的一个小坑里。狗和家禽总是兴致勃勃的挖井观众,它们完全知道这是为了什

● 在一场沙暴中行进

么,它们总是口渴得厉害。

　　迄今为止,一切进展顺利:我们宝贵的水到目前未曾动过,骆驼的干饲料存货同样没有减少,动物们已满足于芦苇和稍咸的水,狗喂的是馕,家禽喂谷物和蛋壳。第一天,母鸡下了3枚蛋;第二天,2枚蛋;第三天,1枚蛋。然而即使没有它们,我们的供给品已经很好了,我们将这些鸡蛋放在一个装着稻草的篮子里。

　　在白天的进程中,我们越过了羚羊群的小道,向东南方向走去。尤尔奇告诉我们,在那个方向有一个叫叶西尔库勒的大型湖泊,但他和任何知道这个湖的人都没有亲眼见过它,他只是听人们谈起过这个湖,因此这个信息一定被认可是有价值的。他又说,这个湖的湖水是由天然泉水提供的,因为没有河水流入湖内。在此前老版的地图中标出过那个湖泊的名字,这可是值得令人注意的,但它给出的位置很难走,即从我们的第3号营地向西南南方向。

　　4月13日。到早晨,井底的水是7英寸深。一整天我们行走了12.75英里,一直走在连续不断的沙丘中间。它们都呈月牙形,凸面向东,钩尖或翼和较陡峭的面朝着西或西南,证明在每年的那个季节,风一般是来自东和东北。

　　到处都是胡杨树，一直伴随在我们一天的行进路上，有些树的叶芽已开始绽开，鲜绿色的树叶成为骆驼口中的水。在大多数情况下，沙丘似乎是在躲避胡杨树，但又围绕着胡杨树形成了一个圆环状的墙，留下树在空心的中间。那里就像一个避难所，保护树免受风刮以及堆满干树枝和枯树叶的烦扰。

　　今天天气温暖，狗在徒劳地搜寻着水，急切地在看上去像我们挖掘的沙漠井的每一个洼地中奔跑。因为缺乏免于受到太阳暴晒的保护，它们躺在我们经过的每一棵胡杨树的阴影中，并先用爪子把上面的热土层扒掉，直到贴近保持有晚上那般凉爽的土层。

　　斯拉木巴依骑在第一峰骆驼上，也被我们的向导尤尔奇牵引着。但当斯拉木巴依俯瞰到更好的景观时，他常常纠正尤尔奇，建议走其他方向。这可惹怒了坏脾气的"沙漠男人"，有两三次他扔掉缰绳躺在沙地上，并向斯拉木巴依发难，让他去做向导。当我们来到营地时，这两个人之间爆发了激烈的争吵。向导尤尔奇到我的帐篷对我说，如果斯拉木巴依再干扰到他，那他恐怕还是回去的好。他还指责斯拉木巴依分配馕时实在是太吝啬。当我平静地说"是的，斯拉木巴依最好回去"时，他大吃一惊。可我又说："在他回去之前，他还得偿还我100天罩（22s.6d.），这是他预收的作为第一个月的工资的钱。"这使他觉醒过来，用最诚挚的语调恳求我允许他跟着我。我答应了他，但明明白白地要他知道，从今以后，他要服从斯拉木巴依。我确实有我的顾虑，当我们在沙漠中开始面对生命的孤独和单调时，这两个人之间的不和将会再次爆发。然而他们不会再拌嘴吵架了，虽然尤尔奇对斯拉木巴依的怀恨之心在不断增长，但他明智地选择不吭声。他总是不与人来往，从不与其他人说话，睡觉也和其他人隔开一小段距离，直到斯拉木巴依和他的同伴去睡觉之后，他才靠近营火。他们谁是对的？我感到疑惑。尤尔奇的建议故意把我们引向错误的方向吗？如果这样的话，他要受到惩罚的，他会渴死在沙漠中的。

　　我们偶然遇见了水，深约3.75英尺，水温为50.7°F（10.4℃）。狗渴极了，它们试图纵身跳入洞里，我们不得不把它们缚牢以防它们这样做。

　　4月14日，复活节，我们只走了11.5英里。在一个地方，沙丘的隐蔽一侧是钢灰色，通过细查，我发现它们有一层薄薄的云母外壳。我还发现，绿色的胡杨树只生长在沙丘中间，沙丘尽头的地方，也是胡杨树消失的地方。也许胡杨树或它们的根有助于沙丘的形成。

随后，我们来到了一条沙带，真正的不毛之地。地面是坚硬、平坦的平原，不同深浅的褐色穿过旁边低矮的黄沙丘，看上去就像躺在地上的土狗。平原上散布着许多小卵石，这一天的行进中，我们第一次遇见了野骆驼的踪迹，至少尤尔奇说这是一只野骆驼，但我根本就不相信。再向前，骆驼足迹变得多了起来。但争论的对立面——驯养的骆驼逃跑后自己跑进沙漠，则完全不可能。我也观察到了马的粪便和足迹，尤尔奇发誓在沙漠的那片地区有野马活动。在一个沙丘顶上，我停留了一会儿，通过望远镜观察到一群动物正在折向北的一段路上的芦苇地中吃草。但在我能够辨认出它们是马还是羚羊之前，它们向北跑去，消失不见了。干燥的灰色黏土集结在小台地和沙埂上，如此奇妙，就像城镇中的灰色泥屋。我不能休息，我得走到跟前去细细察看它们。

那天，狗儿非常焦躁不安，几次离开考察队跑到很远的地方。它们曾经消失了一刻钟，当它们回来时，肚子上的毛是湿的，很明显，它们在什么地方找到了水。

我们行走了约11.5英里之后，偶然发现了一个水坑。我吩咐喀西姆试着尝尝水的咸淡。"像蜂蜜一样甜！"他咽下满满一大口水之后回答。于是我们搭起了帐篷，在水坑旁边建起了营地。人、狗、羊、家禽都赶紧跑来喝水解渴。因为那天天气炎热，大家都渴坏了。水像水晶般清澈透明，甘甜极了，其从一个泉眼里咕嘟咕嘟地往外冒，然后流入地面的一个洼地里，那洼地80～90码长，4码宽。这样，水停滞在地表下，与我们挖的井里的水大体处在相同的平面上。当然，它不到4英尺深。水温在下午5点钟时是71.4°F（21.9℃）。在同一时刻，大气中的温度是77.9°F（25.5℃）。水蜘蛛和甲虫非常多，后者嗡嗡的叫声布满了平原，逃离追逐它们的母鸡。第一只羊在这里在惯常的仪式中被宰杀，狗儿美餐了一顿羊血和内脏。

总之，就这个沙漠而论，这块地方还是十分质朴宜人的。太阳消失在一片尘霾中，而气温仍是68°F（20℃）。随即，热度不可思议地迅速降低，到晚上9点钟，泉水的水温下降到59.4°F（15.2℃），证明它的温度直接随大气温度的变化而变化。

这个令人愉快的营地诱惑我们放弃一天用来休息，这一决定受到了考察队里不论人还是动物们的欢迎。

我们都尽情享受着这长长的美觉。到第二天把几件事情做好：水罐装满水，衣服洗干净，驮鞍和皮带修理好。白天温度上升，沙子的温度已达到112.3°F（44.6℃）。但两三阵旋风从东北北方向刮来，空气立刻变得极为凉爽，而我们不用受到任何良心的谴责，随性尽情地喝水。骆驼和狗也一样，它们喝得如此多，以至于你竟然能看见它们的皮肤都膨胀起来。母鸡饱饮了甘甜的水，竟然下了4枚蛋。

晚间，狗狂吠不止，一直沿着我们来时的路线来回跑，在这条路上，我们看见过野骆驼的足迹。无疑，沙漠的常客习惯在夜晚出没于泉水旁，但发现我们占据了这个地方，它们在那天晚上始终保持在一定的安全距离之外。

4月16日，我们行走了16.75英里，穿过了一个地方，沙丘高15～16英尺，与长着枯萎的芦苇丛的大草原交替出现。芦苇在骆驼蹄下嘎吱嘎吱地踏过去，当踩在上面时，散发出一小团的尘雾。柽柳和胡杨树零星地一丛一簇地出现。我们经过了两个水坑，像我们早上离开的水坑一样，这三个水坑都位于同一条线上，向东北东方向延伸，说明它们很可能是叶尔羌河以前的一条支流的河道。

我们努力向前再向前，进入到一片未知的沙海，看不到一点儿生命的迹象，听不到一点儿声音，除了一成不变的驼铃声和着骆驼缓慢沉重的脚步的节拍叮当作响。我们时不时短暂地休息一会儿。事实上，每当我们根本就不能确定路线的时候，不得不调整一下，队员们趁机草草吃顿早饭。早饭是几把炒面泡在水中，用木碗饮用。白天的行进过程使水罐里的水变得温热，至于我本人，我总是省去早餐，并满足于一日两餐。

4月17日。今天有一股强劲的西风刮来，但天空仍是十分晴朗。有几次我注意到沙尘暴仅是由东风和东北风引起的，而不管西风刮得多么猛烈，天上总是晴空万里。

在我们走得很远之前，看到北面有一座挺高的山，像一片云或微厚

● 在沙漠中休息，给牲畜饮水

的大气层装饰在地平线上。一小时又一小时，我们骑马朝它走去，然而山却渐渐在视线中变得模糊起来，或者说我们似乎不能再靠近它了。沙丘达到16英尺高，越过去常常是很艰难的。在沙丘中间，芦苇地更加频繁地出现，芦苇生长得也更加繁茂。在考察队走近沙丘时，几只野兔从沙丘中间跳出来。

　　这一天我们也路经了几个小水坑，但它们被盐壳所覆盖，水坑里的水有点咸。离开这里向东北东方向，一条以前的河床蜿蜒穿过沙漠，被沙子堵塞了一半，并只含有几个分离的水坑的河床，45码宽，6.5英尺深。另一条河床十分干涸，22码宽。在北面有几团暗色絮状云团，像是烟雾从地面飘起。尤尔奇的解释是：我们看到的山是麻扎塔格山东南方向的延长部分，向下延伸至叶尔羌河的右岸或南岸。两条干涸的河床是叶尔羌河的支流，过去在夏季丰水期接受它的部分水量。我们看见的北面的云团是水蒸气柱或来自叶尔羌河的蒸发，反射到碧蓝的天空上。对所有这些解释，他的确是对的。在后来的一段时间里，对他的说法，我能够验证两到三条，发现这些情况正如他所说，确实如此。

　　整整一个小时，我们行进在两条平行的沙脊之间，沙脊沿北偏东15°的方向延伸，我们右边的沙脊有30多英尺高，两个都有圆形的轮廓线。它们之间的平地上长满了茂盛的沙蓟和胡杨。我们穿过了右边的沙脊，紧接着穿过了第二条与第一条走向平行的河谷。在17.5英里的尽头，我们扎下了第7号营地，是在枝叶繁茂的两棵胡杨树的树荫下。我们没必要挖井取水，有几种迹象表明，就在不远处有一个湖泊或一条有水的河流，我们北面是一片茂密的胡杨林，蚊子、苍蝇和飞蛾多得数不胜数。晚上，数以百计的蛾子拍着翅膀围着我的蜡烛飞舞。

第
四
十
章

现实中的伊甸园

4月18日，新的一天伴随着强劲的东北风开始了。

虽然我们在晚上已把帐篷固定住，但它随时都有倾倒的危险。天空保持着一片灰暗，中午仍然很冷，我们决定直接前往高山峰顶，晚上之前能到达那里。但事情并不是这样，我们在胡杨林中迷了路，高山在充满尘埃的大气中从视野中消失了。

沙丘一直围绕着我们，无规律地向各个方向分岔。所有的沙丘上都生长着大片的胡杨林。地面上散布着一堆一堆的枯树叶以及干枯的树干、树枝和枯枝条。沙漠上没有一个足迹，我们在树林的里里外外绕了成百上千次，我尽可能地留意着我正骑着的骆驼脚下的岔道。我们来到了一个挺大的沼泽地，周围的胡杨已整个披上了春天葱翠的绿衣，使我们感到诧异的是，我们看见了人类及马的足迹以及灰烬和烧焦的木头，表明这里点燃过一堆火。很明显，我们到达了刀郎人惯常在春季驱赶羊群放牧的地区，玛喇巴什的村民常常到这里砍柴回去。

小路很快就被几条从沼泽地流出的又长又窄的小河挡住了。我们不得不渡过它们，所以一个队员赤脚走进小河，探出它们的深度。河床底是硬泥，坚固得足以承受得住骆驼。再向前走不远，沼泽终止在一个

316

向北延伸的长形湖泊中。我们绕过湖泊的东侧边缘,一直沿着还算高的沙丘侧面行走,沙丘向下倾斜到湛蓝色的水的边缘。森林仍很浓密,有些地方与灌木丛缠结得非常紧密,我们被迫迂回绕道,以便走出灌木丛到更宽敞的地方。正如我所说的,大部分时间我们一直紧靠湖岸行走,透过树林瞥见许多景观。鲜绿色的树叶与深蓝色的湖泊形成鲜明的对照,两者均在灰色浓雾的映衬下。

这个湖最宽的地方几乎有 2 英里,虽然它的北和南两端变得非常狭窄,这无疑是叶尔羌河的一条支流形成的,在夏季洪水期间溢流填注而成。冬季,大部分水仍留在湖中,结冰,春季再次融化,水面缩小,直到夏季水量像往年一样增加。我观察到沙丘的边缘有一条较高的湖岸线,表明在去年夏天湖水水位比我们现在见到的要高出半码。

我们终于离开了左边的湖泊,很快就走进一片芦苇丛中,芦苇丛足有一人高,缠结交错,现出前所未有的茂密。当骆驼强行在干燥、脆弱的芦苇秆中向前时,噼啪声、沙沙声完全就是一支管弦乐队在演奏,只有正在骑行的我们视野开阔,无遮无挡。

芦苇丛过去了,我们陷入另一片树林中,这里的树非常茂密,以至于在一两个狭窄的出口,一些树枝挡住了骆驼。我们被迫步行前进。树林中有一部分虽然是幼树,但却枯死了。我们简直是被牢牢地阻塞住了。队员们迫不得已拿出斧头奋力劈砍出一条小路,为此耗费了大量的时间。经过一阵奋力拼搏之后,我们设法继续前进,再一次来到了平坦的草地上,在一个尖角指向南和西南方向的孤立的沙丘顶上扎下了营。

为避免错过附近能告知我们一些地形信息的人,就有了想让别人发现我们到来的念头,于是我们在沙丘脚下点燃了一堆干枯的胡杨灌木。火焰将它们那红色的火光映射得很远,但没有一个人露面。我们在经过 16 英里的旅途劳顿之后都很疲乏,早早上床睡觉,而骆驼却过得很好,它们每天必是吃饱喝足。

4 月 19 日,当帐篷被拆除时,我们在地毯下面发现了一只蝎子,1.5 英寸长,一被打扰,它就会猛然竖起它的尾巴进行自卫。我们昨天都尽了最大努力,大家感到十分疲乏,当我们出发时,已是 9 点钟之后了。一条小山脉向着我们现在前进的路线在东方隐隐呈现,呈东南走向,在那它变得更加低矮,终于,消失在一片雾霭中。北边有另一座山,根据我为我们的旅行制定的路线,应该是麻扎阿尔迪[1],在环绕叶尔羌河的两个山脉之间,我们没看到河流。

这天,我们只走了7.75英里,因为虽然我们的路线穿过一片大草原,但草原被深谷和沼泽分割得极为破碎,而山脉逐渐变得越来越清晰,可以很容易地辨认出经过风吹日晒而变得粗糙的外形。沙丘爬上了它的北坡达到相当的高度。沿着沙丘脚是一连串的小淡水湖,相互之间被低矮的地峡隔开。一条伸进最大的一个湖泊的渠道,显示出它们是从这条河流中获得水量。夏季它们无疑缩小到一起变成一个单一的湖泊。我们一直保持行走在湖泊与山脉之间,首先是向东行进,然后,为了避开山嘴,改变了路线,向东北方向行进。我们在湖岸上一些枝叶繁茂的胡杨树的树荫下扎下了营。山脉看起来十分孤独地矗立起,没有与其他任何的山脉相连,在各个方向也没有它的延长部分。

我们的第二只羊被宰杀了。几天没吃肉一直只吃馕的狗享受了一顿饱餐,一只鹰开始在家禽上方盘旋,但被一颗未击中它的步枪子弹吓跑了。

4月20日。营地处于让人如此惬意的位置,以至于我们禁不住诱惑放纵自己又休息了一天。结果,这是一个火辣辣的热天,尽管强劲的东北风刮了一整夜和一上午。阳光直射下气温上升到146.3℉(63.5℃),下午2点钟时,沙子被加热到126.9℉(52.7℃),我们不免频繁地想要饮水,至少每隔半小时就会迫不及待地喝一次水。要保持铁罐里的水相对凉一些是很难做到的,然而我们通过把它们用湿布整个包住并挂在树荫里的大树枝上通风的地方,做到了这一点。

斯拉木巴依出去寻找野鹅,他射了两枪,但它们落入湖中,无法捞上来。其他队员睡了一天。我自己则步行来到最近的一座小山的山顶,发现穿入到我在麻扎阿尔迪山脉中观察到的同种岩石的一层斑岩脉。我眼前景色壮观,在西南西方向,有两片我们昨天曾经过的清澈的水域,它们映出其所围绕的山峰以及山腰下的沙层,看上去就像在镜中

---

❶ 麻扎阿尔迪,指从和阗河贯穿到叶尔羌河流域的东西走向的麻扎塔格山脉。

一样。麻扎塔格山位于我们西北侧,在山与我们营地之间,转过来向东北方向延伸,是一片潮湿茂密的草地,密密麻麻的水坑和沼泽散布其上,闪闪发光。在东边我还看见了山顶,南边隐隐现出几座风蚀的小山,属于在我们营地之上的同一山系。北边的胡杨林和芦苇丛把草原染成绿色和金色,山被弱化成紫色的幕布,向片片水域扫视过去,那里呈深蓝色。

当我在下午凉爽的空气中坐在小山顶上观赏美景时,风逐渐停息了。太阳落山了,大草原和湖泊蒙上了一层淡淡的薄雾,景色之上一片寂静安宁。我耳边能捕捉到的声音,是蚊子和小咬轻柔的嗡嗡声,沼泽地里一两只青蛙的呱呱声,远处传来的野鹅的尖叫声,不时地从芦苇地中传来的驼铃的叮当声,这是一个令人愉快的地方,我完全享受着它真实的美妙之处。这里与接下来的日子是多么地不同啊! 在接下来的两周里,我的思绪经常会不由自主地飞回到人间伊甸园那质朴宜人的景色中来!

但在这些地区,黄昏是很短暂的,我急忙赶回到营地,队员们已经熟睡,除了斯拉木巴依,他正在忙着给我准备晚饭——羊肉汤、油炸土豆和茶。温度计读数是68°F(20℃),但夜间它降到了50.7°F(10.4℃)。实际上我感受到了寒冷。在这些湖泊附近,我们又一次发现了人的足迹,在岸边有一两间被舍弃的芦苇棚。第二天,4月21日,当我们继续行进在湖泊与山脉之间时,在一些高大的沙丘另一侧,我们看到了穿过一片胡杨林的二轮马车的车辙印。这个发现震惊了我们所有人。我的队员立刻记下它们,并作为行程的标识,他们曾听说过这个车辙印一直沿着和阗河的左岸。但我推测,它是迄今为止某一未知的痕迹,这个痕迹绕过麻扎塔格山脚,一直到刚刚提到的溪流。为了解开这个神秘的痕迹谜,我们决意全程跟踪它,不管它把我们引向哪里。但我们只前行了一小段路,车辙印就消失了,小路也没有了,不一会儿,胡杨林也告终了。

继续向东南方向前进之后,我们一直走在悬于我们最后的营地东边的一条孤独的山脉之间。我们穿过了一片坚硬平坦的草地,那里稀疏地长着青草。在那行走非常容易,骆驼在有规律的时间中行走,它们的铃铛叮当作响,精确地同它们的步伐一致。

东边的山脚下有另外一个湖泊，使我们感到诧异的是，我们看见三匹马正在湖岸吃草，现在很明显，附近有人。他们是谁？我们怎样找到他们？我分派我的两个队员跟着新的足迹走，并把他们引向沙丘和西边的山坡上方之间。不久以后他们返回来，并带来了一个来自玛喇巴什的人，他偶尔来这个地方取盐。他说，山里有大储量的盐，我看见他采集的一些，很明显质量非常好。他把盐带到玛喇巴什，说在那里的巴扎中可以卖到最好的价钱。当我问他镇子位于何处时，他指向了西北，告诉我两天的短途路程就可到那里。正如我们假定的一样，我们在那个方向看到的山是麻扎阿尔迪山脉。关于这个地方到东南方向和到和阗河的距离，他一概不知，只是又加了一句，听说南边除了沙子什么也没有，这一片广袤的沙漠之中甚至连一滴水都没有。他知道，沙漠叫作"塔克拉玛干"。

我们与这位孤独的采盐人告别，然后继续向东南南方向穿过坚硬、荒芜、没有足迹的平原。当我们向前走时，我们右边的山逐渐变矮，直到它慢慢消失在一道沙埂中，最后，消失在沙漠中。因此这座山没有延长部分。我们只能推测，这是普尔热瓦尔斯基标在他地图上的在和阗河的尽头附近与西麻扎塔格相连接的东边的山脉。

我们现在正走着的地面是坚硬的干泥，向四面八方龟裂成数千条缝隙，显然在夏季它是浸在水中的。我们一直紧靠着湖岸行走，直到湖岸开始变窄，我们被迫不断地围着沼泽绕道，沼泽与湖岸拉开了一段距离。从湖的南端，几条又长又窄的小支流像手指一样伸出来进入到逐渐升高的地面，值得注意的是，所有这些沙漠湖泊都坐落在山脚下。

通过很长一段迂回的路，我们终于到达湖东岸，并在这里扎下了营，相信很可能这是得到淡水的最后一个地方。

我们放弃了第二天，4月22日，休息，骆驼和羊饱餐了最后一顿丰茂的长在岸边的芦苇。我爬上一座山的山顶，周围地区尽收眼底。山本身向东南方向伸出，像是一个海岬伸进了沙漠海洋，只看见一座孤零零的不太高的山峰，除了我站着的山脉，看不到一座山。我们已到达玛喇巴什的麻扎塔格山的东南端头，因而它没有与和阗河的麻扎塔格山相连。至于东南、南和西南方向，肉眼所能及的地方除了沉闷的沙海，什么也没有！那边的地平线是一条直线。第二天当我们继续向东南东

● 在沙漠湖岸上的营地

和东前进时,没有看到一座山的痕迹。我不禁想到,玛喇巴什的麻扎塔格山的延伸部分或许会在更远处的沙漠中露出,但我们已从右侧离开了它,再到那里去一探究竟几乎是不可能了。

白天结束之前,我们在一起商议,尤尔奇向我保证,和阗河在东边只有4天路程的距离。我在最标准的俄罗斯地图上测了一下,距离约78英里,以每天12.5英里的速度前进,我们将在6天内到达这条河流。而在几天的行进过程中,我们应该能够从它的堤岸上挖掘出水,正如我们在叶尔羌河附近做的一样。但我还是吩咐队员们准备足够维持10天的水量,那就是把铁罐的水填到一半满,以便不要使骆驼过深地陷在沙中。

有了这样充分的余地,我感到十分安全,足以抵抗得住一切风险,实际上,将会有足够的水量供骆驼在6天内得以饮两次水。尤尔奇和斯拉木巴依被分派去给铁罐灌水,他们晚上干了很长时间,我一直听到珍贵的液体流进铁罐的声音。所有的载重都在那晚准备妥当,以便我们可以一大早出发。

第
四
十
一
章

沙漠的禁令

4月23日。这是温暖的一天,但骆驼需要休息,最终停止前进,我们走了17英里。

起初,我们的路线穿过湖的东南方向,一片稀疏地长着草的灰土般的草地上面布满了小土墩和泥土台地,很像房子。走了约一个半小时后,沙子开始呈现低矮的沟沟坎坎和沙埂的结构。接着再向前走了10分钟,我们处在一片十分混乱的沙丘当中,所有的沙丘都连在一起,不间断地一个挨着一个延伸,它们的主要方向是从东北到西南。较为陡峭的一面都朝向南、西南和西,高20~25英尺,要想翻越它们常常是很不容易的。我的队员把它们叫作可恶的沙子(Yaman-kum)、大沙(Chong-kum)和高沙(Ighiz-kum)。队员们把它们的顶部叫作隘口。我们已经发现几个特殊的沙结构,当两种沙波冲撞在一起时,它们相互攀上对方的顶部变成两倍于原先的高度。同样的,有些巨大的沙波被堆积成金字塔体,高出其余的沙丘。

这是两个单独的沙丘被总是变化无常的风驱使着一个越过了另一个。

　　　　刚刚穿过小路,从东北北向西南南方向延伸的,是一条巨大的沙埂,其高度超过我们见过的所有沙丘。它们大概是在凹凸不平的地面上形成的。骆驼步履稳健地登上了陡坡,然而再看队员们,他们虽尽了最大努力,却每走一步都要向后打滑才艰难爬上陡坡,这真的是很奇妙。

沙埂在升高,但相对来说在一般高度之上只有微小的高度,可还是给予了我开阔的视野。为什么当我的目光向东扫向无边无际的细黄沙海洋之上,它那巨大的沙波一个接一个、一英里接一英里隐隐露出时,我毫无惧色呢? 我只能想到是因为我相信在我的头顶之上总是如此清晰地闪烁的我的幸运之星,它将不会熄灭。正相反,在我眼里,沙海带有迷人的美丽,它的沉默,它的完全的寂静,在我周围发挥着不可思议的魔力,那是雄伟壮观的眼界,正用不可抗拒的吸引力吸引着我进入沙漠王国的城堡,在那我将开启有关以往世纪的新发现,发现古老世界的传说和故事中被埋藏的宝藏。

我的座右铭是"非赢即输",我不知道什么是犹豫,什么是恐惧。"前进! 前进!",沙漠之风低语;"前进! 前进!",驼铃在摆动。经过无数次,无数个脚印到达我的目的地。我后退的第一步将会使我自责不已!

沙丘的高度迅速增加,最高的约60～70英尺,翻越它们极为困难。骆驼巧妙地滑下陡坡,只有一峰跌倒了,其中一峰载着水罐的骆驼不得不被卸下水罐然后再装上去。有时,当路被陡坡阻挡住时,我们被迫站在原地不动,而队员们则要为骆驼挖掘并踩出一条小路。这样的话,沙丘的高度会增加到80～100英尺,当我站在沙丘脚下向上看到考察队队员们沿着沙丘边缘爬行时,我感到它看上去是那么小。我们尽可能保持走在沙丘顶部的同一曲线上,以此来避免在沙丘上爬上爬下。正是出于这个原因,我们的足迹是弯弯曲曲的,尽可能地利用沙丘顶部松软、圆润的特点,一个沙丘接着一个沙丘地走。不过,我们常常被迫走下陡坡,因为我们发现有时要走过去是不可能的。在短暂的犹豫之后,当骆驼开始滑下松散的沙子,每个人必须保持最大的戒备,因为在后面,洪水般的沙子倾泻下来,会埋到我们的膝盖。

我们没有看到在沙漠之旅的最初几天里走过的许许多多小块小块的硬泥土地,我们现在完全处在沙子当中,最后的柽柳仍无视死亡来临,被留了下来。没有一片草,看不到一片叶,除了沙子——黄色的细

● 沙丘迅速增加高度

沙，什么也没有。整个沙山向无边无际的远方延伸过去，一直到借助望远镜的帮助才能达到的地方。辽阔的天空没有鸟的痕迹，瞪羚和鹿的足迹很久之前就已消失，甚至麻扎塔格山最近的悬崖也消失在朦胧的大气中的尘埃里。

可怜的狗！它们如何在它们那厚厚的毛皮外套中忍受这酷热！尤其是哈姆拉赫，哀嚎着，一直落在后面。

我们花了整整一小时徒劳地寻找着一块合适的扎营地，终于在漫无边际的黄沙中发现了一块很小的硬泥地，那里长着两棵最后的柽柳。两棵树立刻就被骆驼啃剥了皮，自然是没有其他的绿色食品了。我们给骆驼喂了油和芝麻壳，开始动手挖井。但由于在深度为2.25英尺时沙子仍是干燥的，我们放弃了这种企图。接着哈姆拉赫丢失了，我们吹口哨并喊叫，狗没有出现。我们再也没有见到它。离开我们上一个营地前进至此的半途中，穆罕默德·沙赫见到它把我们经过的最近的一棵柽柳树下面的沙子扒出来，然后躺在里面。队员们相信，这只狗已死于中暑，更有可能的是，有灵性的动物逐渐厌倦了在沙子中不断地行走，觉察出在我们面前除了可怕的沙子什么也没有，并明智地判断出如果它跟随着我们，不幸的事必将在它身上发生。因此，在它心里，它要改变自己的命运，它做出了选择，返回到我们已离开的最后一个湖泊，然后,饮水,痛快地洗个澡使它的皮毛凉爽。无疑它将要向玛喇巴什前进,虽然为了到达那里,它必须要游过叶尔羌河。

当我回到喀什噶尔时,我打听过狗的下落,但我没能得到它的任何消息,约尔达西忠诚地和我们在一起,但可怜的畜生,它的忠诚使它丧失了生命!

当我第一次在地球表面上这个沉闷抑郁的沙漠扎营时,一种奇怪而不可思议的感觉向我袭来。队员们很少说话,没有一个人说笑,异常的寂静包围着用桎柳根点着的小火。我们把骆驼拴在我们睡觉的地方跟前一整夜,为了防止它们挣脱出来跑回到湖泊,在那里,它们吃了最后一顿鲜美的嫩草。死一般的寂静把我们都控制在了它的符咒之下,甚至驼铃都不响了。能听到的唯一的声音就是骆驼那沉重的、拖长的、有节奏的呼吸声,两三只离群的飞蛾在我帐篷里的蜡烛周围舞动,但无疑它们是随着我们的考察队而来的。

4月24日凌晨3点30分,我被一阵类似飓风的西风吵醒,沙团刮进帐篷,风暴呼啸着在帐篷的绳子和木桩中间发出咯吱的声音,帐篷本身摇动得竟然到了我想它随时都将被刮跑的地步。风从四面八方向我们袭来,因为我们的营地被安置在一个洼地中,四周都被流沙所环绕,我们北边有一个巨大的沙埂,东边也有一个,西边还有一个,西边的沙埂略向北倾斜。沙丘表面到处都是波纹,波纹线从北向南走向。在南边,是第四个沙丘,几乎与第三个沙丘平行,它的倾角为向北10°。沙漠那部分的沙埂的陡面转向南和西,更平坦,更易向东和北倾斜——是与我们所希望的恰恰相反的一种排列。

尽管刮着猛烈的大风,头顶仍是晴空万里。但另一方面风来自西边,而它仅是带来尘暴的东风,尽管天空被风刮过有点凉爽,天气仍然相当酷热。沙雾和沙柱旋转着跳着疯狂的舞穿过沙漠,致使我们经常整个被淹没在它们之中。由于它们很少超过12英尺高,天顶上一直保留有它的湛蓝色,阳光射在我们身上丝毫没有减弱其强烈的程度。

地平线被遮蔽在一片淡黄红色的薄雾中。细流沙到处弥漫,刮入我们的嘴里、鼻子里、耳朵里,甚至我们的衣服里都充满了沙子,我们的皮肤在沙子的摩擦下非常难受,但我们很快就习惯了。地平线上的薄雾挡住了我们的视线,因此我们常常确定不了走哪条路才是正确的。

● 一场沙尘暴

更加适合我们的是正好相反的情况,即顶部是朦胧的,但地平线是清晰的。同时,每个沙丘顶部都给我们提供了一个机会,来观察流沙是如何像一片羽毛或像迎风倒挂着的流苏的边缘一样被停滞在那里,以及沙子是如何这一时刻在沙丘的逆风一侧旋转不息地疯狂舞动着,下一时刻又在沙丘背风面的细细的皱痕中平静下来。好像有一只强大的手依照一个雅致的绘制图案把它们组合在一起。但当我们的头和在沙丘顶之间呼啸的沙暴处于一样的高度时,结果完全难以形容。

我们紧紧闭上眼和嘴,低着头迎着在我们耳边尖啸着的猛烈狂风前行,但旋风经过时,我们站着不动,旋风将沙尘"砰砰"地重重打在我们的衣服上。我随身带了一副高级雪地护目镜,用细细的黑色金属丝网穿过它们,虽然部分细沙强行挤入极小的网眼,但现在这些用品是极为宝贵的。

伴随着西风有一个好处,风趋向于沙丘陡峭面的下部高度,向东侧猛推过去。然而一场飓风能达到抵抗数世纪的劳动成果的目的吗?

我的队员早上充满希望地出发了,希望在晚上之前,我们会到达沙漠的一个地方,那里沙丘更矮,能够找到水,也许还能有喂骆驼的草以及生火用的燃料。但没有这种事情。沙丘越来越高，我们向前再向前，不知不觉地陷入沙漠那未知的恐怖中。只有一次在白天期间，沙丘真正变得更矮，即40～50英尺。在那个荒凉的地方，我们见到几块光秃秃的平土地，一部分是泥土，一部分是含盐的硬壳成片铺在地上。

　　一直向东南方向行进是我最初的打算，以便查明从塔克拉玛干大沙漠的沙地出来的麻扎塔格山再次出现之前的这段距离有多远，但我们没有见到过一座山。绕向东边的路线逐渐变得十分曲折，我们坚信这是前往和阗河最短的路。斯拉木巴依现在是我们的领路人，他做事非常认真，手里一直拿着指南针，走在距我们有一段距离的前面，挑选出最容易走的路。一会儿他走到一个沙丘后面，看不见他了，但很快他又出现在另一个沙埂顶上，然后再下去，这样一直不断地走下去。考察队慢慢地跟随着他的脚印，蜿蜒曲折地穿过沙波的低谷，再上到沙丘的鞍部，即连接较高的顶部的横向较低的沙埂。也就是说，从一个凹地到另一个凹地，找寻着相对容易走的小路。

　　当斯拉木巴依停下来，登上旁边的一个金字塔形沙埂顶端，把他的手搭在眉毛上遮住眼睛一动不动地向东注视时，我承认我非常不自在，这种动作只有唯一的解释——路正变得更加难走。有时他十分沮丧地回来，喊叫道："完全不可能！到处都是可恨的沙子！库姆塔格（沙山）！"当这种情况发生时，我们被迫向北或南绕过一个大弯，为的是从拦阻前进的障碍旁绕过去。

　　所有的队员都赤着脚步行，汗珠滚落到他们脚下，大都是默默地、疲倦地、垂头丧气地苦苦盼望平缓沙地的出现，但他们的愿望不停地被打破。他们不断停下来喝水，但水本身是热的，水温在86°F（30℃），因为它在铁罐热的一面不停地来回拍打着，而我们不再能够用芦苇捆遮住铁罐了，骆驼早已把草都吃光了，只剩下草梗。不管怎样，我们都过度饮水，以便加强蒸发，因为风吹到皮肤上可使我们凉快些。

　　考察队缓慢地移动着，我们从每一个凸出的高地顶端眺望远处，得到的都是相同的景象，指南针指向的每一个方向都是一成不变的令人沮丧的视野——一道沙埂隐隐出现在另一道沙埂之后——一片没边没沿的波涛汹涌的大海，只有细黄沙，没有真实的山脉。骆驼仍继续迈着同样的相当肯定的步伐在沙坡上爬上滑下，然而我们常常被迫为它们

327

开路。队员们把这些难走的地方称为"沙隘"（Davan-kum），它的出现时常令我们大家感到有点泄气，但每当我们在沙丘之间遇到好走的一段平路时，我们很快重振精神，努力向前。只是在前行了一小段路之后，又会有一道新的沙埂横在我们面前，新的沙丘顶端一个个耸立在我们能够看得到的前方。

在一个居高临下的沙丘顶端，我们停留了很长时间，为了勘察和解渴。队员们偶尔给快要渴死的可怜的约尔达西和羊喂点水。约尔达西一听到水的声音，就变得疯狂起来，每次有人去到水罐之处，它都冲上去摇着尾巴。最后一只幸存的羊和一只忠诚的狗耐心地跟着我们，队员们开始喜爱起这只羊了，他们说，宁愿饿死也不愿杀了它。

但骆驼明显疲劳不堪，越来越频繁地重重跌倒在地。当它们在斜坡上跌倒时，没有帮助，它们是站不起来的。有一峰骆驼在沙埂顶端旁边倒下，我们不得不把它身上的全部负重统统卸下，然后，我们所有人一起把它扛在肩上，摇摇摆摆地在斜坡上向下走了70英尺，走进两个沙丘之间的一个凹地，它在那时才能够重新站起来。

行走了8英里之后，对于那天来说，我们已走得足够多了。

我们扎营在一小块光秃秃的土地上，地面非常硬，我们甚至放弃了挖井。现在每一个生命的踪迹都已完全消失，晚上没有蛾子围着蜡烛舞动，没有一片黄叶在风中飞舞打破这死一般的寂静。我们的工作刚一结束，就坐下来讨论白天的所作所为和翌日要做的事情。听到斯拉木巴依尽力在队员中给他们鼓足勇气真是令人感动。他告诉他们关于我们以前的旅行的故事，关于我们在阿赖山谷遭遇大雪的事。他说："大雪比沙子更令人不能忍受，在慕士塔格峰冰川周围我们几次登上那座大山。"

第
四
十
二
章

骆驼倒下了

4月25日,作为大气清澈纯净的结果,最低气温下降到非常低,不到34°F(1.1℃)。早晨,一阵西北风刮来,天空又一次尘土弥漫,因此整个白天气温比平常低,甚至在中午我们都没有理由抱怨酷热。在晴朗的夜空下,散热变得非常顺利。接着,尘土面纱降临,像一把雨伞遮盖住了大地,使得阳光长时间温暖着地面。同时,天空变得朦胧起来,我们想要看到附近的沙丘都很困难。

沙丘之间有淤泥形成的台地块夹层,但如果可能扎营的话,我们宁愿在特征显著的结构上扎营。它们是由水平的薄泥片组成,脆弱易碎并含盐,至少稍一碰就破成碎片。有几片泥片不在同一高度,而是一层比一层高,就像一组台阶。上面没有一点儿沙子,也没有植物,它们纯粹就是淤泥,这一点是不容置疑的,它们大概是在数个世纪的过程中曾干涸的庞大的中亚地中海海底最后残存的碎片。不同的台地大概表明了不同的海平面。一般说来,这些泥块中没有一块大于一艘方帆双桅船的甲板。沙丘在永无止境地向前推进中一直源源不断地向它们灌注沙子,并逐渐掩盖了它们。

早晨,我发现了一件最令人痛心的事,因昨天注意到水罐里的水来

329

回拍击的响声很大,我就朝水罐里望去一探究竟,发现它们只有仅够维持几天的水量!我问队员们为什么不遵照我的命令,在水罐中灌入足够维持10天的水量,他们回答,尤尔奇是负责灌水的。当我责备尤尔奇时,他回答道:"我们完全可以更轻松一些,因为从最后一个沙漠湖到我们能够挖出水的地方只有4天的路程。"这个说法和我的地图上标明的是一致的,因而我相信这个人。自从他的信息总是被证明是正确的,我就更加信任他了。

我们全都无一例外地确信,我们向东走与向西走到达附近水源的距离是完全一样的。因而,没有一个人说一句关于往回走到最近的一个沙漠小湖去的话。然而,如果我们决定不去那个沙漠小湖,这对我们自己和其他那些为我们的命运担忧的人来说,将是多么地遭罪、多么地困扰又可能多么地懊悔啊!但我们全都一致地在监视着我们的水,像节省金子一样节俭地用水。我暗地里命令斯拉木巴依不要让两罐水离开他的视线,自从那天早上,骆驼就再也没有喝到过一滴水。

感谢尘雾,空气仍然极为凉爽,沙丘顶部从朦胧中显露出来,就像幻想中的幽灵或长着弓形脊背的黄色海豚,为我们竟敢公然蔑视它们的大胆行为而嘲笑我们。朦胧的天气极大地妨碍着我们对距离和前景进行判断。我们常常由于沙丘那模糊的轮廓而被突然引向它的底部,而我们仍想象着在我们前方是一条好走的道路。

我们前面延伸着满是沙埂和圆沙丘的无边无际的世界,大部分沙丘是从北向南延伸,但最高的沙丘是从东向西延伸。水平的泥土台地完全消失了,但至少证明沙海并不完全是没有底的,它将撑起我们最

● 沿着沙丘边缘前进

终会到达连绵起伏的沙波那边的希望。一切都被埋葬于沙子之下。沙丘是沙子,沙丘之间的每一个凹地也都是沙子,很明显我们陷入了整个沙漠最最糟糕的地方,我痛苦地意识到我们处境的严峻性。

我那天步行走了一天,一部分是省着用我那峰状态尚好的骆驼男子汉,一部分是为鼓励我的队员。骆驼老人家每隔一分钟就要停下来,反反复复,牵着它的细绳子断了,它的鼻子变得敏感起来,一触即痛,终于它躺在沙子上,拒绝再向前走一步。我们把它的负重卸下来,然后它站起来,它站着时,我们又把担子捆在它身上。但它越走越慢,越来越频繁地停下来,不得不一直都由一个队员牵引着。最后我们卸下它的负重,分配给其余几峰骆驼,让它单独跟随考察队行走。看到"沙漠之舟"这个状态真是可怖,在那无边无际的沙海中,人类唯一的希望变成一个泡影。我们急切地一再注视着东方,试图寻找一条难度降低的道路,但我们只是徒劳地注视,那里除了眼睛能看到的沙山别无所有。突然,一只牛虻嗡嗡叫着来到骆驼中间,我们的希望立刻上升到了极点,我们相信,我们正在接近"陆地"。然而很可能它只是一只骗子,以前我们没有看到——一只静悄悄地隐藏在一峰骆驼的皮毛下的骗子。

老人家不断地耽搁我们前进的步伐,终于我们决定停下来一小时,为的是给它提供一个休息的机会。我们给它喂了一品脱水和几把它自己驮鞍上的干草,它狼吞虎咽地吃光了。当它的驮鞍被取下来时,我们看到它的背上有一个开放性的疮面,这是一具粗糙的驮鞍擦伤了它那不健康的淡黄色的肌肤。它的腿在颤抖,舌头是白的,看着这只可怜的牲畜真是让人心痛。留下穆罕默德·沙赫照顾它,我们其余人继续前进,很长时间,我们都听得到这峰病骆驼在我们后面的嘶鸣声。

最高的沙丘现在上升到它们的底部以上150～200英尺,再向前它们下降到100～120英尺高。

"喀尔嘎(Karga)！喀尔嘎！"斯拉木巴依喊叫起来。当他指着一只在考察队周围盘旋了两三圈的渡鸦时,它在附近一个沙丘顶上跳动着,最终消失了。这件小事使全体人员兴奋不已,我们把它看作是离和阗河不远的象征,渡鸦几乎不可能仅仅是为了高兴而向沙漠深处飞去。

走了12.5英里之后,大黑——一峰黑色的大骆驼不愿再向前走了,迫使我们扎下了第13号营地,给骆驼喂了从老人家驮鞍上留下的干草。我们在其他7个驮鞍中都有大量的储备供应,都装满了干草和稻草。

　　我的午餐变得越来越简单,直到最终我被迫满足于茶、馕和罐装食品。队员们每餐则以茶、馕和炒面为主。燃料几乎已经用完了,我们最初带的少量的供给也已消耗殆尽,我们没有余下的资源,只有牺牲一些没什么价值的装货箱。晚上,我们又在一起商议,认为至多再走3天就可到达和阗河,但希望到那里之前遇到一片胡杨林带,我们可以通过挖井得到水,两只蚊子钻进帐篷陪伴着我。问题是,它们是随我们旅行而来,还是被风从附近的某个小树林里刮到这个地方!

　　4月26日,黎明,队员们正忙于把帐篷拆除,准备考察队的出发。我单独动身步行,试图发现一条向东的路径。从那一点,我一直步行走到和阗河,现在我不能通过骆驼的步速来计算距离了,而是采用数我自己步子的方法,这是一种使我极感兴趣的消遣。每走100步,就是向着"陆地"赢得了这么长的距离,每走1000步,我的安全希望就上升一度。

　　我一只手拿着指南针,另一只手拿着望远镜,加速向东、正东走去,因为那里奔流着一条可以拯救我们生命的河流。营地、骆驼很快在沙丘顶的后面消失不见了,我唯一的伴侣就是一只孤单的苍蝇,我把它看作是非常友好的伴侣,否则,在这死一般的寂静之中,我是孤独的,绝对的孤独。我的面前是一片黄色沙丘的海洋,此起彼伏、延绵不绝的巨浪慢慢消失在了地平线。就连属于礼拜天的那份沉静,都比不上此刻笼罩在我周围的这种犹如身处坟地的安静。唯一将比喻的形容转变成事实的,就是墓地的基石了。

　　不久我就觉得沙丘没有以往那么高了,我试图尽可能保持在同一高度,继续沿着沙丘顶端并环绕着最高点走。我知道可怜的骆驼已经太过辛劳、太过疲倦地走在我的足迹中。沙坝一片令人迷惑的混乱,从东北到西南,从东到西,奇形怪状地互相穿插在一起,我们的处境令人绝望。沙丘高度突然陡增至140~150英尺,当我站在其中一个巨大的沙波顶上向下看时,在我脚下的凹地上,在沙丘的背风面,在我下面令人眩晕的深处,我看到一条漫长的路。我们正缓慢但却确定无疑地被这些可怕的沙脊耗死。它们阻碍着我们的前行,然而我们必须越过它们,没有挽救办法,不能逃避,我们必须越过它们——一支送葬的队伍,前进在驼铃那令人悲哀的叮当声中。

沙丘更陡峭的一面现转向东和东南，显然这个地方在过去的几天里都刮着西北风。即使在那里，一阵宜人的清新微风从那个方向直刮过来。沿着它的侧面会不时地出现几小丛某种白色植物，在其中一个沙埂上面卷着几束干枯的蓟属植物，紧紧地缠结在一起。不幸的是，这些稀少的有机生命的标志被西北风刮向远方，很可能它们和我们是在同一条线路上，或是在与我们平行的路上。

正午降临，我因疲劳及口渴几近虚弱，太阳像只炉子在我头上发热，我筋疲力尽，实在不能再走一步了，当时我的苍蝇朋友转到我的另一侧用这样充满生气的语调嗡嗡叫着，它在唤我起来向前再走一点儿。它在我耳边嗡嗡叫着："起来，拖着脚步走到下一个沙丘顶上去，在你妥协之前，再走1000步。你会更加接近和阗河，更加接近流入到罗布泊那滔滔不绝的淡水，更加接近那条唱着生命和春天之歌的舞动着波浪的河流。"我走了1000步，然后倒在一个沙丘顶上，仰面伸开四肢躺着，把我的白帽子拉下来盖在脸上。

哦！燃烧的太阳，快快向西，融化掉冰山之父的冰川，从它那钢蓝色的冰川和泛着泡沫从其巍峨浩大的山腰倾泻而下的溪流中，只给我一杯冰凉清澈的溪水就够了！

我走了8英里，休息是令人惬意的，沙丘顶上空气微动，我陷入了一种麻木状态，忘记了危险的处境，我幻想着我正躺在一块清凉碧绿的草地上，在一棵枝繁叶茂的胡杨树下，一阵轻风正飒飒地吹过它那摇曳的树叶。我听到小波浪正以那令人伤感的节奏拍打在湖岸上，正冲刷着胡杨的根部。一只鸟正在树顶唱歌——唱着一首我听不懂的有神秘含义的歌。一个美丽的梦！继续沉浸在我虚幻的精神世界里，那该是多么令人高兴啊！可是，哎呀！哎呀！一阵沉重的送葬似的叮当响的铃声再次把我唤醒到罪恶沙漠的残酷现实中。我坐起来，我的头像灌了铅一样沉重，我的眼睛被永恒的黄沙反射的光芒刺得什么也看不见。

骆驼蹒跚而上，它们的眼睛变得迟钝并像落日行将熄灭的微光般毫无光泽。这是一副顺从的外表，一副冷淡的外表。所有对食物的愿望都荡然无存，它们的呼吸费劲缓慢，它们的气息比以往更加微弱。只有6峰骆驼被斯拉木巴依和喀西姆牵引着，其他两个队员仍在后面与

老人家和大黑在一起,甚至在这天刚开始,大黑的腿就不好使了。"它们
会来到营地的,"斯拉木巴依说,"它们会尽最大可能。"

　　从那之后,沙漠向我们展现出它的另一种面貌。我们不时地走
入沙丘之间有着极为细微的尘土的平坦的坑里,我们陷入沙中足达
膝盖,就好像走在软泥上。因此,之后我们一直密切留意着这些暗藏
危机之处。在其他地方,沙子被一层薄薄的稀疏分布的燧石所覆盖,
燧石有着尖锐棱角且颗粒极为细小。它们出现在沙丘之上,这种现
象与油在海面的波浪上浮现是受到一种极为相似的作用影响。燧石
出现之处,沙丘被压扁,转到相反方向,而且还失去了它们布满纤细
波纹的外表。

　　在两个沙丘之间,我们有了一个极为意想不到的发现,即一头驴的
一部分骨骼或像队员们坚持认为的是一匹野马的骨骼。除了腿骨什么
也没有,骨头像白垩一样白并非常易碎,只稍碰一下就会使它们碎成灰
一样的碎片。保存最好的部位就是蹄子,它们看上去比驴的要大,比野
马的要小。那么这头牲畜在沙漠的这里出现究竟在干什么呢? 这些骨
头在那里多长时间了? 对这些问题,冷酷无情的沙子没能给我们答案,
至于我,我没有看出这些骨头为什么不可以在我们发现它们的地方存
留数千年。后来我从几个实例中确定,干燥的沙漠细沙无疑的确拥有
保存有机物质很长一段时间的性能,也许这堆骨架只是最近才因盖在
其上的沙丘被吹移走而暴露出来的。

　　我们大家因为疲劳和干渴全都精疲力竭。我们已无力拖着疲惫的
身躯再走1.5英里了,于是停在一块坚硬平坦的泥地上。在那里我们还
偶然见到了许多奇怪的物体,既小又易破碎的白色蜗牛壳已被水磨圆、
抛光,还有形状多变的燧石片、贻贝壳的碎块及许多管状石灰石结构
体,好像石灰被浇铸在芦苇秆周围一样。

　　晚上,尤尔奇和穆罕默德·沙赫挣扎着来到营地时,又渴又累。支
撑他们走路的是手杖,他们单独回来了,两峰骆驼拒绝再向前走一步,
所以他们把它们留下来听天由命。天刚一转凉,我就派了一个队员去
把它们领回来,他发现它们的体力恢复了一点儿,快到午夜时,把它们
也带回来了。

　　我们的精力在晚上都恢复过来了。用我的望远镜向东望去,我觉

得沙丘更加低矮了,最高的是40~50英尺。明天我们将穿过高高的沙脊,也许我们能在和阗河的树林中扎营!一个令人愉快的想法!它为我们大家带来了希望。

从这一刻起,我就再也没有睡在帐篷里,为更必要的努力节省体力是必须的。我们大家朋友般地睡在露天之下,但尤尔奇不和我们在一起睡,他从不讲话,除非是他先开口。他的眼里有一种奸诈的神情。当他离开我们的视线时,我们反而感到更自在。

这天最常听到的话就是"坏了,糟糕透了!",过一会儿,不祥的绝望情绪开始在我们头上蔓延。我们路过了几块薄石片,有一个队员怂恿另一个队员去找金子。不管那天怎样过去,当我们接近下一个营地时,我们的情绪总是高涨的。除此之外,我们操心的是第二天干什么。那天是唯一在辛苦劳累之后我们得以休息的一天,并能够从指望不上的希望中恢复过来。经过酷热难耐的一天,夜晚的凉爽总会令我们感到舒适些。

晚上约6点钟时,我想到了一个好主意——为什么不试着挖井呢?斯拉木巴依和喀西姆立即一心想做这件事,而前者赶紧给我准备晚餐,后者开始准备挖井。他把衣袖卷起来,往两个手心啐了口唾沫,举起坎土曼,这是一种尖锐的铁锹,它的刀身成直角插到杆子上。干土噼噼啪啪地响,喀西姆边挖边唱着歌,其他两人回到营地后,三个人轮流挖起来。"那里是否有水?"作为对我的问题的回答,尤尔奇轻蔑地笑着说:"哦,有水,有大量的水,如果我们向下挖30英寻❶的话!"喀西姆挖下去约1码,土与沙子混在一起,并且它是潮湿的!尤尔奇极为尴尬,以双倍的干劲挖着。我们大家的希望又复苏了,我迅速吃完简单的晚饭,和斯拉木巴依快速来到井旁。一到地方,我们五人都尽最大努力干着,坑越来越深,从地平面上已看不到挖井的人了,他也不能把沙子抛上地表。一根绳子系在一只桶的提梁上,用这种方法,松散的沙子被拉上顶端,第三个人再把桶倒空。逐渐地,一个环形沙堆围着井口堆起来了,直到我开始干时,大家把土铲走以让出地方。

---

❶　1英寻等于6英尺,约1.829米。

我们晚上6点钟开始干活,在那时气温是83.5℉(28.6℃),地表温度为80.2℉(26.8℃),在3.5英尺深处,沙土温度是61.9℉(16.6℃),而在5英尺深处,沙土温度为54.3℉(12.4℃)。

　　我们从头至尾挖出来的沙土都是带点灰黄色的黏沙土,在某些地方带点红褐色的外皮,有一些已死的植物残存体,没有石头的踪迹。

　　躺在凉爽的沙子上真是使人愉快并精神振作,铁罐里的水温是84.9℉(29.4℃)。把一罐充满水的罐头埋在从井下抛上来的沙子中,水很快就变得足以清凉解渴。

　　沙子逐渐变得更加潮湿,很明显有水,虽然尤尔奇认为要得到水还要再挖很深一截距离。当我们挖到约6.5英尺深时,沙子非常湿,我们能把它捏成球状物,并且在捏的时候我们的手都变得潮湿了。把我们滚烫的脸颊贴在凉爽的沙子上太惬意了!就这样两个小时过去了,队员们已变得疲乏,他们露在外面的胸膛和肩膀滴下汗水来。他们停下来休息的次数越来越多,时常喝上满满一大口水,我们从良心上并不去指责这种过度行为,因为我们正在挖的井,不正是为了得到水来灌注我

　　　　　　　　　　　　　　　　　　● 正在挖掘一个没水的井

们那些空空的水罐吗？

　　同时，天已漆黑，我们在井边插上两根蜡烛头，靠它们的亮光继续挖井。蜡烛的光亮引来所有动物围在洞口，等得不耐烦的骆驼伸长脖子嗅着凉爽潮湿的沙子。约尔达西来了，坐在沙子上，把腿伸在里面，母鸡也时不时地来凑凑热闹，偷窥一下里面正在干什么。

　　一英寸一英寸，我们尽力向下挖，带着保有生命——可贵的生命的绝望的动力工作着，求生的希望给了我们新的力量，我们下定决心不被打败。在彻底放弃之前，第二天用一整天挖井，我们一定会找到水的。

　　我们大家全都围着我们在地上挖的洞口站成一圈，议论着，并注视着喀西姆。他在干活时半裸着，在我们脚下昏暗的光线下看上去奇怪又怪异，当他突然停下来时，铁锹从手中落下去，然后，用一种半抑制的呻吟声哼着，跌倒在地。

　　"怎么回事？发生了什么事？"我们问，全都被惊得发呆。

　　"沙子是干的！"传来的声音就好像是从坟墓中发出的。

　　摸着两铁锹的沙使我确信他说的是对的，沙子变得像火种一样干燥，看起来的潮湿可能是由于冬季降雪或阵雨导致，但我们却不知道这一点。沙丘并没有泄露出它们的秘密，我们一直向下挖到10.25英尺深，那里的温度是52.2℉（11.2℃）。

　　这个令人沮丧的发现使我们立刻感到了疲乏，并意识到我们在这徒劳地苦干的3个小时中浪费了多么大的宝贵力气啊！我们确确实实崩溃了，变得丧失了勇气，失去了所有的干劲，深深的痛苦和忧愁阴沉着每一张脸。我们回避着彼此的目光，摇摇晃晃地走开，各自回到睡觉的地方，在长长的昏昏睡梦中寻找已忘却的绝望。

　　我躺下之前和斯拉木巴依进行了一次私底下的谈话。我们不能相互隐瞒我们的担心，我们认识到我们的危险处境的严重性，并相互发誓要最大程度鼓足我们自己和其他队员的勇气。根据我的地图，我们不可能离和阗河太远，不过也要做好面对最坏结果的准备。

　　我躺下前，趁其他队员正在睡觉的机会检查了铁罐里的剩余水量，铁罐内的水足够维持1天，我们必须严密监管它，就好像它是金子。事实上，如果用我们所有的钱能买到多一点儿的水量，我们将不会有丝毫的犹豫。我们决心一点一点地定量分配这剩余的珍贵的水。这点水必须要维持3天的时间,如果我们限制每人每天两杯水的话,这是可以做到的。骆驼3天里没有喝过一滴水,约尔达西和羊一天一次各自可得到一满碗水,关于这一点,他们安排得很好。接着,我们俩也休息去了,留下忍耐力强的、驯良的骆驼围着假井站成一圈,徒劳地等待着它们不可能得到的东西。

第
四
十
三
章

没有水了

4月27日,太阳升起的时刻,为了保存骆驼的体力,我们尽我们一切可能做事。我们取出驮鞍中填塞的干草给骆驼吃,它们贪婪地狼吞虎咽地吃完后,四下环顾找水喝,但我们只能润一下它们的嘴唇。吃完干草后,它们得到一满袋的剩馕和一些油。为了减轻它们的负重,我们把我的行军床、一条地毯和几件其他不太重要的物件留了下来。

我刚喝完茶,就急忙提前赶路,我因对进展焦急而变得憔悴。沙丘比以往更低,不到35英尺高,我还观察到从沙丘之间的凹处的沙底时不时地隐约露出褐色土层,外形稍有不平,但沙丘的较低的高度也许是由于大地的自然表面不平以及较高部分的顶端被沙子埋得不太深,所以我不再自欺欺人。

一小时后,我再次陷入高耸的沙丘的迷宫中,和在此之前一样,穿过去相当困难,并同样是无边无际的。较大的沙丘群从东伸向西,而次大的沙丘或横向沙丘则从北到南或从东北到西南。陡坡现转向东和南,但没有一点儿生命的迹象,没有一棵柽柳打破笔直的地平线,也没有其他任何东西表明"陆地"存在的可能性。当我向孤寂的沙海另一端凝视过去时,我感觉一阵眩晕,在沙海深处,我们已是毫无希望了。我反复地爬上每一个沙脊顶端,用望远镜扫视着地平线,希望在东方看到和阗河边树林那朦胧暗淡的轮廓,但一切都是徒劳的。

从一个沙丘侧面走下,我的目光落在了一个像根一样的小物体上,我弯下腰把它捡起来,而它却突然掠去,消失在沙丘边的一个小洞里。这是一只蜥蜴,和沙子一样都是黄色的。这个生物怎样生活? 它不吃东西吗? 它从不需要喝一滴水吗?

阳光灿烂,天空飘浮着点点轻似羽毛的云朵,热度并不是难以忍受的,阳光比平时弱一些。刚到三个半小时,考察队就赶上了我。我们继续走了一整天,但扎营时,穆罕默德·沙赫和两只病骆驼已经不见了。"他们正在后面慢慢赶来。"其他队员说。高高的天空中我们看见两只野鹅正向西北方向掠过,这又一次使我们的希望复苏了,因为我们猜想它们来自于和阗河,正朝着我们已路过的山脚下一个荒芜的小湖飞去。然而我们只是试图自欺欺人,因为野鹅只有从一个地方向另一个地方迁徙时才飞到这样的高度。当它们那样做时,它们穿过200多英里宽的沙漠意味着什么呢?

我爬到男子汉的背上坐了一会儿,它接受了给它增加的负重,而没有"哼哼"表示不满。我一骑上骆驼就感到自己特别疲乏,然而当我注意到骆驼膝盖每走一步都跟跄时,我又下来步行了。

那天,沙丘是我们已经穿过的最高的,足足200英尺高。我估算它们高度的方法是这样的:我站在离一个沙丘一小段距离远的地方,沿着沙丘顶,考察队正在走动,通过以前的测量,我知道每一峰骆驼的确切高度。在一根铅笔上,我刻下了许多相同间距的刻痕,每一个刻痕之间的间距代表着一峰骆驼的高度,然后把铅笔举到眼前,我测出多少个刻痕的间距需要包含住沙丘的高度,换句话说,我测出沙丘是几峰骆驼的高度。除了那个,只有我的眼睛还告诉我与更像一座高山的沙丘相比,骆驼简直就是一个极小的物体。

越过像这样巨大的沙波,我们不可能非常快速地前进,这是很容易明白的。为了避开它们,我们被迫绕了很多弯路,浪费了很多时间。事实上,我们有时被迫暂时向与我们想要去的地方正相反的方向行进。

约尔达西一直紧跟着水罐,它能够听到水罐里剩下的那点儿珍贵液体拍打在罐壁上发出来的声音,每次它听到溅水声时,都会呜呜叫或大声嚎叫。每当我们停下来,不能断定转向哪条路时,它都会叫着并嗅嗅水罐,然后在沙子中扒寻,好像在提醒我们应该挖井了,以让我们知道它想要喝水。当我躺下休息时,这只狗就会过来卧在我前面,眼睛直直地看着我,仿佛在问我是否真的没有希望了。我轻轻地拍拍它,对它说些安慰的话,指向东边,试图使它明白那里有水。此时,它会竖起耳朵,跳起来朝那个方向跑去,但它很快就再次垂头丧气地失望而归。

经过了一番艰难之后,我和斯拉木巴依爬上了金字塔形的沙丘顶端,花了很长时间,通过我的望远镜对前面的地方细细地察看了一遍。沙波依然没有减少,沿着我们前进路线的方向的沙丘中没有山峡,到处都是相同的巨大沙波凝结成的海洋,不管我们向哪个方向看去,我们都被相同的没有生命迹象的荒凉景象所包围。作为我们慎重考虑的结果,我们决定一直努力向前,6峰骆驼能够走多久就走多久,直到真正的重大的生死存亡时刻到来。危急时刻发生在当天晚上6点钟,在面向北的一个沙波上,我们建起了第15号营地,一个四面都被"不祥之地"所包围的营地。

到达营地后不久,穆罕默德·沙赫也回来了,他说,甚至在这天行进的一开始,骆驼就拒绝走动,因此,他放弃了骆驼,让其听天由命,其中一峰骆驼载着两个空水罐,另一峰骆驼什么也没载。如果我在那里的话,当它们一步也迈不动时,我会叫人开枪打死它们的。因为老人说,它们不可能坚持超过两天的时间。但他相信如果我们能在晚上之前找到水的话,它们也许会获救的。事实上,在那之前,它们被无望地放弃,将必须耐心地等待着痛苦的死亡。上天准许那一刻来得快一些吧!

穆罕默德·沙赫的话给我留下了极其痛苦的印象,我应为无辜生命的失去受到责备。正是我,应对我的考察队的队员和牲畜所忍受的每一刻的痛苦挣扎和每一阵的悲痛负责。当第一批骆驼交付给罪恶沙漠王国时,我不在场,这是真的。但想象中,我清晰地看到了场景再现,它就像一场噩梦,重重地压迫着我的良心,使我夜里一直无法入睡。我看见当穆罕默德·沙赫离开它时,老人家躺下来,另一峰骆驼仍站着,虽然它的腿在它的身下哆嗦,张大的鼻孔和发光的眼睛用渴望的神色和责备的目光送着正在离开的考察队,而考察队很快就走得无影无踪。当时,我想象着它把头慢慢转向它的同伴,之后,倒在了它的旁边。然后,

● 最初的两峰骆驼在垂死状态中被放弃

它们俩贴着沙子伸长脖子,半闭着眼睛,一动不动地躺着,沉重的呼吸穿过它们张大的鼻孔,它们的疲倦增加着,挣扎着把腿伸直打着滚翻过身来。它们的血液在静脉里流动得越来越慢,越来越黏稠,死亡的僵硬和麻木逐渐使它们的四肢变得僵硬,呼吸之间的停顿变得越来越长,直到结束。很可能老人家会先死去,因为它更虚弱,但死亡挣扎持续多长时间,我们永远都不会知道。当一个念头在我脑中闪现时,我恐惧得浑身血液都凝固了,或许它们还可以活几天,但被沙暴活埋了。啊呀!它们现正睡觉,长达百年的觉,睡在残忍无情而漫无止境的沙漠的流波之下。

　　下午之后,我们看到西边的天空充满了浓厚的钢蓝色云团,沉重地充满了雨云,它们是有水有生命的象征。而我们被干旱和死亡包围。它们变得宽阔起来,更紧密地聚在一起,这种情景强烈地吸引住我们。我们的视线离不开它们了,我们对雨的渴望变得一刻比一刻更强烈。我们拿出两个空水罐,把帐篷盖布铺在地上,每个角一个人,准备举起来。我们等待着,等待着,而云团却慢慢向南飘去,没有赐给我们一滴雨。

　　斯拉木巴依最后一次给我烤馕,穆罕默德·沙赫认为我们已经陷入巫术的符咒之中,将永远找不到走出沙漠的路。用一种极为镇静的表情,好像在说明这只不过是理所当然的事,斯拉木巴依说,骆驼将一个接一个倒下,然后将会轮到我们,这完全就是事情发展的必由之路。我说,我确信我们不会死在沙漠中的。尤尔奇嘲笑我的指南针——我的去麦加的方向指示器,谩骂说正是它欺骗了我们,引导我们转圈。不管我们走了多少天,他说,其结果都会是相同的,我们可以做的最好的事情就是尽力不要做不必要的事:我们一定会在几天之内渴死。

我向他保证,指南针是一个完全值得信赖的导向装置,已引领我们一直朝正东方向走,他只需记录太阳的上升和降落向自己证实事实。他的回答是:尘埃与巫术融合在一起,甚至连太阳都受到影响,因此它不再被信赖。

4月28日,我们被一阵非常猛烈的来自东北北方向的飓风所唤醒,大风把营地笼罩在令人目眩的沙雾之中。旋转的沙柱掠过沙丘上方,向下冲到沙丘的背风面,又一个接一个地疯狂舞动着猛冲过去。我对着风抛了一把碎纸屑,观察它们是怎样落到地面的。它们直接就落到了沙丘的遮蔽侧并停留在那里。天空被浓厚的尘土和沙子塞满,以至于我们甚至连最近的沙丘顶都看不到。我们不可能在那天凭着太阳来辨认方向前进,天空中连指出它的方位的最微弱的光都没有。这是我们穿越沙漠的全部旅程中经历的最糟糕的一场风暴,是可怕的喀拉布兰,它可以把白天变成黑夜。

● 剩余的5峰骆驼　　343

前一晚我们睡在露天下，晚上天气有点凉，我裹着皮衣躺下，将一条头巾扯下来围住我的头。早上，当我醒来时，我简直被埋在了沙子里，厚厚的一层细黄沙盖住了我的脖子和胸膛，细黄沙透过了我衣服的每一个开口处。当我站起来时，沙子滑到了挨着我皮肤的衬衣里面，我不得不脱掉衣服抖掉沙子。我的皮衣和沙丘表面是难以区分的，营地周围的每一件物品都极为相似，半埋在沙子里，给我们增添了许多麻烦，我们用手杖把它们全都捞出来。

　　那天过得极为可怕，我们看不到周围的一切，不知道要走哪条路。但空气是凉爽的，而且大风使我们忘却了对水的需求。

　　那天我自然不可能继续前进，我的足迹几乎立刻就被涂去，我们所能做的一切就是紧紧地守在一起，队员们和动物都紧紧挤在一起，如果你在一场像这样的风暴中与你的同伴分开，呼喊声甚至步枪子弹声都极有可能听不到。飓风那震耳欲聋的吼叫声压倒了一切声音。如果你确实与他们分开了，你完全走入歧途，将会造成不可弥补的损失。我能看见的只是我面前的骆驼，其他一切别的物象均被隐没在浓厚的密不透光的尘雾之中，你也听不到任何声音，除了奇怪的呜呜声和萧萧声，这是百万颗沙粒无休止地经过你耳旁时所发出来的。

　　也许正是这种可怕的声音影响着马可·波罗的想象力，使他在对着大沙漠演讲时这样写道："甚至在白天，你都听到那些灵魂在说话，有时你会听到各种乐器的声音，更加普通的是敲鼓的声音。因此，在这种旅行中，旅行者通常要紧紧保持在一起，所有动物的脖子上也要有铃铛，所以它们不会轻易走失。在睡觉的时候，会出现一个表明接下来行进方向的征兆。"[1]

　　继续行进极为艰难困苦，直到这天大半天过去了。天一片漆黑，我们被朦胧的黑夜所包围，半黄半灰。有几次当一阵狂沙直接面对着我们刮来时，我们几乎窒息。事实上，当更猛烈的狂风袭来时，我们蹲下，脸对着地面，或者把脸紧贴在骆驼的避风一侧，甚至骆驼把它们的背转过来对着风，贴着地面直挺挺地伸长脖子。

---

　　[1] 摘自玉尔的《马可·波罗游记》第1卷203页，伦敦1874—5。——原注

沙丘变得不再低矮，而是高耸在我们前面，甚至和以往一样高。我们一登上一个沙丘顶，就会看到另一个沙丘隐隐出现在我们面前的尘埃中。在这天的行进中，一峰幼骆驼被放弃了，很容易就能看出动物们已筋疲力尽了。它们蹒跚着，四肢发抖，目光迟钝呆滞，下唇无力地下垂着，鼻孔张得很大。我们正吃力地登上一个沙丘顶端时，风暴似乎用十倍的暴怒在狂吹着，而正以行进的顺序排列在最后的牵引着垂死的骆驼的尤尔奇急急忙忙单独赶来，他唯恐看不见我们而再也找不到我们了。这峰骆驼已不能够越过最后一个沙丘顶了，他说，它倒在了接近顶端的地方，侧向翻倒在地，不再起来了。我命令队伍停止前进，并派了另外两个队员回去，看看他们是否能设法使骆驼起来跟着我们走。他们消失在尘埃中，但很快就回来了，并说足迹已消失，他们不敢离考察队太远。

于是，我们失去了第三峰骆驼，它像其他两峰一样，被遗弃在沙漠中痛苦地死去。我们对这令人伤感的损失已逐渐变得麻木了。我们现在唯一关心的就是挽救我们自己的生命。当人陷入像我们这样的绝境之中时，他的感情会变得迟钝，他会变得不再去关心他人的疾苦。每天早晨当我们出发时，我习惯于扪心自问，下一个退出那无止境的漫长未知旅途的将会是谁呢？

那天行走了12.75英里，晚上6点钟，我们停了下来。在仔细考虑了我们的处境之后，我同意放弃一切不是绝对需要的东西。我和斯拉木巴依仔细检查了贮存品，我们打开了几只箱子，拿出糖、面粉、蜂蜜、米、土豆和一些蔬菜、通心粉以及200～300个食品罐头。这些东西大多数都和几件皮衣及毡子、垫子、书、一大包杂志、烹饪用炉和石油木桶一起被装进箱子，上面盖着地毯，留在两个沙丘之间的洼地上。

在很远的地方就可以看到的一个沙丘顶上，我们插了一根棍子，并牢牢地把一本瑞典杂志拴在上面，为的是做一面旗子。如果我们发现了水，就回来把我们留下的东西取走。因此，在晚上，我们用装货箱的盖子做了20根板条，每根板条上都拴上一本杂志，我们打算把这些小旗子插在我们随后的日子中所路过的最高的沙丘顶上，就像在一个陌生的航道上的浮标一样，它们也许对指引我们到留下贮存品的第17号营地有用。

我挑选出所有含有液体成分的罐装食品,例如蘑菇、虾肉和沙丁鱼。我的队员确信罐头里没有猪肉或咸猪肉,非常高兴地吃光了里头的东西。他们将剩下那些没吃的食品留到明天。剩余水量只有3.5品脱,被倒入两个大铁水罐,我们把最后两个水罐随身带上,以备我们发现水时用。骆驼还有一驮鞍的填肚子的食物,但它们一点儿胃口都没有,因为它们的喉咙都干透了。我喝了最后一次茶,大快朵颐了一顿含水的罐装食品。

4月29日,我们在破晓出发,带着幸存的骆驼。就在我们出发时,斯拉木巴依来了,带着沉重的心情告诉我,他发现其中一只铁罐空了。他和其他队员猜想是尤尔奇偷喝的水,因为他们听到他在黑暗中偷偷地走来走去,并乱摸一气,然而我们没有证据证明是他干的。但我们对他的怀疑增强了,当他爬到我的脚下,抱怨说他胸部和胃痛时,我们认为这一切都是装的。然而为其他人树立榜样是我的责任,为了鼓足其他队员的勇气,我把分配给我的这份水的一半给他喝。那之后我们就没看见他,他直到第二天早晨才再次露面。

我们徒劳地为寻找"陆地"细细察看地平线,没有发现一点儿生物的踪迹。沙海在我们前面延伸,在我们周围无限远。这个地区的高度稍有降低,但相对干燥的大气仍旧未变。沙脊现在是从北到南延伸,它们的陡坡再次转向西,当然大大地增加了我们前进的困难。从一个高高的沙丘顶向东望去,在我们面前是一片无边无际的一个接一个的极为陡峭的沙堤,由于产生视错觉,看上去就像一系列不陡的台阶。向西望去,穿过沙丘长长的倾斜的迎风面,那个地区地表看起来几乎是平坦的,这使我们处于绝望状态。我们有种沙丘变得越来越高的错觉,因此,我们的每一步都越来越艰难。

这里,也就是沙丘的避风面,常常露出点点的钢灰色云母片岩的细小碎块。

这天,我们的希望因发现了一只田鼠的骨架和发白的枯萎的胡杨而受到了鼓舞。然而这只是建立在极为不牢靠的基础之上的,因为田鼠的骨架也许是被一只鸟带到我们发现它的地点,而胡杨是没有根的,要是它扎根在地下就好了!然而这么一点点的小事,就已重新点燃了我们的希望。

　　我们一整天都在可怕的沙中穿行,因此,我们的步子是费力缓慢的,驼铃回响的时间间隔更长,因为可怜的牲畜因疲劳而半死不活。但它们还是以同样镇静、端庄、威严的步伐前进,并且总是可以从步伐上辨认出它们。它们的粪便里几乎没有稻草,因为它们几乎完全在消耗它们自己的骨血,正逐渐变得极为瘦弱。它们的外表看上去极其悲惨,透过它们的皮毛,根根肋骨清晰可见。3峰被遗弃的骆驼在这个时候无疑已经死去,无论如何做任何事情以挽救它们都已太迟了,纵使我们立刻发现了水。

　　这是一个平静、安宁的日子,虽然大气中仍充满了尘埃。队员们说,这是上天赐福,过去的几天天气凉爽,我们没有同酷热的太阳抗争,另外,我们拥有的每峰骆驼都已屈服,而自己将是垂死挣扎。

　　我走了十二个半小时,没有停顿,晚上扎营前行进了总共将近17英里。向东,这个地区的地表没有一丝一毫改进的迹象,同样的沙海波涛一直向地平线延伸过去,在我们肉眼能及的地方,除了沙子别无他物。

　　4月30日,气温跌至最低41.2°F(5.1°C)。甚至当早上来临时,天气明显地冷。细细的尘雾仍然飘浮在大气中,但足以让我们清楚地看到太阳的位置,即透过尘雾隐隐呈现出的一团微弱的亮光。我们给骆驼喂食了另一具驮鞍的填塞料和我们全部的馕,这样做是考虑它们将能再坚持一天。一个大水罐里的水只剩下两满杯。当队员们正忙着装货准备出发时,斯拉木巴依盯住背对着他的伙伴们的尤尔奇,大水罐在他的嘴边。接着出现了不愉快的场面,被激怒的斯拉木巴依和喀西姆猛扑向尤尔奇,把他推倒在地,抓伤了他的脸,踢他,像是要杀死他似的。我没有用我的权力干涉以及强迫他们让他起来,他喝了一半的水,只剩下约0.3品脱。

　　中午,我建议用水沾湿每个队员的嘴唇,晚上打算把剩下的水分成5等份,我不知道之后能坚持多少天。穆罕默德·沙赫说,多年前他曾经在西藏没有水而挣扎行进了13天。

　　丧葬似的驼铃再次响起了它们那悲哀的叮当叮当声,考察队向东行进。最初,沙丘只有25英尺高,但在我们再次奋力前进穿过大沙地的迷宫之前,我们不能走得太远。一只小鹡鸰鸟在考察队周围盘旋,吱

347

吱地叫着,再一次使我们正迅速灭绝的希望升腾起来。斯拉木巴依看着这只小鸟受到很大鼓舞,以至于他建议要带着大水罐继续前进,并为我们大家取水回来。但我说不行。我现在比以往任何时候更需要他,我们大家都要待在一起。

　　几乎从一开始出发,尤尔奇就失踪了。其他队员认为他不可能再跟上我们,而将会死于我们的足迹上。他们都对他充满怨恨,在我们路经最后一个湖泊时他发誓我们只需要带够4天的水量就足矣,这些水量足够保证把我们带到能够挖井得到水的地区范围内。而队员们认为,从一开始他就对我们图谋不轨,并故意把我们领入我们定会不可避免地渴死的沙漠地带。他偷窃了一些水暗中为他自己使用,并在考察队陷入困境之后,他赶紧到与他本人同类型的一些其他寻宝者的住处来偷窃我的物品。这一推论有多少真实性不是能轻易确定的,而这件事情也从未被澄清过。

　　每天晚上到这个时刻,我都十分详细地记下我在旅行中发生的事情。这些描述构成了我那可怕的日记,也许就是我打算写的最后一部分了,最后数行写于4月30日下午,内容如下:

　　"在一个高大的沙丘上休息,骆驼放弃在那里,我们用望远镜仔细瞭望东方的地平线——除了四面八方的沙山,什么也没有,没有一片植物叶子,没有一点儿生命的迹象。在晚上或夜间,都听不到尤尔奇的动静。我的队员坚持认为他已回到我们存放东西的地方,打算靠罐头食品活着,以便抢走其余留存的物资。斯拉木巴依认为他已经死了。早上,仍剩下几滴水,确切地说,约一满杯,一半用于沾湿队员的嘴唇,剩下的一点儿将用于晚上我们大家平均分配。但当晚上来临时,我们发现,引领考察队的喀西姆和穆罕默德·沙赫已经偷偷把水喝得一滴不剩! 队员们以及骆驼都极度虚弱。"

　　就在连续几天的休息期间,我对所发生事情的描述是靠铅笔潦草地记在一张对折的纸上,但除了记录事件的过程,我从未在任何情况下忘记记下指南针的方向和数我走过的任何方向的步数。

　　当最终我悠闲地在和阗河岸边休息时,首先最关心的是用十分充实的细节写出我的日记,只要我对那些详细情况还记忆犹新。

第
四
十
四
章

死亡营地

5月1日,夜间天气寒冷,气温降到35.9℉(2.2℃),这是我们尝试穿越沙漠26天以来温度最低的一天。但天气晴朗,星星闪烁着无与伦比的光芒。早晨天刚破晓,四周一片寂静,天空十分明亮——晴空万里,沙丘顶部没有一丝风,太阳刚一升起来,天气就变得温暖起来。

5月1日! 在北方我的出生地,这一天标志着春天的开始,有太多幸福的回忆。在众多令人无比高兴、令人振奋喜庆的幸福回忆中,最让人印象深刻的是与交际酒和它那珍贵的内容有关的,有哪些回忆没有和那些诗一般的语言和5月1日联系在一起? 我试图说服自己,就算在荒芜的远东沙漠中的同一天也将是欢庆的一天。一年前的5月1日我来到喀什噶尔,在我的眼睛重度发炎之后,我在那里既得到休息又得到了安慰。我希望这个5月1日将再次标志着我们命运的转折点——这一次实现了!

大清早,被我们大家看作死人的尤尔奇再次在营地中露面,他已恢复了体力,并大胆预言我们在这一天结束之前一定会发现水。其他队员都不愿意和他说话,只是静静地坐着,眼睛朝下看,就着不新鲜的馕块喝着最后几滴残留的为骆驼带的油,油已变得又热又臭。昨天一整天我滴水未进。然而遭受了极其干渴的折磨,我冒险喝了一满杯汉族人叫作白兰地的酒——我们带在路上用来当做饭的燃烧原料,这是一种对身体可能极有害的混合剂。它就像矾油一样,辣得我的喉咙难受。然而那有什么? 无论如何,它是液体,也同样可以补充我身体的水分。约尔达西看见我正喝酒,它跑过来,摇着尾巴,当我给它看这不是水时,它哀嚎着垂头丧气地溜走了。幸运的是队员们拒绝沾酒,后来我不情愿地把瓶子猛地扔向一个沙丘坡。

同时,我一点儿力气也没有了。当考察队缓慢地向东挣扎前进时,我的腿不听使唤,不能再向前迈进一步。在静静的大气中,丧葬似的驼铃声比以往任何时候都响亮。我们已留下了3座坟墓,还要再有几座注定留在我们足迹旁呢? 丧葬似的队伍正迅速朝着坟墓走去。

斯拉木巴依手持指南针走在第一个,5峰骆驼由穆罕默德·沙赫和喀西姆牵引着,尤尔奇紧紧地跟在最后一峰骆驼后面,并用一根绳子驱赶着它。干渴至极,精疲力竭,我跟在考察队后面,挣扎向前走了长长一段路。他们向下依次走入每一个沙丘后面看不见了,接着又向上再次登上一处沙丘的顶端。驼铃声听起来越来越弱,间隔越来越长,直到最终消失在远处。

我拖着身体向前走了几步,接着又摔倒了。我爬起来,摇摇晃晃走了一小段路,再次跌倒。这样不断重复着,我再听不到驼铃的声音了。

死寂笼罩在我周围,但考察队已留下了足迹。我死死地抱着这个信念坚持着,一直在从容地数着我那笨重、拖曳的脚步。终于,在一个沙丘顶上,我又一次看到了考察队,他们已经停止前进,5峰骆驼筋疲力尽,已躺下来。老穆罕默德·沙赫脸贴沙子全身平展着,咕哝着祷告,并喊着向上苍求助。喀西姆找到一峰骆驼后面的阴影处,坐着喘气。他告诉我,老人家完全筋疲力尽,一步也走不动了。一路上甚至自他们刚一出发,他已是神志不清,一直都在胡言乱语说着水的话题。

斯拉木巴依在前头很长一段距离,我们把他喊回来。他现在是我们当中最强壮的,再次建议由他带着铁水罐步行快去快回找到水。他认为他一晚上能走35英里,但当他看到我已变得可怜的状况,他放弃了这个主意。我们休息了一会儿之后,斯拉木巴依有了另一个计划,他建议我们寻找一块坚硬的地面,用剩下的力气去挖一口井。同时,他负责引领考察队。

白骆驼的负重被卸下来了,有两箱弹药、两个欧洲驮鞍和一条地毯,这些东西我们打算留下来。然后,斯拉木巴依帮助我极其困难地爬上了白骆驼的背,但这动物拒绝站起来。现在我们大家都清楚,在这样酷热的环境下以这种方式再继续前进是不可能的,尤其是穆罕默德·沙赫完全神志不清了,自己笑、哭,唠唠叨叨,玩沙子,让沙子从他的指缝中间流下去。他绝对不可能向前走了,当然,我们不可能抛弃他。

因此,我们决定仍待在原地直到一天最热的时刻过去,然后,在夜间的凉爽中继续我们的旅程。我们让骆驼留在它们躺下的地方,并卸下它们的负重。斯拉木巴依和喀西姆再一次搭起帐篷,以使我们可以在里面得到一点儿阴凉。

他们把我们最后的一块地毯和两块毡子铺在地上,卷成卷筒作为枕头。接着我爬了进去,毫不夸张,我是用我的双手和双膝爬进去的,然后脱掉所有的衣服,躺在床上。斯拉木巴依和喀西姆照着我的样子做,约尔达西和羊也是如此,也就是说,它们也进到帐篷里。尤尔奇仍在外面待在阴凉处,穆罕默德·沙赫仍躺在他第一次跌倒的地方,家禽是考察队中唯一能提高人们兴致的生物,它们在太阳强光下到处闲逛,在骆驼的驮鞍和干粮袋旁啄食着。到目前为止才是9点30分,我们的行程不到3英里。在我们前面还有一个漫长的白天,甚至没有一个人像我们平常那样迫切地期盼着太阳落山。

这是1895年5月1日。

我完全被疲乏所压倒,躺在床上连翻身的力气都不够了。当时,我感到了绝望——是空前绝后的。我的前半生就像一场梦一样在我的脑海掠过,我感到我见到了地球以及一切人类的嘈杂世界和他们的所作所为,他们似乎离我有很大的距离,完全够不着的距离。我感到所有这些都消失了,未来的大门半开着,我感到好像在几个小时之间我将会站在它们的门槛上。

我的家在远北,我的灵魂是痛苦的,我心神不宁地想象着,当我们永远不会回来并听不到我们的任何消息时,与我极为亲密的那些人将十分焦急,他们会年复一年地期盼着,他们将会徒劳地等待,没有信息到达他们那里,没有一个人会带去我们死亡的音信。彼得罗夫斯基先生自然会派出信使打听我们的消息,他们会到麦盖提去,将会得知我们已于4月10日离开了那个地方,打算向正东进发。但是到那时,我们的足迹早已被掩埋在沙海中,他们绝对不可能知道我们去了哪个方向,到有组织的彻底步行搜查能够被实施的时候,我们的尸体大概已被吞没在动荡的毁灭性的沙波之下几个月了。

之后,我以前旅行的画面接连地闪过我的眼前。我现在已到达我最后一个营地,命运对我说:"你到此为止吧,不要再向前走了。"我生命的强壮的脉搏将在这里停止跳动。❶10年前(1885年)我第一次踏上旅途的时候,我欣赏过伊斯法罕的四十柱宫殿,倾听过塞恩德赫鲁德(Saiendeh-rud)波浪拍击沙赫·亚巴斯(Shah Abbas)大理石桥桥墩的声音,享受过居鲁士(Cyrus)陵墓的阴凉。在爱克瑟塞斯(Xerxes)和达瑞斯(Darius)庙宇大厅中,在珀塞波利斯的用柱支撑的连拱廊中,我已了解了这首诗词的真谛:

尘世间万物命中注定会面对死亡!

在巴士拉(Basuah)的枣椰树荫下休息是多么美妙啊!但愿底格里斯河能提供给我一点儿它那混浊的河水!巴格达的运水人穿过城市狭窄的街道和小巷,兜售他皮囊中的宝贵液体,收到的几个铜币用来买毛驴车,然而我却给不了他买液体的钱。我思考着我那如《一千零一夜》中的情节一般的发生在陆地上的各种冒险经历。9年前(1886年),我随阿拉伯商队和麦加朝圣者离开巴格达,随身只带了50法郎,我对到达德黑兰很有信心,但缓慢的旅行速度和一成不变的生活方式非我的忍耐力所能及。在一个黑夜,我和一个阿拉伯人逃出了旅行队,我把我剩下的钱给他分了一点儿。

当我们来到柯曼沙汗(Kermanshahan)的时候,我们的马几乎筋疲力尽了。我走到一个名叫亚加·穆罕默德·哈森(Aga Mohammed Hassan)的阿拉伯富商居住的地方。他想让我作为他的客人住上半年,但我只能住几天。在这几天当中,我过着《一千零一夜》中那瑞丁·阿利(Nur-ed-DinAli)一样的生活。在我住的房子对面,有一个迷人的花园,

---

❶ 下文中斯文·赫定回忆起1885年、1886年在中亚的探险经历。请参阅《我的探险生涯》(新疆人民出版社2010年版)第二章《越过厄耳布尔土山脉》、第三章《骑马过波斯》。

● 死亡营地

满是芳香的玫瑰和盛开的丁香花。小路是用大理石片铺就,花园中间是洁白的大理石盆,注满了清澈的水。在盆中央,有一个喷泉喷出水花,雅致的水柱冲上顶部,呈无数的水滴跌落回来,就像一张银色的蜘蛛网在阳光下闪闪发光。当最终我忍痛离开这销魂夺魄的乐园时,我那慷慨的主人硬塞到我手中一个装满银币的钱袋。

所有这些过去的情景像一场梦一样掠过我的脑海,但那些冒险经历与我们刚刚经历的相比根本就不算什么。

于是,我完全清醒地躺了一整天。我睁着眼睛,凝视着帐篷白色的罩布,目光没有固定到任何一个确切的物体上,只是杂乱无章地扫视着一切。只一两次我的视线模糊微弱,我的脑子一片空白,那是当我进入半睡眠状态时。在这不多的奇特时刻,我想象着我正又一次在银色的胡杨树萌下的绿色草地上休息,醒来回到现实是多么令人痛苦啊!当我醒来时,我幻想着我正躺在我的棺材中,送葬的队伍已行进到教堂的墓地,送葬的铃铛声已停止了它们那悲哀的响声,墓地几乎已准备就绪。下一场沙暴将会用沙子把一切铲平,我们当中谁将会第一个死去呢?谁将是最后一个死去的不幸的人呢?谁的肺将被充满来自他同伴尸体的瘟疫般的恶臭呢?天啊,结束快些来吧!我也许不会被这可怕

353

的肉体痛苦以及这可怕的精神上的极度痛苦折磨得太久了吧！

一小时一小时过得如此之慢，我就像考察队在沙漠中遇难的垂死骆驼一样。我一直在看我的手表，看表之间的每一次间隔就好像是一个世纪一样，除了待着，还能干什么？我的身体在骤然的凉爽中洗了澡，多么清凉！多么舒适！帐篷边沿被卷了起来。已是中午，是的，一丝微风正掠过滚烫的沙丘，虽然是微风，但对我敏感的皮肤感触它却是足够了。风继续变得越来越强烈，直到约3点钟时，变得更加强劲，我不得不拉了一条毡子盖住自己。

不久后发生的事情我只能看作是一个奇迹。当太阳移动着距地平线越来越近时，我竟逐渐恢复了体力。太阳就像西边沙丘顶上一颗灼热的炮弹，当它休息的时候，我完全恢复了。我的身体再次获得了它以前的全部灵活性。我感到我仿佛能日复一日地走下去，我激起了起来干点事的渴望，我不可能死去，想到家里的亲人们会如何失去我，想到他们会如何悼念我，他们是如何伤心悲痛，他们不可能把花圈放到我未知的坟墓上。这些都是最折磨我的想法。

因此，我决意，就在第二天以我最大的努力一直走，走，走下去，拖着我自己向前。如果我不能以任何方式继续前进的话，我就爬行，不惜任何代价坚持奋力向前，奋力向着东方前进，即使我的所有队员——我的整个考察队早已放弃奋斗并迎接死亡。那种只需躺在那里等待的诱惑，哦，当你精疲力竭时，休息是一件多么美妙的事呀！你很快入睡，忘记了你的一切痛苦和烦恼，在长长的沉沉睡眠中，你再也不会醒来。我现在经受的这种诱惑最终彻底离我而去。

太阳落山时，斯拉木巴依和喀西姆双双醒来，我告诉他们我的决定，他们两个和我的想法相同。穆罕默德·沙赫仍待在他跌倒的地方，尤尔奇朝天躺在帐篷的阴影中，他们说着胡话，我们跟他们说话时也不回答，只是一直思维混乱语无伦次地自言自语着。黄昏到来后，尤尔奇动了起来，当他的意识恢复时，他体内动物般的野性被唤醒。他爬到我躺的地方，对我晃动着拳头，用不和谐的空洞的威胁的声音喊道："水！水！给我水，先生！"然后他开始哭泣，跪在我面前，哀求我给他一点儿水，就几滴水。我能对他说什么？我提醒他，是他偷了我们最后的一半水量，他喝到的水比我们其余的人喝到的都要多，他是最后一个痛饮水的人，因此,他坚持的时间应该最长。他半抑制住哽咽,爬出去了。

在我们离开这个可恶之地之前,没有一点儿湿气可以传到我们身上——哪怕只是湿润一下我们的嘴唇和喉咙呢!我们都忍受着难以想象的极度干渴的痛苦,队员们比我更甚。我的目光偶然落在了仍活着的公鸡身上,它正威严地在骆驼中间行走。为什么不在它身上开个孔喝它的血呢?一个队员在它的脖子上切开了一个口,血慢慢地淌出来,很少,根本不够,我们需要更多,然而必须要牺牲另一个无辜的生命。但队员们犹豫了很长时间,他们不忍心宰杀我们温顺的旅伴绵羊,它与忠实的狗跟着我们度过了每一个危险。但我告诉他们,如果我们喝了羊血,也许能延长一点儿时间,将会挽救我们的生命。

终于,斯拉木巴依心痛地让这可怜的牲畜稍稍靠一边,而喀西姆用一根绳子把它的四蹄系在一起,拔出刀子猛地一刀切断了它的颈动脉。血涌了出来,浓浓的红褐色的小溪流一般被接在一个桶子里,几乎立刻就凝固了。当我们用勺和小刀搅动时,血仍是温热的。开始我们小心地尝了尝,味道极难闻,桶子里升腾起令人作呕的气味,我努力咽下满满一茶勺的血,但却不愿意再喝另一口。队员们也觉得羊血不好喝,都给了约尔达西,约尔达西舔了舔,然后走掉了。后来我们感到很抱歉,就为了这么一点点目的,杀掉了我们忠实的朋友,但当时已是悔之晚矣。

我现在才明白干渴是如何能使一个人变得半疯。斯拉木巴依和其他队员聚集在一个装有骆驼尿的大锅前,他们把尿倒入一个铁杯子里,加上醋和砂糖,然后,捏着鼻子咽下了这极难闻的混合液。他们给我拿来一小杯,但仅难闻的气味就使我恶心。除了喀西姆,其他人都喝了。喀西姆聪明地躲掉了。不一会儿,其他三人都猛烈地呕吐起来,痛苦不堪,完全被放翻了。

憔悴狂暴疯狂跺脚的尤尔奇坐在帐篷旁边,啃着滴血的羊肺,他的双手沾满了鲜血,满脸血淋淋的,看上去令人毛骨悚然。我和喀西姆是可以干任何事的人。斯拉木巴依在吐掉了令人作呕的骆驼尿之后,恢复了一点儿。我和他又一次,也是最后一次检查了行李。我们决定放弃大部分行李,我把我认为必不可少的必需品放在一起堆了一小堆,例如我的绘图、线路测绘图、岩石和沙子样品、地图、科学仪器、笔、纸、《圣经》和《瑞典诗篇》,一起的还有许多其他小物件。斯拉木巴依照样也选出了他认为的必需品,例如三天的粮食(面粉、茶、糖、馕和两箱罐头食品)。我建议把我们所有的银圆都留下,有一半的骆驼都在驮它,总共将近值280英镑。我希望我们尽快找到水,然后立刻返回来把我们现在留下的东西取走。但斯拉木巴依不同意把钱留下,事实证明他是对的。除上面已经提到的东西之外,斯拉木巴依发现帐篷里有两盒雪茄和香烟,一些我们从第17号营地带来的厨具,我们所有的武器和一小部分子弹,以及蜡烛、提灯、小桶、铁锹、绳子等物品。

在我留下的东西当中,我也许提到过重重的两箱弹药、帐篷、几条毡子,一起的还有最后一条地毯,几个塞满杂物的箱子,布匹和帽子,这是我打算作为礼物送给当地的头人的,另有几本有用的参考书,我的两架摄影机以及1000多张胶片,其中胶片穿过沙漠途中已用了100多张。此外,还有几个驮鞍、药箱、绘画材料、未用过的素描簿、我所有的衣服、冬靴、冬帽、手套等。

我们把不随身带的东西打包装进约8个装货箱里,放在帐篷里,帐篷帆布向里折在箱子下面,这样也许在风暴天气里有助于撑住帐篷。我们指望着离很远就能看到白色的帆布帐篷,另外,我们把帐篷搭建在一个沙丘的顶端,如果我们回来寻找货物,可以作为一个路标。我从头到脚穿一袭白衣白裤,如果我注定要死于沙漠,我想适当地打扮一下,我想我的丧服既是白的,又是干净的。

我们把认为必不可少要随身带着的东西打包成5个行囊,放入两个用做帆篷的布缝制的旅行袋中。骆驼的驮鞍被卸下来,这些包被放到它们的背上代替驮鞍,一峰骆驼驮重的东西,例如步枪、铁锹等,所有的东西都包在一个毡毯中。

动身之前,我们打开了两箱罐头食品,虽然食物是带水分的,但我们却极为困难地吞咽下去,因为我们的喉咙早已干透了。

骆驼在早上卧倒的地方原地不动地躺了整整一天,它们费劲地喘息声是打破死寂的唯一声音。不幸的牲畜已然垂死,显现出一副冷淡屈从的神态。它们大而宽松下垂的喉部皱缩上去并呈蓝白色,我们面临的最大困难是让它们站起来。

第
四
十
五
章

危机来临

　　晚上7点钟，丧钟一样的铃声终于响了起来，为了节省我的体力，我骑在白骆驼上。它是精神状态最好的一峰骆驼。斯拉木巴依因喝了令人作呕的骆驼尿而在耗费他的体力，导致考察队前进的速度极为缓慢。喀西姆走在队伍的后面，不断地催促着骆驼向前。因此，我们离开"死亡营地"，一直向着东方慢慢前进，前方是滚滚流过的为翠绿色树林掩护的和阗河。

　　当我们离开这个罪孽的地点时，尤尔奇爬进帐篷，占据着我的床，仍啃咬着羊肺，贪婪地吸吮着每一滴血水。老穆罕默德·沙赫仍躺在他倒下的地方，离开前，我来到他跟前，叫着他的名字，用手摸着他的前额。他注视着我，眼睛是灰白色，睁得大大的，里面呈现出混乱的神情，但表情始终是平静的。全神贯注的宁静眼神展现在他的脸上，仿佛他正期待着下一刻走进天国的游乐园去分享那数不清的快乐。也许在几天前，他眼前早已飘浮着令他眼花缭乱的想象，无疑那将要来到的极乐世界，正抚慰着他极欲摆脱身体所承受的巨大痛苦的精神意识。无疑，他想象他沉重的毕生事业已完成，他该躺下来休息了，不再劳累，不再伺候骆驼做苦工，不再与考察队徒步从一个城市走到另一个城市，穿过塔里木的沙海来消磨他的老年时光。他看上去极度皱缩消瘦,缩成一个像木乃伊一样的老头儿,他的铜褐色的脸是他仍呈现出生气的唯一一部分,他的呼吸非常迟缓且无规律,不时地叹息声与濒死的喉鸣音混合在一起越出他的嘴唇。我再次抚摸了一下他那干枯萎缩的前额,把他的头摆在更舒适的位置上,拼命地压抑住我的感情,尽量用平静的语调对他说,我们就要加速向前走了,很快就会找到水,我们会把水罐灌满水尽快赶回来给他。我让他躺在那里,直到他的体力恢复,然后他也许会沿着我们的足迹前来迎接我们,以便缩短我们必须向回走的距离。他试着举起一只手,含糊地说着什么,我只能捕捉到两个音(anla)。我非常明白——也许他也非常明白——我们永远不会再见面了。他活不了几个小时,他的眼睛黯然无光,他的昏睡将会逐渐转成死亡的沉睡,他就要在这极度无声的地方,在那些永无休止地朝着它们神秘的目标延伸下去的沙丘的包围中,永远地休息了。

这个生命压得我内疚不已,我的心被自责感撕裂,不停地滴着血,但我不得不挣扎着强制自己离开这个垂死的人。

我也向尤尔奇告别,劝告他跟着考察队的足迹走,那是唯一能挽救他生命的道路。我没有因当初他说他很了解沙漠,并在4天之内将会带领我们到一个能挖井找到水的地方,但现在却把我们引入歧途而责备他,也没有指责他欺骗我们。如果我制止他在水罐中只灌注4天的水量而不是10天的水量,情况将会是更令人满意的吗?这只能让这个人在最后时刻更加充满怨恨,我不能那样做,我对他感到十分遗憾。

最后的6只母鸡构成了一幅悲喜剧的画面,当在死羊的尸体的每条伤痕上快乐地享用时,它们心满意足地咯咯叫着,无疑它们还没有感觉到公鸡的不在,但以后它们会感觉到的。

我们为什么不杀掉这些可怜的东西呢?那么,有更多的理由,我们为什么不杀掉这两个不幸的垂死之人,以把他们从苦难中解放出来呢?这些是永不能回答的问题。当死亡正站在那张着嘴等你的时候,你对其他人的疾苦变得不太敏感了,我们大家都在等待死神的判定,对我们大家来说,只是个时间问题。最年老的和最虚弱的人先死似乎是世界上最自然不过的事情,当考察队的每一个成员崩溃倒在地上时都丝毫不会怀疑我们。我们只是自问:下一个该轮到谁呢?杀掉一个人,即使他正在死亡的极度痛苦中挣扎,这也算是谋杀,这肯定是谋杀。但凡有一丝希望能够带着水返回到骆驼待的地方去解救它们,我们是不会放弃骆驼的。但人不可能活得这么长,事实上,他们已经死了。另外,只要有最小的机会挽救他们,我将不会——我也不可能会把他们留在那里。待在他们身旁,直到最后一刻到来,会对我们自己的生命带来不必要的牺牲。我们对减轻他们的痛苦什么也做不了,至于水——他们需要的东西,也许可以挽救他们生命的东西——我们没有,绝对一滴都没有。我们在最后那令人畏惧的时刻也不能给他们任何安慰,因为他们神志昏迷,完全丧失了意识。他们的精神已经死去,但我们为什么不把他们带回来呢?因为有足够的理由,身体条件不允许,他们要走的路太远,骆驼太虚弱驮不动他们。此外,甚至假定骆驼足够强壮可以驮动他们,带着死人和我们在一起,在我们当时所处的环境下,无异于是愚蠢的自杀行为,是一种令人不能容忍的疯狂行为。我们自己的体力严重受损,我们自己的生命取决于与迅速衰退的能量和迅速流逝的时间进行一场成功的竞赛,我们不知道抵达珍贵的救命之水的水源地还要走多远。除了最少量的必不可少的必需品,我们把其他一切东西都留下了,以节省体力,节省时间,轻装前进。因此,压在我们肩上这两个无助的毫无希望的受难者的重担,对于他们,我们是完全没有能力再为其做最小的事情,这毫无意义的目的只会危及我们自己的生命。虽然如此,把不幸的人丢在沙漠中还是令我十分悲痛。我的良心受到强烈的谴责,我在忍受着精神上的巨大痛苦,我还能做什么呢?那段时光的苦难我已无法行诸文字!

至于母鸡,我有一种不祥的预感,不应该杀掉它们,如果我们回来取帐篷的话,也许它们还有用。此外,羊的尸体可以喂饱它们,因此它们能够坚持一长段时间,这一点我没有错,并在1896年底得到证明,那是一年多以后了,但我当时肯定没有预期到事件的发展过程。

同时,我们缓慢地前进,约尔达西尽管瘦成一把骨头,仍忠实地跟随着我们,驼铃为考察队几个垂死的队员缓慢地摇响悲哀的铃声。从我们登上去的第一个沙丘顶,我转过身来回望了一眼"死亡营地"的上方,那里我的两个随从就要断气了。帐篷像一个轮廓鲜明的切割而成的黑色三角形,在西天较淡的色泽下非常醒目。接着我走下沙丘,帐篷从我的视线中消失了。当我不再看到帐篷时,我经历了一种释然的感觉,我永远不再向后看了。

在我们前面是黑夜和暗藏危机的沙海,但我受到了充满精力和快乐生命的鼓舞,我不会死在沙漠中的!我还太年轻,我有太多的不能失去,生命仍有太多的东西要给我,以前我从来没有像现在这样珍视它。我的亚洲之旅不会在这个地方中止,我必须要从一边到另一边横越这块陆地。在我到达我遥远的目的地——北京之前,我有许多需要解决的问题。我以前从来没有如此充满快乐,我的生命以前从未有过如此的活力。我决定,我将穿过这片沙漠,纵然我会像一条蚯蚓一样爬过它。

我们的步伐缓慢,极为缓慢,不过我们一直接连不断地爬过一个个高高的沙丘。最终,一峰骆驼倒下了,而它立刻就展开四蹄、伸长脖子准备去死。我们把它的驮物转移到白骆驼的背上,它似乎是骆驼当中最强壮的一峰。我们把系在垂死的骆驼身上的绳子解下来,绳子是与它前面的骆驼系在一起的,让它留着它那不祥的驼铃,让它在黑暗的夜色中听天由命吧。随着其他4峰骆驼,我们沿着考察路线前进着,朝着下一个能够看得见的沙丘走去。

夜里一片漆黑,星星透过纯净的大气明亮地闪烁着。但它们的光线太弱,不能使我们判断地面的凹凸不平,我们被每个来到的沙丘所阻挡。几分钟后,我们找到了一个平缓的斜坡,足以轻易地走下去。接着,一道沙墙突然竖立在我们面前。骆驼的力气被耗尽,甚至凉爽的夜空也不能使它们恢复生气,它们频繁地停下来,第一峰骆驼畏缩不前,接着是另一峰。不知怎么的,把它们系在一起的绳子松了,一两峰骆驼落在了后面,在我们发觉它们遗失之前,我们继续走了一段路,当我们觉察到了时,不得不停止前进,返回去把它们找回来。

斯拉木巴依已彻底精疲力竭了,他因连续的疼痛不断地扭动着身躯,反复地极其猛烈地呕吐和痉挛。由于他的胃是空的,他剩下的那点力气迅速被耗尽。可怜的家伙!他强忍着,在地上打滚,呕吐得竟然到了我认为他甚至会把他的肠子都吐出来的地步。

于是我们像蚯蚓一样穿过黑暗向前爬行,但我清楚地看到,我们不能以那样的方法继续向前了,那是一种随遇而安的方式,盲目地撞见一个沙丘就翻越它。我从骆驼上下来,点亮一盏灯,在沙海的巨大沙波中寻找一条最容易的道路继续向前。我手拿指南针,朝正东方向走去,灯把它那微弱的光投向陡峭的沙丘旁。但我再三地被迫停下来,等待考察队的其他队员。

大约11点钟时,我再也听不到驼铃那遥远的叮当声,现在只剩下我一个人了。夜晚极度的黑暗和死一般的寂静从四面八方包围着我,我把灯放在一个沙丘顶上,躺在沙子上,打算睡觉,但我却睡不着。我坐起来,屏住呼吸倾听着,希望能听到遥远的微弱的声音。我渴望地向东方望去,看看是否能瞥见牧羊人的篝火,和阗河旁森林的迹象。但没有,没有这样有希望的标记。一切都像坟地一样黑暗、寂静,什么也没有,根本就没有表现出一点点生命的迹象。

四周如此安静,我可以清楚地听到我心脏跳动的声音。

终于,我隐约听到了驼铃声,它听起来间隔时间越来越长,但逐渐地越来越近。当他们到达我坐着的沙丘顶上时,斯拉木巴依摇摇晃晃向灯走过来,重重地倒在地上,气喘吁吁。他不能再走一步了,他的力气已完全耗尽。

看着行将上演的沙漠之旅那最后的悲惨一幕,一切很快将会结束,我决定放弃一切,快速向东,尽我的力气支撑住我。斯拉木巴依用勉强刚能听得到的声音低声说,他不能和我一起走了,他乞求允许与骆驼留在一起,说他将在他躺着的地方死去。我鼓励他说,我保证他在凉爽的夜空中休息一两个小时后,他的体力将会恢复,到他的体力恢复时,我会一本正经地命令他,留下骆驼和它们的所有负重——一切东西,继续跟着我们的足迹走下去。对这点,他没有作答,只是仰天躺着,嘴和眼睛大睁着。然后,我向他告别,离开了他。我完全相信,他活不了多长时间了。

喀西姆仍然还算有生气,像我一样,他有很好的直觉,没有在"死亡营地"喝骆驼尿。我随身带的唯一一些东西是两块航行表、一个钟、指南针、一把削铅笔刀、一支铅笔、一张纸、一盒火柴、一条小手帕、一盒虾肉罐头、满满一圆形锡盒巧克力,还有与其说是故意不如说是偶然留下的10支香烟。喀西姆带了铁锹、水桶、绳子,假使我们必须挖井的话。他在桶里装了羊的肥尾巴、两三块馕、一块凝固的羊血,但匆忙之中

● 考察队的残余物资正被放弃

他忘记带他的帽子了,当早晨来临,他不得不借我的手帕包住他的头,保护自己免于中暑。

但我们并不能从我们劣质的食物中得到多少好处,因为我们的喉咙中的黏膜已经干透了,干得就像我们手上和脸上的皮肤。吞咽是不可能的,如果我们试图咽下任何东西,它都会牢牢地卡在喉咙中,使我们感到快要窒息,赶紧要吐出来。而一个人会被极度的干渴折磨得逐渐丧失所有的饥饿感。头几天干渴的痛苦如此强烈,使得你就处在丧失意识的边缘。但当你的皮肤停止排汗时,或者由于流动的血液在你的血管中不断地越来越浓越来越慢时,当你的汗变得感觉不到时,迅速增强的虚弱将占据你,很快你的生命就会处在危急存亡之际。

我们放弃考察队的残余物资时,恰恰是午夜时分,我们简直就是一条失事的船只,不得不把我们的"沙漠之舟"留下来成为残忍的沙海的牺牲品。我们开始出发寻找"海岸",但却不知道在到达"海岸"之前,我们必须还要在这滚滚的沙波上走多远。

4峰骆驼现在仍静静地躺着,像等着被献祭的羔羊一样顺从,有耐心,它们呼吸沉重、费力,它们长长的脖子平平地伸展在沙丘表面。当我们离开斯拉木巴依的时候,他没有向上看我们一眼,只有约尔达西在我们后面表现出惊讶的神态。无疑它认为我们很快就会再回来,也许还会带着水,因为考察队正待在后面,我们从不会离开它太远。我再也见不到忠诚的狗约尔达西了,我就此失去了它。

我在斯拉木巴依身边放了一盏点亮的灯,把它留在那里,过一小会儿,它就会作为我们的一种灯塔,告诉我们离开它前行了多远,也引导着我们在我们的路程中向着东方前行。但它的暖洋洋的光线很快就消失在沙丘背后,我们被淹没在夜空中。

第
四
十
六
章

一次铤而走险的行进

　　5月2日，把注定死亡的考察队丢在后面之后，我感到我可以更加自由地选择自己的道路。我现在唯一关心的是尽量一直努力向前，尽可能在一条直线上向东前进，以便尽一切可能缩短路程。

　　我们以轻快的步伐走了整整两个小时没有歇息，沙丘依旧和以前一样又高又大，之后我们两人感到非常困乏，不得不躺一会儿。而我们只是简单穿了几件衣服。喀西姆除了简朴的短上衣、宽松的裤子和靴子，什么也没穿。我穿了毛织内衣裤和一套薄薄的白色棉套服，戴一顶白色有檐的俄式帽子，穿一双硬皮革长筒靴。因此，没过多久，寒冷的夜晚就把我们冻醒了。我们继续快步行走直到感到暖和起来。接着，想要睡觉的欲望再次向我们袭来，这次的睡意具有一种不可抗拒的力量。

　　4点钟，刺骨的冷空气再次把我们冻醒，因为黎明将至，我感到寒冷刺骨。我们起来一口气走了5个小时，一直到9点钟，十分疲乏，我们休息了一个小时。

　　当我们正在休息时，突然吹起一阵清新的西风，空气顿时凉爽起来。我们继续向前走了一小段路，但到了11点多钟，天气又变得闷热

364

起来,我们眼前的一切都变成了黑色。我们倒在一个沙丘上,精疲力竭,那里在朝北的斜坡上,沙子被太阳晒得还不算太热。当天剩下的时间我们都在休息。喀西姆在紧挨着沙丘顶的下面挖了一个洞,一直挖到来自夜间的仍凉爽的沙层中。我们把所有的衣服都脱掉,把自己埋在沙中一直到脖子,然后把铁锹搭起来,把我们的衣服挂在上面。我们制作了一道屏风,遮挡住我们的头,免于被晒。就这样,我们待了一整天,既凉爽又舒服。事实上,有时我们竟然感到冷了,但沙子因吸收了我们身体的热量和来自充满阳光的大气中的热量而逐渐变暖。这时我们就爬出洞,喀西姆再挖一个新洞,把凉凉的沙子堆在我周围。多么美妙啊!这洞像一个燃烧的阳光中的冰水罐,我们除了头露出来,什么地方也没暴露在阳光下。我们的头也采取了保护措施免于中暑。一只小蚊子和两只苍蝇一直陪伴着我们,但当时,它们也许是被风从遥远的地方吹过来的!

我们被活埋在永恒的沙中,一声不吭,然而却睡不着。直到晚上6点钟我们才起身,然后从我们的沙浴中钻出来,穿衣,以缓慢而沉重的步伐继续我们的旅程。大概是因为干沙浴造成我们的虚弱,不过我们顽强坚持着,虽然无数次地停下来歇息,但坚持努力向东前进,永远向东,一直到第二天凌晨1点钟,当时我们已彻底筋疲力尽,躺在一个沙丘顶上睡着了。

5月3日,早上4点30分醒来,经过了几个小时的睡眠之后,我们的精力又恢复过来。我们最好是在太阳刚刚升起之时出发,因为那时的空气是清新的,我们能够不停顿地走很长一段路。那天我们即将熄灭的希望再一次被点燃,我们的勇气被重新激起。喀西姆突然站住了,牢牢抓住我的肩膀,急切地目不转睛地指向东方,一句话也说不出来。我朝他指的方向看了又看,看不出任何的异样。但喀西姆鹰一样的眼睛已经发现在地平线边缘上柽柳树的绿叶——我们走出绝境的一切希望,现在都集中在这个标志上了。

我们以极大的谨慎沿着我们的路程向着唯一的一棵树一直向前,生怕迷失了方向。每次走向沙丘之间的洼地时,我们自然就会看不见它,但紧接着我们爬上另一个沙丘,它仍在我们前方。我们离它越来越近,终于走到了树跟前!我们第一个动作就是感谢上天至此带给我们

365

●　第一丛柽柳

安全的希望。

　　我们在鲜绿色的树中狂欢,像动物一样咀嚼着它那多汁的树叶。它实实在在地活着,它的根显然扎到了含水层,我们现在是在可以挖出水的适当范围内。柽柳从一个沙丘顶长出,在它附近可以看到的平坦坚硬的地面不到1码,这些柽柳的生存状态真是不可思议,沐浴在燃烧的阳光下,它们的树枝和坚韧富有弹性的躯干很少超过7英尺高,而它们的根抵达最难以置信的深度,像虹吸管一样从地下水中汲取着水分。事实上,这棵唯一的树使我想起它就像在沙海那波浪起伏的表面上漂浮的睡莲一样。仅就看看柽柳就是一种愉悦,伸开干透且疲倦的四肢在它那稀疏的树荫下待会儿简直是销魂。正是这枚橄榄枝告诉我沙海终有尽头。瑞典东海岸边缘的群岛区最偏僻的小岛或石岛围墙(栅栏)表明,失事船只的水手就在海岸附近。我采集了一把树叶,我喜欢树叶,但更喜欢它们发出的甜淡的气味。我现在的希望比之前又提高了一步,随着我们勇气的恢复,我们再次向东推进。

　　靠近这里的沙丘高度增加了,不到30英尺。在一个洼地中,我们穿过了两小块稀疏的芦苇丛。我们拔下坚硬的芦秆并咀嚼着它们。9点30分我们来到了另一棵柽柳树下,再往前看还有几棵。但我们因酷热而无力,精疲力竭,在灌木丛的树荫中停了下来。由于我们昨天疲劳至极,所以在沙中挖了一个洞把自己赤裸裸地埋了进去。

经历了长得要命的9个钟头,我们仿佛已死去。喀西姆几乎没有足够的力气用新鲜的沙子盖住我了。7点钟,我们在黄昏中又开始出发了,刚开始走路跟跟跄跄的,走了3个小时之后,喀西姆再一次短暂驻足,喊道:"胡杨!"

我看到在前面的两三个沙丘上隐隐呈现出黑暗的东西,果然他是对的,是三棵纤细的胡杨树,它们的叶子充满了树液,但很苦,我们不能咀嚼它们。我们就用树叶擦身上的皮肤,直到皮肤湿润。

我们的精力已被完全耗尽,我们待了几个小时,却完全没有力气对这个地方进行更加仔细的勘察。我们开始在靠近树根处挖井,但却又不得不停了下来,我们的确是没有足够的力气去挖它,铁锹在我们手中被轮流使用着,最终我们还是放弃了。沙子几乎没有一点儿湿气,很明显,水在沙下很深的地方,不过我们在这周围转了一小会儿,试图用手把沙子扒掉,但很快就发现用这种方法不可能挖多深的坑,我们放弃了挖井的打算。

我们下一个计划是把胡杨树周围能找到的所有干树枝堆在一起,把它们点着,成为巨大的熊熊燃烧的篝火,它发出的红色炫目的光芒可以穿过沙丘很远一段距离。沙丘顶部,可以看到朦胧的闪光,看上去就像幽灵蹑手蹑脚地走出黑暗。我们点着这堆大篝火的目的一半是为了给斯拉木巴依一个信号,假定他仍活着,不过我十分怀疑,一半是给也许偶然从和阗到阿克苏经由这条沿和阗河左岸的道路而行的旅人发出信号。

我们的目的是好的,我们维持着生机勃勃的大火好几个小时,然后让它自动熄灭。喀西姆烤了一片羊尾巴,极其艰难地设法咽下它。吃龙虾的我和他相比运气就稍好点了。我们把其余的食物留下来,不希望负起不必要的重担。而我带了一只空的巧克力罐头盒,我打算用它来喝和阗河里的水!我们在火堆旁美美地睡了一觉,这堆火使我们免于遭受夜晚的寒冷。

5月4日,我们凌晨3点钟开始起身,4点钟出发。当时,我们身体衰颓地走着每一步,腿下跟跟跄跄,无数次地停歇。我们蹒跚着一直走到9点钟。沙海在我们面前一次次张开它那贪婪的大嘴,就像是正以恶毒的乐趣等待着吞没我们的那致命的一刻。在经过了三棵胡杨树之后,就什么也看不见了。柽柳树很少,棵与棵之间相距甚远,以致我们从一棵树前几乎看不见另一棵。我们的勇气开始减退,我们开始恐惧这只是我们经过的一个洼地,我们很快就又会被无边的沙海所吞没。9点钟,我们在一棵柽柳树下无助地倒下,我们待在那里,在烈日炎炎下暴晒了漫漫无涯的10个钟头。

喀西姆濒于死亡,他已没有力气在沙中挖洞躺进去,正如他也不能用凉爽的沙子盖住我一样。我忍受着极度的酷热,一整天我们没说一句话。的确,我们能说什么呢? 我们的想法一致,我们的担忧一致。事实是我们确实不能说话。

一星期前挡在我们和太阳之间那如此完美的屏风似的沙暴现在在哪里呢? 我们徒劳地看着唯一可以保护我们免于受到发着铜白色的阳光照射的乌云,太阳和沙漠在共同图谋我们的灭亡。

在那令人疲倦的漫长一天结束的黄昏,太阳再一次向西下沉。通过拼死的艰难尝试,我唤醒了自己,抖落掉身上的沙子,看起来就好像被红褐色紧身羊皮纸裹着一样。我穿好衣服,叫喀西姆和我一起走,他气喘吁吁地回答,他不能再向前走了,用绝望的手势让我明白,他认为一切都已无济于事了。

我继续独自走着,独自与夜晚和永恒的沙漠在一起。四周寂静得像坟地一样,阴影似乎比以往更加黑暗,偶尔我会在沙丘上休息一下。正是在当时,我意识到我是多么地孤独啊,孤独地与我的良心和满天像电灯一样明亮的星星在一起。它们陪着孤独的我一同行走,它们是唯一的物象。我明白地知道,是它们唤起了我的信心,我并不是在穿过一道布满死亡阴影的幽谷。万籁俱静,无声寒冷,我能够听到遥远的远处最微弱的声音。我把耳朵紧贴在沙上,倾听着,但除了航行表的滴答声和微弱而缓慢的心跳声,什么也听不见,没有一点儿声音表明在这整个宽广世界中有任何其他的生物。

我点燃了最后一支香烟,其余的我们前些天已抽完了,只要它们存在,在某种程度上就能止住口渴。一般是我抽前半支,剩下的给喀西姆,他在纸烟嘴上又吹又吸很长时间,说烟对他大有好处。但这最后一支香烟我独自抽完了,因为我是绝对的一个人。

5月5日,我拖着脚步向前走啊走,一直走到12点30分,我倒在一棵柽柳树下。在枉费心机地试图点一堆火之后,我喝光了我的药。

那是什么声音?沙中有一阵沙沙声响,我听到是脚步声。我在黑暗中隐隐看见一个人影飘过。"喀西姆,是你吗?"我问。"是我,先生。"他回答。夜晚的凉爽使他的精力恢复了一些,他顺着我的脚印跟来。这次相遇使我们都很高兴,在漆黑的夜晚我们继续走了一段时间。

但我们的力气正迅速衰退,我们步履蹒跚,我们努力同疲倦抗争,同昏昏欲睡抗争。现在沙丘的陡面看上去几乎全部向东,我从上面滑下来,用手、膝爬了很长一段路。我们逐渐变得满不在乎了,我们的精神萎靡不振。我们仍在透支着我们的生命——苟延残喘的生命。当我们在一个沙丘长长的斜面上看见人的脚印印在沙子上时,设想一下当时我们的诧异、我们的惊愕!我们跪下来仔细检查这些脚印,无疑它们就是人类的脚印。什么人走过那条路?我们现在离那条河不可能很远了,因为什么能把人带入沙漠的海洋之中呢?我们马上就感到很振奋。但喀西姆认为,足迹看上去极为新鲜。"正是这样,"我回答,"那一点儿也不奇怪,这几天没有刮风,也许是我们前些天晚上那场大火的信号被河旁边森林中某个牧羊人看见了,他走进沙漠想弄清是什么原因引起的。"

我们追踪着足迹直到一个沙丘顶,沙子被刮到一起形成了一个坚硬结实的块状,脚印能被更加清晰地辨认出来。

喀西姆跪下来,然后用几乎听不见的声音哭泣着说:"这些是我们自己的脚印!"

我弯下腰仔细看了看,确信他是对的。沙中的脚印十分明显是我们自己的靴子踩出来的,它们旁边有规则的间隔,是铁锹的痕迹,因为喀西姆用它作为拐棍来支撑自己。这个发现十分令人泄气,我们在一个圆内一圈一圈绕了多长时间呢?我们自信地自我安慰,它不可能非常长,只是在最后时刻我如此昏昏欲睡,以至于忘了看指南针了。但我们至少足足走了一会儿,凌晨2点30分在行踪旁躺下睡觉。

我们黎明时分醒来,再一次努力向前。当时是4点10分。喀西姆看上去成了一个可怕的人,舌头是白的,干的,还肿着,嘴唇带点蓝色,双颊凹陷,目光迟钝而又呆滞,并一个劲儿地痉挛似的打嗝,从头到脚都在颤动,就像死亡之前的嗝。他费了很大劲儿站起来,终于站住了并设法跟着我前行。

我们的喉咙干热得像着了火,我们想象着我们可以听到关节的摩擦声,并认为它们将会因走路的摩擦而起火。我们的眼睛很干涩,几乎不能睁开、闭上了。

当太阳升起来时,我们把热切的目光转向了东方,地平线清晰明显,与我们惯常见到的有一个不同的轮廓,它不再是好像由无数个沙脊形成的小齿状,它是一条很难看出的不均匀的地平线。再向前走了一会儿,我们看出地平线上加了一道黑色的边。太高兴啦!感谢命运!它正是沿和阗河生长的森林,我们终于正在走近它。

5点钟前不久,我们来到了一个严格说是河谷或沙漠中的洼地的地方。我很快就得出结论,那是一条以前的河床,大量的胡杨生长在它的最低处,在它们下面不太深的地方一定有水。我们再次拿起铁锹,但却没有足够的力气挖井了。我们被迫再次向东前进。最初我们走在一条低洼带的荒沙中,但5点30分就走进了茂密的连绵不断的森林中。树木长满了叶子,它们的叶冠充满了森林,在它们之下是阴暗的阴影。毕竟我们没有失去我们的春天,这个季节奉献着希望!

我手搭凉棚,定定地站在奇迹般的景色中,它使我努力去镇定我的理智,我仍处在半晕状态,就好像刚刚从一个可怕的梦中或使人忧伤的梦魇中惊醒。

几个星期,我们拖着脚步艰难行走,垂死挣扎,缓慢地一点一点穿过死寂的幽谷,现在在我们的周围,我们转动着眼睛,无论是哪个方向,都是生命和春天。鸟儿在鸣叫,有树木的气味,各种不同深浅色泽的绿叶,使人清爽的阴凉处,在那边,在古老的原始森林中,还有无数野生动物的足迹——老虎的、狼的、鹿的、狐狸的、瞪羚的、野兔的……空中充满了苍蝇和蠓,甲虫像箭一样快速地飞过我们身旁,它们的翅膀发出的嗡嗡声就像风琴的曲调,小鸟的晨曲从每一根树枝上发出悠扬悦耳的颤音。

树林变得越来越稠密,不时地,胡杨树干被匍匐植物所缠绕,我们的行进常常被难以通过的死树、树干和灌木丛的迷宫阻碍,或被茂密的

● 爬行穿过森林寻找水源

有棘刺的灌木丛所阻碍。

　　7点10分，森林开始变得稀疏，我们在树缝中间看见两个男人和马的模糊足迹，但不能确定他们有多大年纪，因为森林在保护着他们的踪迹免于被沙暴消除掉外表。太高兴了！太幸福了！我感到——我确信，我们现在得救了。

　　我建议我们应该朝着正东笔直地穿过森林，因为在那个方向河流不可能离得很远，但喀西姆认为，那个足迹无疑标志着某条路，会慢慢把我们引向河岸，并且由于足迹一直保持在阴凉处，很容易跟踪。我采纳了喀西姆的建议。

　　虚弱和挣扎，我们跟着足迹向南，但到9点钟，我们因酷热而精疲力竭，倒在两三棵胡杨树的阴影中。我赤手在树根之间挖了一个洞，躺在那里，由于酷热难耐，翻来覆去一整天没能合眼。喀西姆伸展四肢仰卧着，神智昏迷地咕哝着，呻吟着，当我跟他说话时，他也不回答，甚至当我推他时他也没有反应。

　　白天似乎永远没有尽头，我的耐心受到最大限度的考验，因为我感到河流一定就在我们附近，我正奄奄一息地到达它。

　　在我能够穿上衣服之时，是7点钟。我叫喀西姆和我一起去找水，但他终于垮了，摇摇头，用绝望的手势示意我独自前往，并给他带回水来，否则他就要死在他躺着的地方了。

　　我把铁锹头去掉，挂在伸过小路的一根树枝上，以便我能够再找到我们进入森林的地点，因为我现在希望能够重新找到我们留下的行李。我们只能必须从我们到达森林的地方向正西走，并且我们将来到这个地方。我认为斯拉木巴依和其他队员已经死去。我把铁锹杆拿上，它将是一个拐棍，有助于我向前。如果需要的话，它还可作为一件武器。

　　我直接抄近路通过森林，仍把我的路线对准东方，这根本就不是一件容易做的事。有两三次我几乎就被牢牢地纠缠在带刺的灌木丛中。我的衣服被撕裂了，手被刺破了，我不停地在树根上和倾倒的树干上休息，我非常疲惫。黄昏来临，天色渐暗，我几乎难以保持清醒。接着森林突然消失了，就像突然被火烧毁一样。东边绵延着泥和沙混合在一起的坚硬的死一般的平原，它位于森林地平线以下5～6英尺，没有一点沙丘的迹象。我立刻辨认出,它除了是和阗河岸不可能是其他什么。我很快就坚定了我的推断,我发现了半埋在地下的胡杨树干和树枝,我注意到垄沟一英尺多高,边缘明显起伏不平,这一切显然是由于流动的河水造成的。但沙子和沙漠中沙丘的沙子一样干,河床是空的,正等待着夏季洪水从山上流下来。

真是不可思议,我将会在我如此长久地极度渴望找到的河床中死去,我不相信。我想起和阗河向东移动其河道的趋向,回想起我们穿过森林中的古河床,很可能和阗河遵循着同样的规律。很可能它的水流偏爱依附于东岸。因此,我一定要找到它,或许我会在河道中找到最深的地方。我决定在放弃一切希望之前横贯到另一岸去。

现在我改变了路线向着正东南方向。为什么要这样呢?为什么不像我到目前为止总是做的那样继续向东前进呢?我不知道,也许是月亮给我施了魔法,因为她在天空那个方向显露出她那银色的月牙,并向寂静无声的大地洒下朦胧的淡蓝色光亮。我依赖着铁锹把,以平稳的步子笔直地向着东南方向沉重而缓慢地走下去,就好像我被一只无形但不可抗拒的手牵引着一样。一阵与我的愿望相悖的睡意不时地袭来,我被迫停下来休息,我的脉搏异常微弱,我几乎察觉不到它的跳动。我有决心通过我的毅力阻止我睡着,我害怕如果我睡去,将永远不再醒来。我边走边注视着月亮,一直期盼着看见它那银色的区域在河流暗色的水域上闪闪发光。但我的眼睛没有看到这样的景色,整个东方都笼罩在寒冷的夜雾之中。

走了大约1.5英里路,我终于能够辨认出河右岸森林那暗色的轮廓线。随着我的前进,它逐渐变得更加清楚,有灌木丛和芦苇丛,一棵胡杨树被风刮倒在河床上穿了一个深深的洞。当一只野鸭被我的接近惊扰,像箭一样迅疾飞上天空时,我离岸边只有几码远了,我听到了水的溅泼声,紧接着我就站在了一个小水塘的边沿,里面充满了甜淡冰凉的水——美丽的水!

第四十七章

终于有人了

　　我现在无法描述出向我袭来的这种感觉。它们可以被想象,但不能被描述。

　　喝水之前,我数了数我的脉搏,是49下,然后我从口袋里掏出锡罐,舀满水,开始喝。水的味道真甜啊! 没有人能够想象得出他离渴死只差一步时的感觉。我把锡罐举到唇边,安静地、慢慢地、审慎地、不断地喝啊,喝啊,喝啊。多么美好的味道啊! 多么令人愉快啊! 从葡萄中榨取的最好的葡萄酒,曾经做出的最为甘美的饮料,一点儿也比不上水的甘甜! 我的希望没有欺骗我,我的幸运之星和以往任何时候一样闪烁着明亮的光芒。

　　这绝不是言过其实,如果说在最初的10分钟内我喝了5～6品脱的水,锡罐装得不十分满,我的确喝空了20次。那时我从未考虑到在如此长时间禁食禁水以后喝这么大量的水也许是危险的,我丝毫没有受到任何影响。另外,我感到这如此冰凉清澈甘甜的水向我的身体里注入了新的能量,我身体里的每一根血管、每一块组织都像海绵一样汲取着给予生命的液体,我那曾经那般虚弱无力的脉搏现在又一次有力地跳动起来,几分钟之后,已跳到了56下。我那不久前还是如此缓慢、如

374

此黏滞的血液,几乎不能够穿过毛细血管蠕动,现在轻易地流过每一根血管。我那曾经枯瘪、干透的双手,硬得和木头一样,现在又鼓了起来。我那像羊皮纸一样的皮肤变得湿润而富有弹性。不久后,我的额头突然主动出汗了。

一句话,我感到我的整个身体正在吸收着新的生命和新的力量,这是神圣的令人敬畏的时刻。

生命对我而言似乎从未有过比在和阗河河床中那个夜晚更富有、更美丽、更有价值的时刻。未来在一片魔幻的光海中向我微笑,活着是值得的。天使的手在引导我穿过夜晚的黑暗来到河床中的小池塘。我想象着我看见一个天使在身旁飘浮,我想我能听到她翅膀的沙沙声,以前从来没有,以后也不会有。

喝足水,并确信我从死亡的痛苦中惊险逃离之后,当我感到新的生命流过我的血管时,狂喜渐渐平息下来。我的整个生命体征开始更加趋于正常,我又喝了几罐水,之后我的思维开始回归到正常的轨道中来,我意识到此刻的现实,开始注意到我旁边的环境。

池塘位于河床最深的地方,靠近东岸,是由去年夏季洪水遗留下来的。它位于河床平面以下,因此直到我几乎绊倒着走近它才看得见。我再向右走55步或再向左走55步,就看不到它了。正如我后来知道的,在河流的上游和下游,池塘之间都有很长一段距离。习惯于每年春季随着商队在和阗和阿克苏之间旅行的商人知道所有这些池塘,并总是将这些地方作为晚上的宿营地。也许我迷路了,如果我没有找到池塘,也许我的体力不会支撑我到达下一个水坑。

河东岸长着去年的干枯发黄的芦苇,新长出的绿色春芽正从高高的紧靠在一起的老秆之间伸出来。在芦苇床的后面高耸着森林,暗淡、恐怖,银色的月牙悬挂在一棵高高的胡杨树顶上。池塘约20码长,我坐在池塘边,注视着明亮的水面,在森林黑暗的阴影下看上去像墨一样漆黑。

接着,就在我旁边的灌木丛中,我听到一阵沙沙声、隐秘的脚步声和干燥的芦苇被推开的爆裂声。也许是一只老虎,但无论怎样,我没有被吓得发抖,我只是被假定成一个生命的复活体,只是想象着看见一个有着闪闪发光的眼睛的老虎头正透过芦苇向外偷看,对我有一种强烈的好奇心。我大胆地向芦苇丛看去，质问野兽，它怎敢如此胆大，干掉我这宝贵鲜活的生命。但无论它是什么，入侵者撤退了，它的脚步声消失在芦苇丛中。若它是一只老虎或森林中其他的野生动物，来到池塘边喝水，它无论如何都会认为只要是人类常去的地方，都要谨慎地保持一定的距离。

接着我的思绪飘回到喀西姆身上，我把他单独留在森林中同死亡抗争，不能移动一码，更不用说拖着脚步走3个小时来到水塘边。他急需立刻得到帮助，巧克力罐太小不能用它来运水，只能沾湿他的嘴唇。什么东西能运水呢？我怎样才能给他带去足够量的挽救生命的灵丹妙药呢？

我的靴子！当然，我的瑞典防水靴子，它们和其他容器一样，同样好，同样安全。"扑通"——它们被放入水中，然后我把铁锹穿过靴带，像一根扁担一样挑在我的右肩上，以轻快的步伐沿着我来时的足迹快速返回。

靴子里的珍贵液体满到了鞋沿，准备用来给予喀西姆新的生命。由于我走得太急，水溢出了一点儿，但没有一滴是从皮革里渗出去的。斯德哥尔摩的制靴匠斯特耶恩斯托姆师傅以前从未做过一双不仅能挽

● 在和阗河河床中挑着装水的靴子

救一个人的生命,而且能穿越整个亚洲再回来的靴子。由于这个缘故,后来我的靴子成为他们出名的招牌。

月亮一如既往地沿着河床倾泻着她那温雅柔和的光芒,借着月光我毫无困难地跟随着自己的脚印穿过沙漠。此外,我的疲乏困倦已消失殆尽,脚步不再沉重,我几乎是飞向沿左岸生长的森林。

在森林中,前行不是那么容易了,我的袜子是薄的,我的双脚不断地被刺和尖片扎痛,但更不幸的无疑是由上升的雾霭所产生的浓浓云雾弥漫在我和月亮之间,使得森林变得一片漆黑,我失去了踪迹。我点着火柴,徒劳地试图重新找到脚印。我求助于指南针,我大声呼叫:"喀西姆!"但我的声音消失在数千棵胡杨树中,没有得到回应。我继续不断地呼喊了一会儿我的随从的名字,用尽了我所有的力气,终于我变得厌烦了,漫无目的地徘徊。我只会在这片寂静的森林中迷失方向,越陷越深,因此,我决定停下来等到天亮。

我选择了一处难以通行的灌木丛,里面零乱地堆积着枯树枝,我把它们杂乱地堆积在一起点燃。转眼之间火焰就猛烈地跳跃起来,干树枝噼噼啪啪地爆炸着,来自底部的气流非常强烈,使得它呼呼地燃烧着。一个高高的火柱舔着矗立在附近的胡杨树干,周围亮得就如同正午一样。不久前还是如此漆黑的森林,被红黄色炫目的光照亮。喀西姆势必看到了像这样的火或听到火舌响亮的噼啪声,因为他不可能离这儿很远。我再次呼喊他的名字,借助火光来帮助我再次寻找我的足迹,但我没有找到。我平躺在沙子上,注视着熊熊燃烧的火,戒备地入睡了。我平静而安稳地睡了两个小时,一开始就采取了防范措施,躺在一个合适的位置,这个地方火既不能烧到我,还离火足够近,不会遭到老虎和其他野生动物的袭击。

我醒来时天刚刚亮。火小了许多,因为它的前方被新生的胡杨带阻断,火焰只能将胡杨烤焦变黑,并在森林的上方升起一股浓烟。我的靴子正倚在一棵树根上,没有漏掉一滴珍贵的液体,它们底下的地面甚至都没有潮湿。我喝了满满一口水,开始寻找昨天晚上我的足迹,并且很快就找到了。当我来到喀西姆身边时,他正躺在我离开他时的同一个位置。他用好似农牧之神那样急切和吃惊的目光注视着我,一认出我来,就做出努力爬近了一两码,气喘吁吁地说:"我要死了。"

377

● 把水喂给喀西姆

"你想喝水吗?"我十分平静地问。他只是摇头,再次瘫倒下去,他对靴子里是什么完全不懂。我把靴子放到他旁边,摇晃着,以使他可以听到水的溅泼声。他吃惊地发出含混不清的喊叫,当我把靴子放到他嘴唇边上时,他一口气就喝光了里面的水,没有一次停顿,紧接着,他喝光了第二只靴子里的水。

5月6日,喀西姆经历了我昨天晚上已经经历的同一系列变化,他恢复了理性,我们就在一起商议,根据我们仔细考虑的结果,决定我们最好的计划是回到池塘,在它附近的某一个地方好好休息一下,洗洗澡,奢侈一下,我们已一个多星期没有享受了。但喀西姆仍很虚弱,还不能继续跟我一起走到池塘。他摇摇晃晃的几乎就像一个喝醉酒的人,一直不停地坐下。我看着他走在到池塘左边的小道上,已不能再为他做更多的事了。我急切地走在前头,来到池塘边,又喝水又洗澡,然后足足等了一个小时,但喀西姆没有来。

饥饿开始缠扰不休,我要尽最大可能找到人,这是最重要的事。一是由于需要食物的缘故,再就是谋求他们的帮助返回沙漠去援救斯拉木巴依,并取回也许能救命的物品。与此同时我把喀西姆留下靠他自己的运气。我急匆匆地快速走上右岸,那是正南方向,我的靴子仍是湿

378

的,我不能穿上它们,所以我赤脚前行。

9点钟,突然从西边刮起一阵极其猛烈的风暴,在它前面驱赶着沙团和尘雾穿过河床,遮暗了太阳,因此我没有任何理由去抱怨酷热。但浓雾完全遮住了周围的每一个景象,使我既看不见右边的森林,也看不见左边的森林。向前走了约3个小时之后,我再次受到干渴的折磨,因为我的嘴和喉咙被炽热的流沙和风暴烤干了。我夹在它们之间几乎窒息。我调转方向走进森林,在下层丛林中找避风处。我在那儿坐了一会儿,心中充满了忧虑担心。

突然,一个念头闪过我的脑海,也许数天才能到达下一个水坑,离开我以这种惊人的方式发现的水坑是轻率的,而且我认为最好是再去找喀西姆。因此我转回去向北,但勉强走了半个小时之后,我意外地发现了一个极小的水坑,几乎不到1码宽,里面有一点儿泥水,微微有点咸。我喝了许多水,现在极为疲乏,但却不知道做什么才是最明智的。这里有水,而我没有立即去找喀西姆。另一方面,我发现向南不可能走太远,也许等待是最好的。风暴一旦停息,就用点火的方式发出信号,提醒任何也许偶然沿河岸到森林里的人。

因此,我在靠近水的地方寻找了一块密集的灌木丛,能很好地保护我免遭风暴的袭击。我把我的靴子和帽子放在头下当枕头,深深地昏睡过去,自从5月1日以来,这是我第一次香甜地酣睡。

当我醒来时,天已经黑了,风暴仍怒吼着刮过森林。已是晚上8点钟,在又一次饱饮了水坑里的水之后,我点起了大堆篝火,坐在火旁,长时间地注视着火苗。由于我被饥饿的痛苦折磨着,为了消除我的胃痛之感,我拔了些青草和芦苇根,还从池塘里抓了一串小青蛙。青蛙很不听话,所以我就在它们的头后掐了一下,并整个把它们吞了下去。"晚餐"之后,我凑集了一大堆干树枝,为晚间点火之用。

要是约尔达西和我在一起陪伴着我该有多好啊! 也许它仍活着,跟着我们的足迹来到河边。我尽可能大声地打着口哨,一遍又一遍地打着口哨,但没见约尔达西跑来,接着,我又睡着了。

5月7日,风暴停息了,尽管大气中仍充满了大量的尘埃。这个"黑风暴"使人联想到令人悲观沮丧的处境。自从考察队垮掉以来,这是第一次,它开始在我死去的随从和骆驼身上抛出头几铲土,它将除去我们穿过沙漠的每一个脚印,假定斯拉木巴依仍活着,他也许永远也找不到我们了。另外,他还有指南针,甚至假定我们偶然发现了他,假定他愿意跟我们一起走进沙漠直到帐篷所在地,我们现在面临的最大困难将是找到他,因为我们不可能走回头路再次穿过沙漠了。

当时,我想到了另一个问题,在紧靠着的那个地方,没有一点儿人类踪迹,最近根本就没有任何人经过那条路的迹象,也许在这酷热的季节没人走那条路。如果我在那里等待帮助,或许我还没等到帮助就饿死了。我最近一次查看普尔热瓦尔斯基地图,其标明我们在那个地区遇见的河流叫布克塞姆(Buksem),离和阗镇约25瑞典里或150英里。如果走得顺利的话,我应该能在6天之内走完这段路程。

决定了就要付诸行动,4点30分时我出发了。我顺着河床中间尽可能走直线,河道几乎完全是平坦的,相当直,宽度从0.5英里到2英里不等。我小心翼翼地将我的靴子灌满水,但几个小时之后我的双脚就痛得厉害,并起了水泡。我不得不穿上两双袜子,并将我的衬衣撕成布条把双脚包起来,以保护它们。

不一会儿,我遇见了另一个小水坑,里面是淡水。我把我带的咸水倒掉又装满甘甜的淡水之后,顺着河流左岸行走。在那儿我非常高兴地发现了一个用树枝建造的羊栏,但一经仔细查看,我看出它已废弃很长时间了。在紧靠着它的河床中,我发现了挖井的痕迹。

疲乏和白天的酷热联合起来逼迫着我,约7点30分,我走进森林的遮蔽处,在那里停下来采集了幼芦苇嫩枝和青草,把它们切成碎末,和水混在一起放进巧克力罐内。这就是我的早餐。

午后,我再次继续一小时又一小时地行走,直到实在走不动了。当我停下来时已是8点钟,我点起了火,并安置了"营地"。

5月8日,我在天亮之前动身,仍一直沿着朝向西南南方向的左岸行走。奇怪的是,我没有遇见一个人!也许商路位于森林更深处,我也许会轻易经过人们而没有看见他们。我想我最好边走边看,所以我穿过森林,向正西走去。森林只有半英里宽,在它的另一边,我看见了可怖但又非常熟悉的黄色沙海,我现在已从恐怖中逃离出来。又一个小时之后,我看到从西北北向东南南方向延伸的沙丘在紧靠河边的几个地方延伸下来,沿着沙漠边缘单独生长着几棵胡杨,它们之间的间隔很宽。由于酷热难耐,我在其中一棵胡杨树荫下平躺下休息。在到那个地点的路上,我途经了不少于8个小水坑,而其中最大的一个水坑里的水微微有点咸。

休息了两个小时之后,我继续向南行进在我孤独的旅程中。河旁或许有一条商路,很明显,它不会顺着左岸,因为除非迫不得已,没有人会穿过沙丘行走。我必须横穿到另一岸,看看森林中河右岸有什么希望。在这个地方,河床约1.25英里宽。但我在森林中的河右岸也没有发现商路。因此,我返回到河床紧挨着河岸和森林边缘行走。向前又走了约350码,河中有两个小岛,上面长满了灌木丛和胡杨。在太阳落山前不久,我在南边的岛和河岸中间发现两个赤脚人的足迹,他们走过那条路,是在对面的方向,即朝北,在他们前面驱赶着4头驴。

人类的足迹! 一个非凡的、令人勇气大增的情景! 我当时在那个荒凉的地方绝对不孤单。

脚印如此新鲜,人脚的每个细部都明显地印在沙子上,至多它们不可能超过一天多。奇怪,我没有遇到他们,尽管我们正走在相反的方向。但也许他们是白天休息只有晚上行走呢? 他们来自哪里? 他们将去何处? 他们最近的营地在哪里? 这几个人是在此宿营还是靠在沙中一个水坑边上小憩呢? 穷追他们将不会达到什么目的,因为他们离我太远了,我永远也追不上他们。

我没有选择,只是以相反的方向沿循着踪迹。我以最大的兴趣和注意力观察着这些人脚的印痕,由它们引导着,急匆匆向南一直紧靠着和阗河右岸向前。

第
四
十
八
章

与和阗河的牧羊人在一起

当我途经一个突出的尖角地时，黄昏正展开它那黑黝黝的翅膀降临在这寂静的大地上，我想我听到了一个奇妙的声音。我站着一动也不动，屏住呼吸侧耳倾听，但一切又如先前一样安静。我推断，一定是鸨或某种有几次已使我大吃一惊，并使我停下来听它们鸣叫的其他鸟类。但是没有，这种声音又响了起来，一种清楚明白的叫声，紧接着就是牛"哞哞"的叫声，在我的耳中，这个声音比音乐会上首席女歌手的歌唱还要动听悦耳。

我匆忙穿上我的湿靴子，以便看上去不要像个疯子，心提到了嗓子眼儿，快步朝发出声音的方向走去。我努力向前，穿过带刺的灌木丛，跳过倒下的树干，一而再再而三地绊倒。我用力穿过茂密的芦苇丛，穿过许多噼啪乱响的树枝，再向前走，就更加清晰地听到人交谈的声音和羊咩咩叫的声音。

我穿过森林的一块空旷地，看见一群羊在吃草，一个手执长棍的牧羊人一直看守着它们。当他看见衣衫褴褛、戴着蓝色护目镜从缠绕纷乱的灌木丛中突然现身的我时，简直是大吃一惊。大概他把我看作森林妖怪或沙漠中的邪恶精灵，迷了路才徘徊到那里。他惊骇地站着，就好像在那个地点生了根,除了张大嘴巴凝视着我什么也不干了。我用惯常的词语招呼他:"祝你平安!"开始简单告诉他我是怎样来到这里的,但他突然急向后转,消失在最近的灌木丛中,留下他的羊群听天由命。

　　过了一会儿,他由一个年长一点并讲理明智的牧羊人陪伴着回来了。

　　我用对第一个人同样的方式招呼他,对他说"祝你平安!",然后告诉他我穿过沙漠旅行的整个故事。当我说我已一个星期没吃任何东西,并请求他们给我一块馕时,他们把我带到附近的一个小屋。那小屋是由树枝搭建的,几乎不到5英尺高,我坐在一块破烂的毡毯上,年轻的牧羊人拿来一个木盘子,里面是刚刚烤出来的玉米馕。我谢过他们,然后掰下一块开始吃起来,但我吃了还不到6口时,突然变得虚弱起来。他们给了我一盆羊奶,味道好极了,之后他们出去了,留下我单独待了一会儿。那两只大狗留下来,不停地朝我狂吠。

　　天黑后不久,这两个人返回小屋,由第三个牧羊人陪同。同时,羊被赶进羊圈,以免它们在夜间被老虎或狼吃掉。我和三个牧羊人睡在露天下的一堆大火旁。

　　5月9日,天刚亮,牧羊人就赶着羊群走了。他们的小屋建在森林边缘的一个小山上,透过树林可以俯瞰到和阗河的景观。一条小河就在小屋旁边爬上来,里面有一个淡水坑,但除此之外,牧羊人在河床中还挖了一口井,以使他们得到更多的质地好又清洁的水。

　　中午,这三个人把羊群带回来,它们可以在一天当中最热的时候在井的周围休息,这给了我一个更好地了解我的主人的机会。他们的名字分别叫玉素甫巴依(Yussuf Bai)、托格达巴依(Togda Bai)和帕西·亚克翰(Pasi Akhun),他们正放牧着170只绵羊和山羊,此外,60头牛属于和阗的一个富人。冬天和夏天他们同样与他们的羊群一起待在树林中,因为他们那一成不变的活计一个月仅可得到20天罡❶(或9先令),连同玉米饭和玉米馕。在他们的羊群吃光同一个草场里所有的草之

---

❶　天罡,1和阗天罡相当于2喀什噶尔天罡;1喀什噶尔天罡约值2.75d.。——原注

后，他们转移到另一个草场。在每一个新到的地方，他们都要搭建一个小屋，除非这个地方前一年已留有小屋。

我发现他们在这个地方只停留5天，接着很快就要到一个更好的地方去，这个地方大体上被叫作布克塞姆（紧密纠缠的树林）。

这些牧羊人的生活一定极为寂寞，缺乏快乐，一天酷似另一天，然而他们看上去既快乐又满足。托格达巴依已结婚，但他的妻子住在和阗。当我问他为什么她不陪他来到森林中时，他告诉我，有时途经那条路旅行的人会骚扰当地妇女，为此，他宁愿一个人在这里，但一年中有一两次他告假去城里看望他的妻子。很明显，我的到来在他们营地单调的生活中是一件大事。尽管如此，他们还是以怀疑的眼光看我。显然，他们把我看作是一个可疑人物，但由于我会讲他们的语言，并乐意与他们交谈，他们的疑心在一定程度上有所减弱。

他们的饮食几乎全部都是以玉米馕、水和茶为主，在茶里放些胡椒增加其浓烈的味道。他们一天烤两次馕，每次烤一个大馕，烤好后就一起把它分了。他们把玉米面和水、盐混合在一起，揉面，在一个圆形木制器皿或盘子里和成形，然后在热的余火上把它摊成一个扁平的饼子形状，用热灰把它盖住，45分钟就烤好了，味道十分好，我很喜欢吃。牧羊人是慷慨大方的，尽管他们完全知道，作为回报，我连一个天罡都给不了他们。

他们的个人财物不多。首先是他们穿的衣服，即一个袷袢或外套，然后是一个羊毛翻在外面的羊皮帽子，一条腰带，再就是用来搬运、烧茶的用具。他们的小腿用长长的带子裹住，脚上穿的是用绳子绑紧的羊皮块。他们有一个大的木制浅盘、一个中等大小的浅盘和一个小浅盘，一个葫芦制成的用来装水的容器，一个用胡杨根粗糙制成的大长柄勺子或汤勺，一条毡毯和一把三弦热瓦普。他们的财物中最最重要的是斧子，一件最有用的工具。无论是想要搭建小屋还是砍柴火，或为他们的羊群穿过灌木丛劈开一条路，春季砍下嫩枝和树叶喂养他们的绵羊和山羊，都要用到斧子。另一件必不可少的工具是用于打火的打火镰。他们曾经有一堆点燃的火，但没有照顾好而使它熄灭了，直到他们转移到另一个地方。在驱赶着羊群到森林中吃草之前，他们用灰烬将火盖住，晚上再次回来时，他们打开灰烬，在余烬中添加几条干柴，快速扇出火苗。但他们也用干粪作燃料。他们把玉米馕放在一个麻袋里，连同其他所有的财物一起放在小屋顶上，以免让狗糟蹋掉。

他们告诉我，沿着一直到和阗的路，河两岸都是一流的草场。越接近城镇，草场中的草长势越丰茂，而靠近城郊没有草场，拥有羊群的富人们让他们一年到头都在和阗河两岸的森林中放牧。河水干涸的季节里，人们总是沿着河床行走，河床又干又硬，如同街道一样。当河床内有水时，他们就沿着森林小路行走。

中午酷热过去之后，牧羊人再次赶着他们的绵羊、山羊和牛开始进入到树林中，单独剩下我，尽管不是很长时间。一个约有100头驴驮着大米的商队从和阗到阿克苏经过小屋，商队的向导们骑马径直向前走去，没有注意到我，但帕西·亚克翰看见了他们，并告诉他们关于我的冒险经历。他们一过去，我就进到小屋去休息，但几乎同时就听到了马镫发出的略略声和人说话的声音。我匆忙又跑出去，是三个富商，每人骑着一匹上好的马，正走在从阿克苏到和阗的路上。他们11天前待在阿克苏，并希望在6天多的时间内到达和阗。

他们步伐轻快地骑马穿进森林径直来到牧羊人的小屋，急匆匆下马，毫不犹豫地朝我走来，就好像他们知道我在这里并前来找我似的。

他们客气地欢迎了我，我请他们坐下，然后，有一个穿着很体面的蓄着黑胡子的人告诉我一些使我大喜过望的消息。昨天，当他们沿河左岸骑马而行时，在布克塞姆以北约有12小时行程的地方，看见一个半死不活的人正奄奄一息地躺在正在森林边缘吃草的白骆驼旁，他们像乐善好施者一样停下来问他怎么回事，他能回答的一切就是气喘吁吁地说：“水！水！”一个商人马上骑马到最近的水塘，给他带来满满一铁罐水。我立刻就明白，这个受难者除了斯拉木巴依不可能是别人。他一口气喝干了水罐，他们给他馕、葡萄干和坚果吃，待他体力恢复一点儿，告诉他们他是如何来到他们发现他的地方，如何陷入可怜的地步。

然后斯拉木巴依请求三个商人去寻找我，他说，他不知道我是活是死，因为他两天前就已失去了我的足迹，如果他们找到我，他诚恳地哀求他们借给我一匹马，使我可以骑马去和阗，好好休息并从旅途劳顿中恢复过来。因此他们沿路一直在寻找我，直到最终在小屋里找到了我，

385

他们现在给我一匹马让我使用,我可以与他们搭伴去和阗。但我决定待在原地,直到斯拉木巴依前来与我会合。既然他已成功地带出一峰骆驼来到河边,也许他抢救出了一部分我的物品,也许与我们沙漠考察有关的日记簿和指南针没有丢失,也许我们甚至能够把我们四分五裂的考察队的残存者再重新组织起来。

我关于未来的希望开始复苏并闪耀着玫瑰般的颜色。

一上午,我都在考虑我的考察队遭难的后果,从今以后我将采用什么计划使我的旅行在这种情况下尽可能地得到最好的结局。

最初,我几乎决定跟着路过的最好的商人搭伴到和阗去,从那里再继续到喀什噶尔,由此,我可以派我的邮差吉奇特斯到第一个俄罗斯电报局,再迅速发送电报到欧洲,要求新的仪器材料和新的设备,有了它们,我用我留在喀什噶尔的其余资本来实现我的目标。我可以去罗布淖尔,从那穿过西伯利亚再返回到家。但现在斯拉木巴依还活着,带出来一峰骆驼,我感到我们一定可以试图重新找到帐篷和留在里面的东西。因此,我不是缩减我今后的计划,而是开始补充扩大计划。

这三个商人给了我许多小麦馕,又借给我18个银天罡(约8s.)之后,我让他们继续赶他们的路。我们计划在和阗再见面,并结算我们之间未结清的账目。牧羊人现在彻底相信了我的故事的真实性,我暗示他们对我无私帮助是会得到报酬的。

5月10日,刮起一场强烈的东北风,裹着尘埃充满大气。我一整天都待在小屋里睡觉,在过去的几天那可怕的沙漠之旅中所经历的极端的身体透支现在来向我报仇,我感到疲倦得要死,就像一个病了一年正在恢复中的病人一样。

太阳落山时,我被一阵骆驼的尖叫声唤醒,赶紧出去,帕西·亚克翰领着白骆驼来了,后面跟着斯拉木巴依和喀西姆。我的优秀的斯拉木巴依突然扑到我前面的地上,高兴地哭泣起来,双手紧紧抓住我的脚。我立刻把他扶起来,让他镇定一下情绪,在他的心里,几乎没有指望再见到我,就像我也没有指望再见到他一样。

白骆驼驮了两个考察队的旅行袋,其中一个里面装有我的所有仪器(除了那些测量高度的仪器)和我的测绘图、旅行日记簿、纸、笔等等,另一个装的是汉族人的银圆以及提灯、茶壶、香烟和几件其他物品,此外,斯拉木巴依还抢救出两支哈斯克娃那步枪,把它们裹在一块毡子里带来了。

斯拉木巴依吃了一块馕,精神振作了一点儿,然后告诉我他的遭遇。

在5月2日晚我们离开他之后的几个小时内,他躺在原地,但最终他挣扎着起来跟着我们的脚印走。因为他一块儿带着的4峰骆驼不愿意被迫前进,因此他行进的速度非常缓慢。

在5月3日晚上,他看见了一大堆火光,那是我们在三棵胡杨树旁点的火,但距离太远。然而,火光给了他新的力量,因为通过它他知道我们不仅活着,而且已到达森林附近,也许还找到了水。

5月4日早晨,他到达三棵胡杨树前,并看到我们企图挖井半途而废的痕迹。但由于那天闷热至极,他在胡杨树荫下待了几个小时,用他的斧子刮去一棵胡杨树的树皮,从刮开的树痕中吸吮了足有一满杯汁液,既解渴又使他增强了体力。他在那儿留下了一驮货物。

5月5日,他继续奋力顺着我们的足迹向前,第二天到达第一个干河床,他在那里再一次看到我们企图挖井而未成功的痕迹。在那里他丢失了一峰骆驼,它从它的驮载中解放出来,这动物挣脱出来,自动朝东走了。至于约尔达西,虽然奄奄一息拖着脚步在考察队后面走,但从那次起,斯拉木巴依就再也没有见到它,因此推断它一定是死了。

5月7日,我的骑乘男子汉死了,大约一小时后,大个子也死去了。大个子驮运着所有测高仪器、雪茄、茶叶、糖、蜡烛和一些面粉。终于,斯拉木巴依成功地和白骆驼一起抵达河边,但看到河床是干涸的时,他陷入了绝望,镇定地躺下来等死,平静安宁。

正是在5月8日那天早上,老天仿佛显示了奇迹,当天中午,三个商人从那条路走来,看见他并给他馕和水,他得救了。那之后不久,他偶遇了喀西姆。喀西姆告诉他,我很好,但他完全没有我去了哪里的概念。喀西姆十分自信地说,他相信我已向北,朝阿克苏方向走了。但幸亏斯拉木巴依更聪明些,决定向南,去和阗的方向找我。然后,他遇见了我派出去找他的帕西·亚克翰,现在,他就在这里了。

正如将要见到的,斯拉木巴依像一个英雄在做事,因为当我和喀西姆只想着我们自己时,他已尽全力抢救出那部分我的物资,他知道,那是我花了极大的代价购置的。因此,他逐渐把它们都搬到了最为强壮的白骆驼背上。感谢斯拉木巴依,我现在能够实现我的旅行计划了,正如最初的计划一样。

两年半后,在斯拉木巴依到达他的家乡费尔干纳的奥什市之后,奥斯卡国王授予他一枚金制奖章。

那天晚上,牧羊人的小屋附近围着一大堆篝火举行了一个"豪华"宴会,庆祝我们从沙漠的魔掌中逃生。在许多个"如果"和"但是"之后,我们说服帕西·亚克翰允许他自己以32天罡(约15s.)卖给我们一只羊。他立刻就把羊宰了,给了我一大块腰子上的肉片,在灼热的火架子上炙烤着。人们在一口锅里煮着一些精选的更好的肉。通过这次休养生息,我的脉搏上升到了每分钟60次。在3天以后,当我完全休息好恢复体力之后,脉搏上升到每分钟82次。

5月11日。那个地方的青草都被吃光了,牧羊人打算搬到另一个绿色草场,在河下游约6英里处,河的右岸。我们把我们的物品都搬到白骆驼背上,跟着他们走了。我们在位于河旁的一个小土堆上搭建了我们的营地,土堆被灌木丛和芦苇所环绕,还长着几棵古老的胡杨树。在两棵胡杨树之间,我的随从给我建造了一个森林小屋,它的框架是树枝,而墙壁和屋顶是由盘绕交织在一起的大树枝构成。它提供了极好的保护免于太阳暴晒,并被毗连的树木进一步遮住。屋内的地面被铲平,铺上了毡毯,里面装着一些银圆的帆布背包是我的枕头,一个小小的木制烟箱当我的桌子。我的仪器、地图文件夹、画本和书写材料放在一棵胡杨树脚下,随意乱堆着。考虑到我们的环境,我不能指望一切更好。我在我的森林小屋里非常惬意,完全就像在斯德哥尔摩自己的书房里一样舒适。

斯拉木巴依和喀西姆在第三棵胡杨树下生起篝火,同样惬意自在。牧羊人与他们的羊群住在附近的芦苇丛中。帕西·亚克翰一天两次给我端来一碗油腻腻的奶子和一块玉米馕,我有足够维持两个星期的烟草。在接下来的日子里,就是最讲究饮食的人和我相比,恐怕他这辈子也没有我更快活更满足。然而我在使人厌烦的森林中孤独地生活,与鲁滨逊·克鲁索漂流到孤岛上的生活方式没有一点儿相似之处。

　　5月12日,1点钟刚过不久,我们从北方看到一支小型商队正走近我们的营地,他们正沿着河床前进,但仍离我们很远,我们急切地等候着他们的到来。斯拉木巴依和喀西姆急忙跑下去到河边,为的是喊住他们并把他们领到小屋。原来他们一行四人是和阗商人,13天前离开库车城,他们在库车卖了大量的葡萄之前已走了一段时间,并用卖葡萄的钱买了10匹马、1头母牛和几头驴,现在正带着这些牲畜到和阗去,他们指望着在那里卖个好价钱。

他们告诉我,在西尔(Sil)这个地方,和阗河汇入叶尔羌河,而叶尔羌河水量非常之大,以至于它可到达一个骑在马背上的人的腰部。和阗河的河床中向上游一直都有小水坑,如果没有小水坑的话,在那里总是能轻易通过挖井而得到水。夏季洪水一般是6月初或6月中旬到来,在那之后的一两个月中,不会达到最大水量。

我们像鹰一样围着这4个商人,半小时之内从他们那儿买了3匹上等好马,花了750天罡(约17英镑5s.)。虽然他们在库车只付了600天罡(约13英镑15s.)就买到了它们。此外,我们还买了3具驮鞍和马勒、一麻袋喂马的玉米,一袋我们自己吃的小麦面粉,另给斯拉木巴依买了一双靴子(自从我们离开"死亡营地",他就光着脚),还有一撮茶叶、一个铁水罐和两三个杯子,全部是65天罡(不到30s.)。这样我们就可以不必依赖于和阗的朋友的帮助,有了这些马和白骆驼,现在就可以尝试着去找回我们最后放弃的两骆驼的驮载。

晚上,两个年轻的猎人来拜访我们,他们背着长枪,这种枪在射击时支撑在一个支架上。他们是来布克塞姆森林追捕鹿来了,他们需要鹿角,卖给汉族人,汉族人会给他们一个好价钱。鹿角被用作药材。由于这两个年轻人十分熟悉这片地区,我立刻雇他们陪着斯拉木巴依和喀西姆去寻找"死亡营地"。

第
四
十
九
章

抢 险 队

　　5月13日，几个商人继续向和阗赶路，两个年轻猎人消失在下层丛林中，一个小时之后，他们带着一头昨天晚上射杀的鹿回来了。把鹿皮剥去，鹿肉分成4块，斯拉木巴依很快就做好了一锅使人垂涎欲滴的肉汤，鹿肉既细嫩又鲜美。

　　叫喀西姆·亚克翰的猎人告诉我，在和阗河和克里雅河之间延伸的沙漠中的沙地很高，但在横穿它时，你可以在最初的几天通过挖井找到水。

　　然而，这个季节已经太提前了，因此我也放弃了我原定的横穿那个地区的沙漠的计划。

　　那天当中，两个年轻猎人的父亲阿合买德·莫翰（Ahmed Merghen，"莫翰"意为"猎人"）来了。他有典型的中亚人特点，高个，瘦削，宽肩，大鼻子，留着一绺帝须（留在唇下面的小绺胡须，拿破仑曾留这种胡须，又称帝须）。他非常友善，对我们的冒险经历极为感兴趣，在商谈中对我们组建抢险队给出了颇有价值的建议。没有人会比他更心甘情愿地进入沙漠旅行了。他真是上天赐给我们的。他记得他在打猎时曾迷了路，然后路过了我和喀西姆点起信号火光的三棵胡杨树附近。

早晨用来为抢险队做好出发的准备工作,1点钟,队员们从森林中我们的营地出发。抢险队由斯拉木巴依、喀西姆、阿合买德·莫翰和他的一个儿子组成。他们带了三匹马、一峰骆驼和馕、面粉、羊肉与三个葫芦制成的容器和一张用来装水的山羊皮。当他们即将出发时,阿合买德·莫翰劝告我搬到河床中的一个小岛上去,因为我的小屋所在地有很多蝎子。他是对的,因为我后来看见了几只令人讨厌的东西,它们的尾巴在沙子中钻出一个极像花边的图案。但我非常喜欢我的森林小屋,住在里面就像在家里一样舒适,除了蝎子会非常讨厌地从你眼前掠过,但我对蝎子满不在乎,宁愿住在原地。

抢险队在一小时之后离开营地,以便他们能在当天晚上到达我将铁锹作为信号杆的地点。阿合买德·莫翰扛着他的枪步行,其余三人骑着马。看到我的猎人新朋友就像伟大的好猎手或森林人,那么轻易地穿过茂密的矮树林前行,掠过旁边的灌木丛,以如此轻快的脚步前进在树木中间,几乎就像飞一样,我十分得意。

他们走后,我又一次孤独地与三个牧羊人生活在一起,可能有整整一个星期的时间,而我需要的就是耐心。牧羊人的营地离我的小屋有几百步远,但帕西·亚克翰答应睡在我附近,以便在夜间照看篝火不让它熄灭。他一天三次给我带来馕和牛奶,我可以在河床中的一眼井中得到大量的水。

5月14日,当我5点钟醒来时,天空很暗,乌云密布,有一层厚厚的雾霭,并下起了蒙蒙细雨。虽然雨只持续了很短的时间,刚刚淋湿地面,但它却使空气清新——一种难得的意想不到的现象!在森林小屋度过漫长寂寞的时光期间,我一点儿也没有闲着。我7点钟起床,把在沙漠旅行最后那段时间写下的简单扼要的笔记详尽地进行了整理,并在我的地图上标绘出一些沙丘。有时我躺在"床"上阅读《圣经》和《瑞典诗篇》,从中我发现了许多瑞典诗歌的杰作。

一只大黄蝎子爬上我的睡毯,当我骚扰它要杀死它时,我们之间的战斗可以用"疯狂"二字来形容,它攻击我简直可以说是精彩的一幕。而我独自在森林中徘徊时,在矮树丛中的任何地方睡觉休息时,从未打扰过这些毒蝎。考虑到我现在的虚弱状态,一根刺足以引起严重的后果,因为蝎子刺是不可小觑的。

有一行10人的商队，40头驴，运载着葡萄干到阿克苏，路经我的小屋，停下来歇了一会儿向我致意。我从他们那儿买了一袋葡萄干，牧羊人款待了他们。

这些商人告诉我，麻扎塔格山脉是由两条平行向西北方向延伸的山脉组成，但伸向沙漠不太远。在山脉附近，据说沙漠极为荒凉贫瘠，遍地都是高大的沙丘，很少有光裸坚硬的地面。这个名字起源于一个麻扎（墓地），其位置由系着碎布的枝条所标明，枝条被牢牢插在沙丘惹人注目的尖坡的地面上。守墓人是一个村长，他一般住在和阗，只有冬季的少数时候在沙漠中度过。在那个地区放牧的羊主人会给他总计一年200天罡（约4英镑10s.），作为对他守墓的答谢。

接下来的日子在安宁平静中不知不觉过去，我逐渐从在沙漠中曾几乎耗尽了我个人体能的经历中恢复过来。但我仍然必须振作精神，保持最大的忍耐力，因为日复一日、夜复一夜地住在森林中孤寂的小屋里，的确是令人厌烦的。然而我有一切我需要的东西，我很高兴身体已恢复到最佳状态，呼吸着森林中清新的空气，愉快地聆听着东北风抚弄胡杨树叶时发出的沙沙声，虽然热，但从不闷热得难以忍受，因为大气中一般充满着尘土，茂密的森林遮蔽着使天气凉爽。我周围寂静而安

● 和阗河右岸的景观

宁，就像在一个荒无人烟的岛上，唯一打破这一成不变的日子的，是帕西·亚克翰给我带来"口粮"或来生火。

我一般都是在7点钟起床，而在那个时刻，羊群已在森林中吃草，我发现馕和牛奶碗已放在我旁边。

非常奇怪，我沿河床旅行的三天里，没有看见过一个人，而现在，每天都有往来于和阗和阿克苏的商队经过。通常每一个商队都要从河那边来到我的小屋，给我带来友好的问候，但令人遗憾的是，他们除了葡萄干、毡毯、羊毛、棉花和家畜，别无他物。但与他们交谈对我来说总是一件令人愉快的事，他们给我大量有价值的信息，关于塔里木的贸易关系，关于和阗河和这个地区一般是怎样的天气等。

我们旅行和离奇脱险的消息像野火一样传播开来，上游到和阗，下游到阿克苏。和阗来的商人告诉我，我们是集市上谈论的话题，我们的到来正被急切地期盼着。我现在非常急切地立刻就想到达和阗，因为我打算在那里待些日子，组建我的考察队，使得我可以向藏北出发。

5月15日，两三个来自北边的商人告诉我，他们遇见了斯拉木巴依的队伍，那是在他们出发后的第二天，他们打算休息一天，填足他们的供水。

第二天，我的牧羊人朋友看管的羊群的主人来了，他来监督剪羊毛这项任务，一年要做两次——春季和秋季。在和阗羊毛卖到每chäreck（约18Ibs.常衡）5天罡（2s.3d.）。当羊毛产量高时，10～12只羊就可以剪出1chäreck羊毛。但在每年的那个季节，羊毛稀少，大量羊毛都被树林下层带刺的灌木扯掉了，15～20只羊才能出产1chäreck羊毛。羊群的主人希望总共剪下30chäreck羊毛，因为他在河流上游一段距离有另一群500只羊的羊群。

5月21日黄昏时刻，斯拉木巴依和其他人回来了，带回的成果不尽如人意。他们离开森林边缘向正西走去，没有什么惊险就到达了我们留下帐篷的地方。因为天气渐渐变热，他们带回来的唯一东西是我们留在三棵胡杨树下的那些相对来说没有什么价值的东西。他们从那里就闻到骆驼男子汉死尸腐烂的恶臭，难以忍受的气味引导着他们径直走到了帐篷前。他们没有找到骆驼大个子，它驮运着3个空盒气压表、沸点温度计、望远镜、2把左轮手枪（其中一把印着图案的被瑞典军队的军官使用过）、55发子弹、200支雪茄,此外还有几件其他东西,这些是所有东西中最具价值的了。他们很容易就发现了斯拉木巴依留下骆驼的地方,因为他把他的腰带系在附近的一棵柽柳树上作为标志。柽柳仍在沙丘顶上,但腰带不见了,代替它的是系在树枝上的一块白毡子。周围有一个穿靴子的人的脚印,而斯拉木巴依是赤脚的。骆驼和它驮的有价值的驮载不见了,他们不仅没找到骆驼,甚至连它的足迹都没有看到。

问题是,这个拿走斯拉木巴依的腰带并在原处留下碎毡片的人是谁?

我问斯拉木巴依,是否他认为可能是尤尔奇,也许在我们留下帐篷后他恢复了体力。但斯拉木巴依表示,那是不可能的,因为自从他离开"死亡营地"以后,就再也没有见到一个人。是不是那三个商人中给斯拉木巴依水并借给我18个天罡的人?不会的,因为他们离开斯拉木巴依就一直走到布克塞姆来寻找我。此外,他们如何能够找到骆驼?我们感到十分困惑,但却什么也做不了。如果有人发现大个子还活着,把它领到河边,它可以喝水,吃东西,发现者无论是谁,如果他是一个老实人,会带着骆驼来找我们。但如果他偷了骆驼连同一起的驮载,他肯定会留下某种痕迹,这之间只有两条路可供选择,他不是向北走去阿克苏就是向南去和阗。但我的牧羊人朋友一直密切注视着去和阗的路,他们没有看到与我们描述相符的骆驼,因此,就只剩下去阿克苏的这条路。我们逐渐确信,骆驼是被偷的,它的足迹是被故意抹掉了。

阿合买德·莫翰接着说,他在森林中看到骆驼的足迹,就跟着它,但足迹把他带到了一匹幼骆驼前,它是在三棵胡杨树那里挣脱缰绳独自跑进森林中的,没有驮载,它明显在某处找到了水。它在森林中经过10～12天自由吃草之后,健康状况已极佳,但它变得很有戒心,就好像它以前从未见到过人一样逃跑了,阿合买德·莫翰为抓到它遇到了最大的困难。在以后讲述中亚野骆驼时,我还会讲到这一点的。

我讲述的所有内容如此充分、如此详细,也许可能会引起疑惑。但我这样做出于两个原因:第一,由于我的损失的缘故,我的计划被完全打乱,并彻底改变了;第二,这些事件在一年后有了一个非常戏剧性的结局。

　　我进入藏北旅行的最初计划完全落空了,我丢失了测高仪,我的设备残缺不全,令人心痛,展现在我面前唯一的路是重返喀什噶尔,重新购置装备和弥补我的损失。尽管这条路更长,我选择的路线经由阿克苏,然而在不到一年之内,我就忍不住循着马可·波罗的足迹从喀什噶尔走向和阗。但在我给出我们重返喀什噶尔的简单理由之前,我想说几句关于我亲自观测之下的叶尔羌河与和阗河河道这部分的话题。

　　将这两条河流进行比较,它们的水流几乎是相互平行的,且都是朝同一个目标而去,但却表现出了很大的不同。叶尔羌河是塔里木最重要的一条河流,它的河道有明显的标志,并被深深地冲蚀。它一年到头都有水。的确,在6月份,它的洪水上涨到惊人的高度,除了冬季河流水面被冰封冻以外,其余时间河流只能靠渡船横渡。

　　另一方面,和阗河每年在大部分时间里都是干涸的,只有在盛夏,它的河道中才有一些水量,但它又宽又浅,能被用于摆渡的唯一地点在和阗。河水流过塔克拉玛干大沙漠最糟糕的一段,与向西的姊妹河相比,它与漂流沙之间有着更加艰难的搏斗。的确,沙子正严重威胁河道,把它从它流入的叶尔羌河或塔里木河的主河道中隔绝开来——正如我们后面会见到的,灾难已经制服了克里雅河。

　　伴随着叶尔羌河两岸的林带一再频繁地被大草原和沼泽中断,和阗河却一路由它的林带伴随着到两河的汇合处。比起叶尔羌河的森林,它的森林更茂密,更加杂乱地缠结在一起。沙丘在任何地方都没有接近叶尔羌河河岸,但对于和阗河,沙丘则紧紧靠着西边的林带延伸。

　　一方面两条河一致,两者的河道交替着向东,正如被现有河道所证实的一样。假使两者相同,叶尔羌河的河床位于西面并平行于它们现有的渠道,而它们的东面没有这种废弃的河道。在两条河流旁边延伸的考察队线路一直保持在左岸,无疑那是当河水泛滥时较安全的一侧,这也是值得注意的。而且,沿叶尔羌河中段的所有城镇几乎均坐落在左岸,一般离河道稍有一段距离。沿着流过森林的和阗河那部分没有城镇,在那个地区唯一的居民是游牧的牧羊人。和阗河下游的考察队线路只具有局部重要性。但在玛喇巴什和叶尔羌之间,沿着叶尔羌河中部的路线是亚洲腹地的主要商道之一。

　　5月23日凌晨3点30分,我被一阵可怕的飓风——来自西边的一阵狂风吵醒。它彻底摧毁了我那可怜的小屋，甚至威胁着要把树木连根拔起。它怒号着穿过长满叶子的胡杨树顶，树顶被其上盖满的树叶压得几乎与地面平行，时刻威胁着要把树扯断成两截。干燥的树枝发出爆裂声，被折断，甩到地上，芦苇丛在凶猛暴虐的风暴面前羞辱地弓着身子。整个森林呼啸着发出雷鸣般的响声，仿佛森林内到处都是众多的瀑布的嘈杂声，而且被几乎是固体沙团穿过和阗河平坦的河床刮起的浓密的漂流沙团填满。飓风仅持续了半小时，又恢复到之前的平静。

7点30分，我们一切准备就绪，从我度过了如此长的时间的营地出发了，虽然这里有太多珍贵的令人愉快的回忆。的确，我常常带着既感恩又悲哀的两种情感相掺杂的思绪，飞回到我在和阗河畔度过的美妙时光。正是在那里，我得到了重生；正是在那里，我的双脚摆脱了可怕沙漠的沙子；正是在那里，我又一次看到了像我一样的人，他们友好地接纳了我，给我吃的，照顾我。最后，正是在那里，我在森林凉爽的空气中享受到了有益的和非常有必要的休息。

我给了我的牧羊人朋友每人30天罡（13s.9d.），他们都十分高兴。接着我们继续上路，带着2峰骆驼、3匹马。驼铃又一次清晰地响起，声音清脆洪亮，听起来不再像送葬，而是以新的生命带着新的希望在回响着。

第
五
十
章

来到和阗河下游

　　我们不是一支队伍行走，而是分开了。斯拉木巴依和两个猎人靠着河左岸横穿过森林的考察队线路行走，以便留意寻找失踪骆驼的踪迹。阿合买德·莫翰和我骑马下到河床上行走，喀西姆跟着我们，负责两峰骆驼，但由于我们骑马比较快，很快就看不见他了。

　　下午，我们来到了拯救过我生命的小水塘，像以前一样，那里矗立着芦苇丛，胡杨树倾斜在水上。自5月6日以来，水面下降了几乎有5英寸，但它还是原来的形状。我在那里休息了整整一个小时，一来是为了等喀西姆上来，但更加特别的原因是我可以再次喝到水质甘甜、令人身心愉悦的生命之水。阿合买德·莫翰把它称为"上天赐予的湖沼"（Khoda-verdi-köll）。

　　骑行10个小时之后，我们大家再次在叫作库元德赫利克（Kuyun-dehlik，野兔别墅）的森林中相遇。几个牧羊人正扎营在那里照料他们的羊群。斯拉木巴依在森林中没有见到任何骆驼的踪迹，即使有踪迹，也被飓风破坏殆尽。

　　5月24日，我们决定休息一天，主要是为了让几个队员带着他们的狗走遍森林搜寻一下，那片森林宽4～8英里。5个牧羊人看管500只羊和60头牛,在库元德赫利克已放牧4天了,从这里到"上天赐予的湖沼"只有短短几个小时的路程。如果我在5月6日是向北走而不是向南走的话,我就不可能与这些人重逢了,因为那时他们在另一个地方扎营;从库元德赫利克到另一个牧羊人营地——和阗河与叶尔羌河汇流之处附近,需要几天的时间。

在库元德赫利克营地向下不远处,和阗河分成两条支流。西边的支流既狭窄又弯曲,从这个地方起河流被叫作音奇克河(Inchicke-daria),也被隐藏在一片茂密的树林中。而右边的支流是宽阔的,在它的东岸完全没有森林,盛夏时节两条支流都有水,后者冲刷着一系列被叫作白沙(Ak-kum)的大型沙丘脚下。牧羊人认为,音奇克河只是约8年前才形成的。但茂密的树林足以证明,它是一条年代更久远的河道,河水逐渐遗弃了这条河道而改从它更靠东的邻河流走。东边支流的右岸没有森林也能证明,植被还没有成功地固守住那一岸的地面,以对抗流沙的持续攻击。当和阗河泛洪时,到阿克苏去的商队沿着两条支流之间的三角洲或岛地走,因而不得不涉水渡过它们。涉水之间的距离约有2天的路程。在每年的干旱季节,两条主要支流和音奇克河中的水塘就出现在右岸附近。

这个地区因为小偷和强盗经常抢劫小型和薄弱的商队而声名狼藉,但和阗新的按班已开始有计划地进行一场消灭强盗的行动,抓住的所有强盗都被就地处决。

5月25日,我的好朋友阿合买德·莫翰回到和阗附近的塔瓦库勒家中,但把他的儿子喀西姆·亚克翰留给了我们。我们骑马顺着音奇克河蜿蜒的河床向下走去,它的两岸长满了小树林。从河流再向后,树木更加年长,许多地方树木长得如此靠近以至于要想从它们之间过去并非易事。两岸森林的长势趋向连接在一起,形成了一个连续的森林。只要夏季泛滥的洪水废弃这个河道而流向右边的支流,毫无疑问会形成连续的森林。实际上,音奇克河只有40码或45码宽。在一整天的骑行之后,晚上我们在河床中一个小水塘旁停下来,这个地方叫作"三叶草地"(Bedelik-utak)。

5月26日,阿合买德·莫翰的儿子喀西姆·亚克翰在离开库元德赫利克进行了一天多的旅行之后,不愿意与我们一起走了,因为既有强盗,又有老虎,十分危险。他独自在森林中度过了夜晚。因此,我和我的两个队员斯拉木巴依和喀西姆在没有向导的情况下继续赶路。由于河道变得越来越弯曲,我们决定在岛上赶路,岛是大草滩组成,不时被低矮的沙丘和小树林所中断。但由于河床走起来更方便,我们很快就又回到了这里。两岸是繁茂的树林,我们好似正在穿过一个公园,或者更确切地说是因植被枝叶密集产生穿过隧道般的感觉。

我们终于到达音奇克河交汇于和阗河的地方。森林像一扇门一样打开了,在我们面前是和阗河平坦的河床。由于它的更大的水量更加强有力的冲刷的缘故,和阗河床比音奇克河河床低约 5 英尺。我们在汇流点下游不远处扎营,这个地方叫勃拉提什基恩(Bora-tyshkyn,被风暴打倒)。河中央有一个小岛,但在这里我们不断地遭到扁虱和蝎子的骚扰,因此我们宁愿在离河岸稍远处的河床中点起夜间篝火。

5 月 27 日。在一般情况下,在世界的那个地区,在一个晴朗的夜晚和刮过西风之后,紧接而来的白天是宁静的。翌日,天气十分温暖,一大早就感觉到了热度。例如,早晨 7 点钟记录到的气温是 76.8°F(24.9°C)。

坚硬、平坦的河床几乎是笔直地向正北延伸过去,同时逐渐变窄到通常宽度为半英里,弯弯曲曲地围绕着森林突出的部位。当然我们会轻易地明白,正漫延在又宽又浅的河道上的盛夏洪水受到实际蒸发作用,河水在进一步向北流动的过程中必然要减少。

河流再次被分成两条支流——左边的杨基河(Yanghi-daria,新河)和右边的库维尼赫河(Kovneh-daria,老河)。我们走下杨基河,遇到了从阿克苏出发前往和阗的由驴驮着杂货的一支大型商队,他们 8 天前从那里动身。库维尼赫河两岸被沙丘全部封闭,尽管从它的名字上看可能是较新的河道,是森林树木还没能成功地固守在河堤上的缘故。我观测的关于和阗河向东转移河道的趋势结果表明,这种现象没有规律且并不一致地遍及整个河道,每次发生这种现象的部分都是零散的。河床各处都被水流带下来的冲击碎石所阻塞。在这种情况发生的每一个地方,河流逐渐上升到毗连陆地的地平线以上,并寻找一个新的向东的通道。

晚上,我们来到一个大水塘前,其面积约 500 平方码,是我迄今为止在塔里木见过的最大的水塘。我们在河旁一座突起的小山上点起了篝火，从营地可以获得观察周围地区的广阔视野。在这个地方，水流紧靠河右岸冲刷出一个深沟。在第二天的旅行过程中，我们发现沟内有一串小水塘，在大水塘洗澡时，我发现水塘很深，因为我够不到底。

　　5月28日。在当天的行进过程中，河床逐渐变宽。通常，河道宽且平坦的地方没有水塘，由去年夏季洪水冲刷出来的深沟几乎看不出来了，而河道狭窄的地方有大量的水塘，由水流冲刷出来的深沟以蜿蜒的曲线形式明显地标示出来。我还注意到右岸的森林比左岸的稀疏，事实上森林有许多部分已完全消失，这块地域正被荒芜的沙丘所占领。紧靠西岸下面的河床本身偶尔长有青草，而沿河右侧是从未有过这种情况的。

　　一切现象都表明，河流在右边或东侧比在左边或西侧流动得更加强劲。但无论如何，水流向东的运动以如此之慢的速度发生，它的两岸的造林能够与它齐头并进。像我在5月3日点起信号火光附近的地方那几棵孤独的胡杨，在河流西岸仍生长在一个不稳定的环境之中，而它们注定是要消亡的。

　　6点钟，我们仍沿着河床策马前行。斯拉木巴依继续在前面寻找适合扎营的地点。

　　突然整个西边笼罩在一片黑暗的黄灰色云雾当中。刚开始它看起来像一堵矮墙，接着迅速升高，直到达到半空高。不一会儿，它直接来到我们头顶上方。太阳褪去了原来的颜色，变成一个暗淡的柠檬色圆盘，接着就整个消失了。远处沙沙的声音沿着森林边沿出现，越来越近，我们听到细枝和粗枝被折断的声音越来越大，向西北方向的森林被包围在一片雾霭中。沙子和尘土组成的圆柱旋转着穿过河床，就像演戏的道具翅膀在无形的滚柱上移动，互相交替地你追我赶着。瞬间，森林全部被遮暗，第一股风暴超级迅猛地突然降临到我们面前，黑色的布兰——冷风紧跟而来，用极为猛烈的攻势袭向我们，把我们吞没在它那浓密的尘埃中。沙子以旋转的片状被向前刮起来，并沿着地面展开，使我想起了彗星的尾巴。小道、深沟，风暴吹积起来的大树枝，除此什么东西都看不见。在这样的风暴中你的头像是在旋转，你可以想象到一切都在混沌之中，你被一种焦虑的感觉压抑得唯恐下一刻你自己被卷

● 在和阗河河床中遭到沙暴的袭击

入狂风的怀抱中。天空变得像午夜一样黑，有时候，我们不敢从我们站立的地点移动一步。

风暴一开始刮的时候，就看不见斯拉木巴依，我们再次来到一起的唯一机会，是他刚巧看到了考察队模糊的轮廓就像几个巨大的怪物慢慢爬过雾霭。

由于这场风暴——我们所经历的最糟糕的一场风暴，表现出了恶劣天气将持续一段时间的迹象，我们谨慎地把行进路线选择到河岸上，在森林深处的茂密灌木丛后面寻找避风处，决定晚上在那里宿营。后来，我们在河流低洼处挖了一口井，几铁锹之后就出水了。天刚一黑，队员们就在营地背风处的下层丛林点起了篝火，火焰被风吹着，极为迅速地蔓延起来，产生了一个既壮观又野性的奇观。

5月29日，风暴仍在继续，天空中充满着如此浓厚的尘埃，以致我们只能看到靠近我们周围的景象。万幸的是我们能够躲在河床左岸宿营，并在那条路上碰巧偶然发现了一个路标。它是一根杆子，杆顶上有一匹马的头盖骨，被固定在一棵胡杨树上，我上前仔细地察看，立刻就发现了一条引入森林的小路。我想当然地认为这是一条通向阿克苏的小路，决定顺着这条路走下去。

小路把我们引向西北方向，沿着明显的河床。但河床现在是干涸的,部分布满了沙子,并被沙丘、胡杨小林和灌木丛所围住,它很可能曾是和阗河三角洲一条从前的支流。当这条路穿过几处荒芜的沙带时,商队向导每相隔一段距离就设立杆子,并将其像绞刑架一样排列作为路标之用。

那天下午,我们宿营在从阿克苏来的几个牧羊人附近,他们正舒适地安顿在森林中用树桩和芦苇搭建的小屋里。起初他们对我们有些怀疑,但很快就给予我们信任,并给我们提供馕、奶子和鸡蛋。他们一年到头都与他们的羊群一起住在树林中。

现在我们看到在前方不远处的叶尔羌河,其一般一年约4个月的冰冻期。牧羊人说,他们期待着夏季约3周的洪水,那时他们将被溢出的河水赶到更高处,进入到森林中。正是在那时,河水处于最低水位。

第二天,我们在一个众所周知的可涉水而过的地方穿过河流,它的宽是85码,最大深度是1.5英尺,流量是每秒265立方英尺。

在河流的另一岸,我们继续向北,沿通向阿瓦提(Avvat,人口众多的)镇的一条小路前进,穿过一个因为大路强盗和家畜小偷而声名狼藉的地方。道路有时穿过纠缠纷乱的下层林丛和带刺的灌木丛,有时穿过芦苇荡和开阔的大草原,有时经过牧羊人的营地和小村庄,时而紧靠阿克苏河的右岸,时而又远离河岸。

5月31日,快到晚上时,我们接近阿瓦提的巴扎。阿瓦提约有1000所房屋,有一个伯克、一个汉族收税官,还有一个叫帕曼(Parman)的印度商人,虽然他热情地准备了一间舒适的客房由我使用,但他还是一个臭名昭著的无赖。他把钱以高利贷的形式借给农民,每当他们还不起债时,就从他们那里拿走小麦、玉米和羊毛,把羊毛卖到伊犁,谷物卖到邻近的城镇和村庄。他向我承认,他一年可积蓄1.5万喀什噶尔天罡,约130英镑。

这个地区的主要作物是稻子、小麦、玉米和棉花,小镇位于阿克苏河的一条支流上,叫作库维尼赫河,有一座桥梁横穿直接通向城镇的大街。

6月1日,我们骑了一整天马穿过一条持续的路。路两旁有渠道,路面被繁茂的枝叶所遮蔽,这些树大多以桑树和柳树为主。第二天,在一个叫五条支流(渠道)的地方,我们来到通向喀什噶尔的大道上。这条路也穿过阿克苏河到疏勒新城(一个围在汉族人的堡垒城墙内的地方)。一到这里,我就派了一个队员拿着我的护照和汉字名片到地区的道台或主要官员那里去,但却收到了一种含糊其词的答复。因此,我不厌其烦地拜访"阁下"——一个因骄傲自大且酗酒成性而声名狼藉的人。

6月3日。我们现在距离阿克苏的穆罕默丹(Mohammedan)城只有一点儿路程了,一到那里,就受到商人的头领穆罕默德·伊明显著的友好欢迎。他给我提供了他自己上好且舒适的房子用以住宿,把骆驼和马匹送到附近的一个旅店。

6月4日。在过去的这三天中,白骆驼消瘦下去,除了几块掰碎的小麦馕,不肯吃青草和任何东西。6月3日,它从新城到老城没有停顿地走了一小段路,但每当有人走近它时,它都用一种痛苦的声调尖叫着,就好像它害怕将要受到伤害似的。晚上,它什么也没吃。第二天早晨,喀西姆来了,带着一种担心的神情告诉我,白骆驼病得厉害。我赶忙跑到院子,发现它侧躺着,四肢对折在身下,脖子贴着地面伸展着,呼吸沉重。在一两次拖长的呼吸后,它死了。

正是依靠这峰骆驼,斯拉木巴依挽救了我的日记簿、地图、仪器和其他物品,这是我收到的最重要的贮藏物。因此,我不由地对失去这个可怜的伙伴感到伤心。它曾给我提供了如此非凡的帮助,在到和阗河的一路上,每当到了我们宿营的地方,我都要到它跟前轻轻拍拍它,但它总是把头转过去尖叫,仿佛我准备要用力拉它的鼻绳,似乎又好像它知道我是使它忍受痛苦的原因。早上它死了,死于玛拉姆(Mairam)节日的早晨,旅店的院子里安宁平静。

那天,没有商队进进出出,各种各样的日常工作完全中止了。每个人都走出门外,大街上、巴扎上充满了快乐,人们穿着色彩斑斓的新外套,戴着色彩鲜艳的新帽子,披着雪白的头巾,每个人看上去都是既快乐又满足。在这一天,最卑贱的仆人都会得到主人的问候——"祝你节日快乐!"

这边,在我们寂静的院子里,躺着死去的骆驼;那边,在每年最盛大的节日中,在这幅华丽的呈现各种各样的生活和快乐的图画里,每张脸都是喜形于色。它们之间有着多么悬殊的差别啊!由于它发生在我们

403

拜访阿克苏的这一年中,玛拉姆节是在星期二。穆罕默德·伊明准备在第二天卖给我两峰骆驼,死骆驼只值一点儿钱,此外,到这时,我开始对损失骆驼习以为常了! 但这峰可怜的牲畜曾挽救过我的草图、日记簿和我即将支付的夏季开支,我感到仿佛失去了一位忠实的朋友,一个我能绝对信赖的忠诚的朋友。它献出了它的力量,直到它的生命,帮助我走出了困境。

　　它的旅伴,年轻的骆驼大黄,猎人阿合买德·莫翰在森林中抓住的一峰大型骆驼,离开它的食槽,走过来到白骆驼面前,用一种惊讶的表情关切地注视着它。然后,它静静地回到它的食槽处,带着没有减少的食欲,继续用力咀嚼着装在食槽里的绿色多汁的青草。它是8峰骆驼中的最后一峰。在不知道它将最终归属于何人的情况下,我是不愿把它卖掉的。客店老板认为,它会因为过早地屈服而忍受不了吃苦和贫困。

　　最终,我把它作为礼物送给穆罕默德·伊明,条件是整个夏天都将它在汗腾格里脚下肥沃的草场上放牧。

第
五
十
一
章

从阿克苏到喀什噶尔

　　我们在阿克苏待了3天，为返回喀什噶尔的旅程组建一支临时考察队，而喀什噶尔则是在亚洲腹地——我的探险旅行的中心。因此，尽管我必须承认它是一支短暂的队伍，但我有一个机会，去看看白水城（阿克苏）。之所以叫"白水"，是因为永久的雪域和冰川通过阿克苏河倾泻了大量清澈的淡水。

　　城镇占据着阿克苏河左岸一个有利位置，夏季大量的水滚滚倾泻到河中，冬季河中只有少量水并稍稍结冰。在城镇下游不远处，河水分成两个支流，即杨基河和库维尼赫河，在它们汇入主干流叶尔羌河或塔里木河之前，再次汇合成一条河流。紧靠城东，可以俯瞰到一片砾石台地和黄土地层，其垂直高度为150～160英尺，被河流洪水冲刷成一定的形状。城镇的其他三面被许多村庄、肥沃的田地、富饶的牧场、长势极好的果园和溢满黄水的灌渠所环绕。水稻、小麦、玉米、大麦、棉花、鸦片和数量巨大的园林产品，产生出非凡的成就。阿克苏有1.5万人口，只有喀什噶尔的一半多，然而在农产品方面排名则靠前得多。我已说过，沿着两条大河河岸牧养羊群，同样是一种兴旺发达的产业。

　　阿克苏拥有好几个民族的混合人口，其中我注意到许多汉族人，

405

100个左右的安集延利克斯（Andijanliks，安集延人）[1]或来自中亚的商人，此外还有在20多年时间里定期拜访阿克苏的几个阿富汗人。穆罕默德·伊明或是到这个城镇经商的俄罗斯国民的首领，是塔什干人，已在阿克苏定居12年。安迪杰商人主要交易羊毛、棉花和兽皮，每年约有3万张兽皮由骆驼驮运到塔什干，经由拜德尔（Bedel）关口、喀拉库勒关口、皮什拜克（Pishpek）关口和奥利哈塔（Auliehata）关口，商队只在冬季行走。每年整个酷热的月份里，城镇附近长草的山坡上放牧着骆驼，而且，在夏季，所有的交通都因河水泛滥、水位升高而受到严重阻碍。

　　在那里能对"狮子"（名人）进行回访的实在是凤毛麟角。通常被叫作"星期五清真寺"的主要清真寺，占据着开阔的小广场一侧景色如画的位置，并不特别显著。广场与主要巴扎通过一个小巷互通，叫作瑞吉斯坦广场，是阿克苏的生活中心。在集日里它挤满了人，各种商品在为

● 亚洲腹地城镇的街道

　　　[1]　安集延，中亚城市，今属乌兹别克斯坦。

数众多的小货摊上出售。冬天采集的冰块保存在地窖里，是炎热季节里最重要的商品。我在一个卖冰的摊位前充分享受着光顾的优待。

在主要的巴扎中，有两个神学院，即蓝学院（Kok-madrasa）和白学院（Ak-madrasa）。它们的外观是不着色的，用蹩脚的陶片装饰，也没有阳台或任何因具有建筑价值而引以为豪的走廊。毛拉或神学院学生住在敞开着的院子外面的小房间里，有些学生以前已经在布哈拉的米尔阿拉伯（Mir-arab）神学院学习了5年甚至10年。汉族人在英吉沙有两个兰扎（lanza，一个lanza由差不多100人组成）。他们在乌什吐鲁番（Utch-turfan）❶供养着一支数量更大的驻军，这里俯临着越过天山进入俄国的拜德尔隘口。

在玛拉姆节的头几天，按照惯例是通过举办大量的节日盛宴来庆祝，那难以置信数量惊人的米饭布丁和用绿色蔬菜及面条制作的汤饭（shorpa）都被吃光。

我和穆罕默德·伊明长老参加了其中几次盛宴，而当中我最为享受的是他邀请我的一次，并且我是唯一的客人。我们骑马外出到他的索克哈巴西（Sokha-bashi）花园，离巴扎约2英里远。有两个园丁常年住在那里，种植葡萄、杏子、西瓜、李子、樱桃和蔬菜。我们就座于一棵枝繁叶茂的桑树下，旁边是一条充满晶莹清澈的水的渠道。一只绵羊被屠宰了，穆罕默德·伊明长老亲自动手依据最令人满意的烹饪方法准备了一顿米饭布丁。拿起最好的一块肉，最好是胸脯肉和腰子，把它们切成小块，放入搭在火上面的油锅里炸，然后，在锅里放入洗好的纯白米，加上洋葱提味，当这道饭彻底做好时，简直好吃极了。

长老是行使某些职权的代理人。我的朋友穆罕默德·伊明，阿克苏的长老，是我遇到的其中一个最好的伊斯兰教徒，一个快乐且受人尊敬的人，约60岁，蓄着白胡子，他熟悉塔里木，能够给我提供大量有价值的信息。甚至是在我到达城镇之前，他就已经给了我帮助。因为我们怀疑贼偷了我们的骆驼，他对从南边走到阿克苏的一路上的人都进行了询问，尽管没有任何结果。现在，他甚至给了我更大的帮助，他表示

---

❶　乌什吐鲁番，即今乌什县境。

愿意陪着我到喀什噶尔,这条路他已走了20遍。我对此非常高兴,因为我知道他会是一个极好的同伴。他未经任何许可就卸去自己的职位,但对于这一点,我会到彼得罗夫斯基先生那儿承担责任的。

到喀什噶尔有270英里的路程,但我们并不着急,我们想从容一些。6月7日出发的一切准备工作就绪,穆罕默德·伊明设法找了几只箱子,并提供必要的食物,例如砂糖、茶叶、米、蔬菜、蜂蜜等等。羊肉我们沿途可以随处买到,因为斯拉木巴依和喀西姆的忠诚服务,我给了他们每人一些赏钱并从头到脚给他们买了上好的新服饰。我所有的衣服都丢失了,我给自己买了一套当地的服装,这是我在旅行中唯一的一次。

我们从一个喀拉盖什那里租了4匹马,每匹马到喀什噶尔全程是55天罡(12s.6d.)。我们下午5点钟离开阿克苏,但那天我们只走了两个小时,我们第一个停歇地点在兰加旅店。

我们沿着一条持续的林荫道向下走了一小段路程,路旁有水下稻田、耕地、花园和房屋。我们在一片美丽的小胡杨林中的一块草地上宿营,10年前穆罕默德·伊明曾与普尔热瓦尔斯基一起在同一个地点休息过,普尔热瓦尔斯基当时正在他第四次回家的路上。北边,远远地透过淡淡的尘雾,我们看见汗腾格里雪白的山峰在闪闪发光,峰高为2.4

　　　　　　　　　　　　　　● 亚洲腹地城镇中的巴扎

● 巴扎入口处的人群

● 巴扎中的商店　　**409**

万英尺，但很快就被夜晚的阴影遮住，从我们的视线中消失。

6月8日，我们渡过库姆河（Kum-daria），这个名字通常是针对阿克苏这段河道的。河流被分裂成许多支流，渡过去没有什么大的问题。几天后，摆渡开始被使用。但5周后，当河流被洪水填满时，甚至摆渡都不能使用了。因为有时与对面河岸之间的所有交通都被阻断，每年平均有6个人在水流湍急时企图骑马过河而丧失生命。

在河流的另一侧，我们遇见了一个约有200头牲畜（马和牛）的队伍，每一头牲畜身后的地上都拖着两根长长的胡杨树干。长老告诉我，在沿着阿克苏河左岸的城镇上游55英里处建筑了一个大坝或防洪堤，有不少于3000人在那里干活。每年都要重新加固坝体，其目的是预防洪水冲毁砾岩台地，进而最终冲毁老城和新城，并迫使洪水越过对岸或右岸。因此，在那一点，阿克苏河流向南，也流向一个更靠东的河道。

四个半小时后，我们骑马穿过了阿克苏河的姊妹河野兔河。穿过此河颇费周折，因为水在一个狭窄的河道里流动，因此，我们雇了两个船工，他们赤裸着小心翼翼地把马牵过多石的河床。

6月9日，我们到达乌什吐鲁番小镇，由于它是唯一地处阿克苏与亚俄边境之间能够提供类似于跨区域间旅店服务的小镇，因此这里就显得非常重要。路上，新疆的羊毛、棉花、毡子、地毯、兽皮等被运走。大约有80个安集延富商住在那里，同样，也在我的朋友穆罕默德·伊明的势力范围内。小镇坐落在富饶的、精耕细作的田地之中，引塔什干河水浇灌。远处，我们看见雄伟的天山那雪白的堡垒，附近有几座低矮的山。乌什吐鲁番的按班曹大老爷极其热情地接待了我，并邀请我与他共同就餐。他以前住在塔尔巴哈台❶，在那里他广泛地接触到俄罗斯人。

休息了一天之后，我们于6月11日离开了乌什吐鲁番，由穿着最好的服装的安集延商人陪同。我们穿着华丽的骑马队伍每路过一处都引起了不小的注意。在撒奇特利克（Sughetlik，柳树村），我们再次得到了

　　　❶　塔尔巴哈台，即新疆塔城地区。

茶点，我们的朋友们回去了。我们继续来到奥特巴西（Ott-bashi，牧场的源头）并在一个园林里宿营。

第二天，我们到达巴西阿克玛（Bash-akhma，河流之源）的冬村，把我们的营地设在一个大的柯尔克孜帐篷村中。这个帐篷村共有 19 顶帐篷，柯尔克孜族人通常也在那里度夏，因为他们是半个农业能手，种植小麦、大麦和鸦片。虽然他们一直住在黑帐篷里，但有几户已开始住上了土屋。他们每隔一年才播种土地，在休耕的年份里，让土地休闲和复原。因此，称呼他们为每两年的农业手才是更为精准的。他们也有绵羊和山羊群，全身心地致力于饲养家畜的柯尔克孜族人在山里度夏，并只在冬天才下来到托什干河[1]的河谷。这个地区有 7 个氏族或家庭，但全都服从于一个族长。

我将对我的这次旅行作简要说明，以便赶紧跳入下一个八天中。我们走到托什干河的河谷上游，穿过封住河谷南面的矮山脉，接着，继续向西南方向走过大草原和沙漠，直到 6 月 21 日下午到达喀什噶尔——中国最西边的城镇。在经历了塔克拉玛干大沙漠的灼热之后，我彻底享受着新鲜的山中空气。由于正是多雨季节，这里常常因为下雨而气温较低，暴风从东面和西面刮来，上上下下地狂扫整个河谷，雨点仿佛是从一杆步枪枪管中射出似的。我们经过了乌奇玛斯达克（Utch-musduk，三个冰川）、撒姆塔西（Sum-tash）、克孜尔爱斯米赫（Kizil-eshmeh，红泉）、库斯奇赫（Kustcheh，秋之地）、加泰维（Jai-teve，坟山）、索干喀拉奥尔（Sogun-karaol）、喀尔塔耶伊拉克（Kalta-yeylak，小型夏牧场）和拜西凯瑞姆（Besh-kerem，五个堡垒）的城镇和帐篷村。

我在喀什噶尔只待了三周，这是繁忙的三周，因为我为装备另一支考察队在努力工作着。我的老朋友彼得罗夫斯基先生在我不在期间已被提升到总领事的高位，另外，那不久后，他因为对我的无法估量的帮助，被奥斯卡国王授予 VASA 勋位的英国高级爵士的星形勋章。他以

---

❶ 托什干河，发源于吉尔吉斯斯坦境内的天山南脉，自西向东流贯阿合奇全县。在县境东部与库玛拉克河汇合形成阿克苏河，向东流经乌什县、阿克苏市和阿拉尔市后汇入塔里木河。——本版编辑注

● 库姆达瓦斯赫，喀什噶尔的一个大门

极其高兴和激动的心情欢迎我的到来，倾尽全力帮助我准备下一次的远足。他从和阗的长老处一听到我们不幸的沙漠之旅，就来到道台府。道台明白，我在和阗和阿克苏丢失骆驼之后，除非他立即就去打听，否则他会从北京的总理衙门那听到反映。

　　道台尽职尽责，而我们的惊讶也许是被料想到的。一天，当我们与他共同进餐时，他把我的瑞典军官的左轮手枪放在桌子上，这是在那峰丢失的骆驼大个子驮运的东西中的。武器被一个陌生的骑马人作为礼物送给塔瓦库勒村。调查在小偷更加疯狂恶劣地重操旧业之后展开，但汉族官员再也没有找到关于犯罪人的线索。我自己的事情没有什么更大的麻烦，正完全致力于制订近期新的计划和方案。

　　就在我到达喀什噶尔后的第二天，我派了一个信使带了几封信和急件到奥什，其中有一封信是给我在柏林的老师和朋友冯·李希霍芬的，让他给我寄一套新的完整的气象仪——空盒气压表、沸点温度计等。我打电话到塔什干要衣服、食品和烟草，并从喀什噶尔的哥萨克卫兵那儿获得了子弹和火药。我从欧洲定购的设备3个月内不可能到达,我不可能什么也不干等那么长时间,尤其是这酷热的夏季我能够长期在空气清新凉爽的山区度过。在喀什噶尔唯一能留住我的事情是我从瑞典的来信未到。我不在期间,总领事彼得罗夫斯基已把信送往和阗那边的克里雅,它们还未被再送回来。但在这里道台给予了我很大帮助,他派专差信使到克里雅去取信件,这些信使每走一段路程都有一个新的信使和新的马匹替代——来回花了12天,这段路程是870英里,他们骑马以每天约72英里的速度赶路。

两周内,我为新的出发完成了准备工作。我从彼得罗夫斯基先生、马嘎特尼先生和瑞典传教士霍克伯格(Högberg)先生那儿得到的友好而无私的帮助,是我永生难忘的。他们三人都争着尽力来帮助我,一次两次地借给我一些空盒气压表和测高器,我的同胞借给了我几件有实际价值的物品,镇里的一个裁缝用汉族人常用的布料为我做了几件衣服,还为我缝制了皮衣和帐篷。我从巴扎上购买了马匹、驮鞍和食品。当我们于7月10日再次出发时,我简直不敢相信仅在两个月前我所经历的、所损失的,在那时仿佛我所有的计划都会彻底毁灭一样。

● 一群柯尔克孜族人和一个汉族人

413

但是我们现在向哪里去呢？

　　向北，探测天山，那等于将已被人差不多熟知的地域再查勘一遍。时间太短，不容许我向向南的昆仑山走得更远。向西是帕米尔高原，我已从几个方向穿过它，尽管如此，我决定再一次拜访那个地区，在"世界屋脊"上的高山之中度过塔里木酷热的几个月，继续我去年夏天开始的考察。

第
五
十
二
章

穿越乌鲁格特山口

1895年7月10日，我离开了喀什噶尔，和我一起出发的有斯拉木巴依、2个仆人和6匹马。旅行队伍在一个名叫托库兹阿克（Tokkuz-ak，九个白人）的小村作短暂停留。我的另一个伙计喀西姆则作为领事馆的看守，留在了喀什噶尔。

6匹马中的那匹花斑马，是我在和阗河畔的森林小屋里买的。这可是个很棒的牲畜，总是充满活力，同时又驯服如绵羊。我买下一匹高大优良的骏马供自己骑行，在一年多的时间里，我骑着它翻越了崇山峻岭和广袤沙漠。喀什噶尔的马匹价格很便宜，在那里买的5匹马一共花了124卢布，约合12～13镑。

第二天，也就是7月11日，我们继续向西南前进，来到乌帕尔（Upal，两千座房子）。这是一座驻守着200名士兵的军事要塞，同时还是两名清朝下层官吏的住所。整整一天都是大雨滂沱，所以微红的黄土地面极为泥泞和湿滑。我们浑身上下完全湿透，赶紧在集市旁边的屋子里安顿下来，生起火烤干我们的湿衣服。这里的果园以及种植着稻谷和其他粮食的田地都依靠一条小溪灌溉，它从西边的乌鲁格特（Ullug-art，大山口）山谷中流出，穿过整座城镇，溪水部分来自新鲜的

● 集市中的商铺

● 塔里木商人

泉水。激流在黄土沉积层上穿凿出一条很深同时又相当宽的沟壑,不过在流经城镇的时候,溪岸并没有那么陡峭。溪岸以一系列阶地的形式逐渐上升,在水边留出足够的空间供人们建造房屋。这些屋子用太阳晒干的黏土建成,附有扁平的木制屋顶。溪流两岸依靠木桥相连。

在我们抵达乌帕尔后不久,我就目睹了一起此前从来没有遇到过的事件,而这样的事情在这个地区每年都会发生。在连续的倾盆大雨之后,邻近山区里的溪流陡然上涨,它们合力造成一场突如其来的洪水或涝灾,在几个小时之内就灌满了整个河床,造成极大的破坏。从这种突发的洪水中,我们可以看到那种随着时间的推移而将黏土阶地侵蚀得如此之深的巨大力量。

大约在 7 点钟,我们听到从远方传来隆隆的声音。很快,这个声音越来越近,而且变得震耳欲聋。水量惊人的洪水携着不可想象的巨大威力奔涌而下,浪花翻滚,水沫四溅,迅速溢满整个河道。当地居民冲向河岸,高声示警并疯狂地挥动手臂。我和斯拉木巴依刚来得及在一个受到保护的屋顶上站稳脚跟,就看到沿着河岸两边种植的一排排柳树和白杨树已经被洪水所淹没。无拘无束的洪水似乎使大地也随之震动,翻滚的浊浪带起大量肮脏的泡沫,掀起的水雾仿佛移动着的薄烟。树干、折断的树枝、草垛,还有其他一切可以活动的物体,现在都在翻滚着的激流中起舞。它们撞击着河岸,左右摇摆,被卷入漩涡并旋即消失得无影无踪,过了一会儿又重新浮出水面,再一次成为那难以抗拒的洪水的玩具。在第一个洪峰抵达的时候,河上的桥就被冲垮了,残桥摆来摆去,而造桥的木料在洪流中沉浮,发出嘎吱嘎吱的响声。

洪水冲出右岸,淹没了城中的主要街道。它灌进低处的房屋,而且水位还在不断升高。住在河畔的人们冲出他们的住所,激动地大叫着,他们身后拖着自己的财产,在阶地的较高处寻找安全的避难所。一些大胆的人则开始构筑克拉特(Cradge,临时性的土堰),以阻止河水灌进房子从而冲走或者毁坏他们的财产。没过几分钟,整个市场的低处都已经充

● 斯拉木巴依

417

满泥泞的浑水。空气仿佛随着激流的呼啸而战栗，妇女怀抱孩子在齐腰深的水中跋涉着，每个屋顶上都挤满了人。那些没什么可以失去的人则可以内心毫不受煎熬地欣赏这堪称真正壮观的景象。幸运的是，我们居住的地方距离河岸很远，因此没有遭遇任何危险。

当人们把所有能够搬走的东西都搬到安全的地方之后，大家的注意力就被引向了河岸山坡上的瓜园。在这些瓜园里，到处分布着浇灌用的水沟，而洪水则以极快的速度漫过了这些沟渠。城中所有的男子都冲向了那些瓜园，怀中抱满刚摘下的瓜——不管是成熟的还是不成熟的，然后冲到阶地脚下把瓜扔给另一些人堆起来。尽管如此，依然有大量的庄稼被洪水冲走。同时，至少有15栋房屋彻底消失了。

那么，当地居民能从这场灾难中获益吗？——一点儿也不。这样的事情每年都要发生，洪水刚刚退去，居民就开始工作，在完全相同的地点重新建筑他们的房子。到9点钟的时候，洪水的势头开始减弱，水退得很快，到了第二天，即7月12日上午时分，河流的水位就已经下降到正常的情形，几乎就是一条在被深深侵蚀的沟壑底部潺潺流淌的小溪。河流两岸的联系得以重新建立，但是展现在大家眼前的是一片狼藉和荒芜的景象。谨慎起见，这一天余下的时间里我们都待在乌帕尔。

在我们所处的这个纬度，可以通过4处山口穿越帕米尔高原东缘的慕士塔格山或称喀什噶尔山脉，分别为阿亚格阿特（Ayag-art，底部山口），位于我们前往乌帕尔的道路右侧并已被甩在身后的卡兹格特（Kazig-art，命名来源于一个柯尔克孜部落），位于我们来时的道路左侧的布鲁科斯达坂（Buru-Köss-Davan，狼眼山口），以及我们所选择的乌鲁格特。后两条山口所穿越的是同一条峡谷，这个峡谷在一处名为奥鲁古马（Orugumah）的地方与平原相接，而中国人在此处设置了一个哨卡。4个山口中最难以通过的是布鲁科斯达坂，只有在其他3处关口都被积雪封道的情况下，人们才会考虑这一选择。乌鲁格特也很危险，除非盖孜河因洪水泛滥而无法渡河，否则人们一般也不会走这条路。在最佳条件下，一年中也只有1个月时间可以从此通行，即从7月中旬到8月中旬。在全年12个月当中，这一山口上都堆满了厚厚的积雪。

在离开乌帕尔的时候，我们穿越了一片荒凉的草原，草原缓缓抬升，向着一条峡谷的入口方向倾斜，而该峡谷就是通向山口的。尽管草原十分荒芜，但有几条又深又宽的沟壑分布其上，而沟壑的底部呈现一片绿色，大群的绵羊正在肥沃的草地上吃草。穿过草原，我们骑马从庞大的黑色与灰色板岩石柱之间穿过，它们标志着峡谷的入口。在第一天的行程里，白杨树自始至终都很常见，但我们仅仅看到一棵孤独的柳树。不过自此之后，树木完全消失了。峡谷的特点很鲜明，晶莹剔透的小溪流过河床，侵蚀着厚厚的沉积砾岩。在这不远处，另一条名叫"小小房子"（Yamen-sara）的小型支峡从右侧与峡谷会合。

7月14日下午，我们头顶的高山区域的天空突然变得昏暗起来，接着就开始电闪雷鸣，西风像驱赶羊群一样推动着大块乌云滚滚而来，弥漫了整条峡谷。我们很快就陷入到冰冷彻骨的倾盆大雨之中。即便如此，我们也依然穿上毛皮衣服冒雨前行。随着我们越来越接近乌鲁格特帐篷村落，小径也变得越来越陡峭。我们已经能在前方看到它，位于右侧高耸的砾岩台地之上，拥有俯瞰整条峡谷的广阔视角。因为下雨，小溪已经迅速膨胀，溪水在峡谷中飞快地奔流，发出金属敲击般的叮当声。下午晚些时候开始下起一场急雪，地面很快就被积雪所覆盖。羽毛般的雪花在空中飘舞，轻柔地缓缓落地，仿佛一群在降落之前久久盘旋的飞鸟。阴沉的大片云朵笼罩着山脉与峡谷，因为饱含雪片而变得沉重不堪。我可以很轻易地想象现在正值寒冬腊月，而不是7月中旬——一年中最温暖的时节。柯尔克孜族人普遍认为，在这样的降雪之后，乌鲁格特至少在三日之内无法通行；而如果降雪持续下去，它或许将在这一整年中都处于封闭状态，因为即便是在天气良好之时，马匹在乌鲁格特山口死于非命也并不是一件罕见的事情。

我们对此无能为力，因此只能耐心等待天气好转。幸运的是，我们处于一个很好的等待位置。这个帐篷村落中有两个顶级的帐篷，其中一个被钦察部（Kipchak）柯尔克孜族人所占据，另一个则由乃蛮部柯尔克孜族人居住。村落周围有足够的草场来喂养我们的马匹，我们还从主人那里购买了一只绵羊。这个村落以及峡谷更高处的另一个村落的居民只是在夏天才来到这地势较高的地方，在冬天的时候，他们会下到峡谷入口处的平原那里去。

我们决定放弃从乌鲁格特通行的想法，于是在7月16日准备动身向阿亚格阿特山口进发。柯尔克孜族人会指引我们抄近路去往那里，因

为他们认为相比较而言，那个山口要易于通过得多。可就在此时，我们碰到了一个从上面那个村落下来的人，他警告我们不要冒险去走阿亚格阿特，他说穿越那个山口本身还是可行的，可位于其另一边的马坎苏河（Markan-su）却根本无法通过——尤其是在天气晴好的时候。所以我们不得不又原路折返。那个人答应带我们翻越乌鲁格特，如果我付给他150天罡（约合1英镑14先令4便

● 柯尔克孜族女孩

士）的话，他和另外10个伙计就将为我们背起所有的行李。这无论如何是十分必要的，因为那条小径的陡峭程度超乎寻常，马匹只能在没有负重的情况下上下山。就这样，我们来到了更高处的那个村落，它由6

　　　　　　　　　　　　　　　　　　● 乌鲁格特山口

顶钦察部落柯尔克孜族人的圆顶帐篷所组成,这段路骑马行进用了不到一个小时。我们就在那个村落过夜。

7月17日凌晨5点30分,天气晴朗而宁静,只有几抹淡淡的云分散地悬浮于山口上方。此前的一天是个大晴天,所以山口以东山坡上的积雪已经融化了很多。一个小时以后,我们在10个柯尔克孜族人陪伴之下动身启程,他们自己也带了两匹马、一些给养以及一把斧子。

小径沿着一条险峻而狭窄的山峡一路向上,近旁有一条激流,它在被磨光的平滑的片麻岩与黏土板岩碎片中间低声吟唱。山峡从两边被垂直的砾岩层封闭起来,而几座圆顶穹隆形状的小山丘最终标志着山峡的终结。山丘上覆盖着茵茵绿草,骆驼群和羊群点缀在草场中,而草地是依靠从上方流下来的积雪融水而保持湿润的。在更高处,裸露的岩石形成的形状奇特的山峰以及白雪覆盖的山脊插入天际。到了9点钟,山峡和山口都被笼罩在浓厚的云层之中,此时又开始下雪,而且在这天余下的时间里,雪一直也没有停。

总而言之,天气已经糟糕透顶。和我们同行的柯尔克孜族人一脸不祥地摇着头。

在我们的左侧,我观察到两个冰川形成的小小岬角,上面有一些横向的台阶或楣子,末端是两个终碛。有两条小水流发源于其上,它们为流经峡谷的那条小溪供水。我们右手边的那些山峰自由地暴露在南面的阳光之下,上面除了冰川的雏形之外一无所有。峡谷变得如此狭窄,以至于我们必须得在小溪中涉水前进。小径陡峭得可怕,每一分钟马匹都要停下来大口喘息。最终,我们到达了实际的山口脚下。我们沿"之"字形来来回回地蜿蜒迂回行进,跋涉到了山顶。积雪足足有一英尺厚,将松散的岩屑完全掩藏在下面,于是马匹时不时地因被其绊到而趔趄。最后阶段的攀爬是极端困难且艰险的一项工作,我们所有的行李都由柯尔克孜族人所负担,他们相互之间轮换着背起那些沉重的行李箱。每个箱子都需要两个人来抬,其中一人把箱子背在自己背上,同时另一个人则要对其加以支撑,并从后面将其向上推。马匹被牵着一匹接着一匹向上走。

我于11点钟的时候到达山口的顶端,在那里发现了哈兹莱特乌鲁格特(Hazrett Ullug-art)的麻扎,其构造是在一小堆石块上插着一些棍

● 一个柯尔克孜族人的奥尔，即帐篷组成的村落

子，而棍子上系着几块布条。这些柯尔克孜族人用与其同胞看待克孜尔阿特守护圣人相同的方式来看待这位圣者，即将其视为看护此山口和主宰天气的神灵，会将好运或厄运施加给旅行者。因此，他们时常念叨着他的名字，尤其是在所有难行的地方以及一切关键的时刻。

柯尔克孜族人还在忙于和行李箱做斗争并且研究从山口西面下山的路径，他们在这上面花了整整一个半小时，而与此同时，我在山口的顶端进行观测。用沸点测高计测出这里的海拔为16890英尺，而温度计显示气温为31°F（-0.6℃）。

攀爬山口已经是一项非常艰苦的工作，而其艰辛程度与下山时相比简直不值一提。一开始几乎觉察不到任何的倾斜度，但一座令人望而生畏的悬崖的出现终结了这一局面。奇形怪状的岩石从积雪下突兀地耸出，我们就在这些陡峭险峻的突出的岩块间差不多是手脚并用地滑行和爬行，有时候面朝着岩石，有时候则背冲着岩石。积雪足有两英尺厚，柯尔克孜族人不得不用斧头在上面凿出台阶，才能把马匹牵下来。随后，每匹马都由两位伙计以巧妙的方式引了下来，其中一人引导着这牲畜前进，另一个人则抓住它的尾巴，以在其失足之时可以起到制动闸的作用。他们想方设法地把所有马匹都安全地弄下了那险峻陡坡的第一段，也是最艰难的部分，然后就轮到对付那些箱子了。他们在每个箱子上都环绕系紧一根长长的绳子，两位伙计手握绳子，让箱子依靠自身重量从悬崖表面轻轻地滑下去。此后出现的是一个坡度为35.5°的由岩屑堆构成的斜坡，上面四处散落着松散的岩屑。马匹被放任自行走下这片斜坡。我的那匹来自和阗河的花斑牡马绊了一跤，在翻滚了大约1000英尺之后掉进一个深渊，摔断了脊柱，当场殒命。乌鲁格特是一处危险的山口，是我在亚洲翻越的所有山口中最艰险的一个。

天气糟糕透顶。劲风自西南方向刮来，驱赶着雪片将我们团团围住，而我们本就处在茫茫云雾之中而视线模糊。只有当在雪暴暂时停歇的某些瞬间，我才能够瞥上一眼那在我们脚下延展到远方的雄伟壮丽的全景画。在左边可以鸟瞰一座巨大的冰川，其表面披裹着一层积雪。在其左侧，也就是较高的那一边，有一个三角形的冰碛湖，其水来自从两个黑色的、嶙峋的峭壁之间一个位于上方的稍小一点儿的冰川上流下来的小溪。位于较小的冰川的底基与冰碛湖之间的那个斜坡上全部撒满了鹅卵石的岩屑，由于近几天来的大雨和大雪，这里变得很不安全。事实上，其表面的那层岩屑已经滑落，从而将小径完全堵塞，而我们却必须穿过这个危机重重、暗藏险境的斜坡。

我们走在上面的时候一次又一次滑倒，并且要避免跌入下面那个深度约为160英尺的冰碛湖也是非常困难的。这是一个极度危险的地方，尤其是当一些本来堆积在上方的大块石头开始滚落下来砸向我们时情况就变得更为危急。因此，我们在那里又一次卸下了马背上的负载，柯尔克孜族人替它们背负行李走了大约半英里。

乌鲁格特那巨大的冰川悬在峡谷地势较高的那一端的顶上，在合围起峡谷的两边的峭壁之间呈现一个微微凸起的正面。我们所走的那条小径从位于冰川和右手边的峡谷之间的斜坡上经过。我们来到了第二处湖泊那里，它端直位于陡直的冰川壁下方，映射在那表面像透明玻璃一般的冰川壁上。几座冰山漂浮在湖面上，湖水是浅绿色的，但是一块块深浅不一变幻多端。冰川表面的普遍倾斜角度为4°。无论是我们已经经过了的那个位于较高位置的副冰碛还是终碛，从这里都能够清晰地辨认出来。再向前行进一小段距离就到了第三个湖泊之所在，这是三个湖泊中面积最大的一个，其宽度大约为2英里。就在那个地方，我们再次遭遇了令人目不可视的大雪暴，以至于我们几乎无法分辨出自己在朝着哪个方向走。雪暴持续了一个小时,直到我们从陡峭的斜坡上下来之后才止歇。随后我们头顶的天空放晴,尽管在山地中那些海拔更高的区域,雪暴还在继续肆虐。

在此之后,我们沿着乌鲁格特西面的峡谷迅速地向下走。

每前进一英里,峡谷都会变得更为宽阔,而与此相应,围绕着我们的山地上的积雪量也逐渐减少。最终,在马背上行进了14个小时之后,我们在两座砾岩的小山丘之间停下脚步,在距离这里不远的地方,峡谷和又宽又深的塞瑞克库尔山谷相接。宿营之处寸草不生,我们只能从位于一个有所遮蔽的岩缝中的雪堆上取雪,使其融化来获得水。我们现在只能依靠自己了,那些柯尔克孜族人在送我们安全穿过危险的地方之后,便立刻翻越山口回去了。

第二天,也就是7月18日,我们骑马一直走到了木济(Muji)的夏季营地,它由60座圆顶帐篷所组成,里面住着乃蛮部柯尔克孜族人。他们整个夏季都待在此地,让其绵羊、山羊、牦牛、马匹和骆驼在这里吃草。

7月20日,我们来到查克尔阿吉尔(Chakker-aghil,叫喊的帐篷村落),那里有6顶圆顶帐篷。我们在当地一个同名的小湖旁边休息了几天,我利用这段时间进行观测。查克尔阿吉尔的名称或许来源于这样一个事实,即附近的一座座帐篷村落之间相距甚近,在此村中叫喊一声,在彼村中都听得见。这个小湖与喀拉库勒湖的湖水颜色相同,都呈现出美丽的蓝绿色。小湖部分邻接着岩屑堆和沙地,另一部分被芦苇和海藻所围绕,在其西边则与丰茂的草地和沼泽相邻。小湖不偏不倚

　　　　　　　　● 慕士塔格峰附近的柯尔克孜族人的帐篷村落

地端直楔入卡莫拉（Kamelah）山谷的咽喉，湖中汇聚的正是所有从那条山谷中流出的水。

我将不再赘述我们接下来几天的旅程，仅仅说一句：这条路线经过了布伦库勒湖、喀拉库勒湖、苏巴士以及盖迪亚克——以上所有地方我以前都曾经游历过。直至7月26日，我才踏上一片全新的土地，我们穿过了塔格阿尔马（Tagharma）河盆地，这条河与喀拉苏河交汇，后者从慕士塔格峰的南坡流下来。那条汇流之后的河流接下来就在一条叫作"腾格"的狭窄山峡中穿越群山。我们在隘路中行进，它的距离很短。在此之后，合流的塔格阿尔马与喀拉苏仍被称为喀拉苏河，它注入塔格敦巴什河（Taghdumbash-daria）。塔格敦巴什河以不可想象的磅礴气势劈开位于南面的巨大山脉，在其间穿行，而此山脉构成了帕米尔高原高耸的边缘。那个横穿的山谷被称为森得贺依尔嘎（Shindeh-yilga），正如可以想到的那样，它是封闭的、狭窄的、野性十足而景致独特。洪水完全将其占据，因此，只有在寒冷的冬季河流被冰封之时，才有可能通过那条路线到达叶尔羌。

在河流交汇之前，我们一直沿着那条河顺流而下；而在汇流之后，我们则在森得贺依尔嘎隘路的右侧行进，并且爬升到了塔格敦巴什河的上游区域。小径位于河上游的西侧，指向南方，道路平坦而坚硬，而且时常穿过绿草丰茂如茵的草地。我们能够望见位于前方的塔什库尔干要塞，那正是这一天行程的目的地。在经过了楚什曼（Chushman）村（包括45座房子）和提斯纳布（Tisnab）村（包括200座房子）之后，我们进入了塔格敦巴什的较低的山谷。这条山谷宽广而开阔，它看起来欣欣向荣，拥有被开垦的田地以及草场，而不计其数的绵羊、山羊和有角牛正成群结队地在草场上埋头苦吃。

在我们的右侧是一个砾岩结构的高大平台，塔什库尔干的城镇和要塞围墙就矗立在其顶部。其位置所在强有力地使我在头脑中将其与帕米尔堡垒联系起来。后者与塔什库尔干一样，也伫立于砾岩的阶地之上，也坐落于一条宽阔的山谷中，也有一条大河从旁边流过，而且与其邻居一样也同样占据了一个拥有广阔视野的位置。

在这里，有一个极大的惊喜在等着我——偶遇我的朋友马嘎特尼先生。他突然接到命令，要去向英国委员会的主席报到，该委员会的职责是与由军官组成的俄国委员会协调,勘定两大帝国在南帕米尔高原上的"边境线"。我在他的毡房旁边支起了自己的帐篷,我们一起度过了一个愉快的下午。

7月27日,我和马嘎特尼先生一道拜访了塔什库尔干村。无论是村庄还是要塞都呈现出某种伤感忧郁的外观。附近整个地区都在7月5日一直持续到7月20日的连续地震中遭受了猛烈的震撼,当地的每一座房子都被彻底损毁,所剩无几的房屋墙壁上也张开了巨大的裂隙,从屋顶贯穿到地基。不过这些房屋所采用的建筑材料几乎没有考虑抗震的因素,基本上就是用碎石块搭建,上面再涂抹黏土。地面上也出现了几道裂缝,从南南西方向朝着北北东方向延伸。当地的居民以及中国卫戍驻军中的一部分人住在圆顶帐篷中,另一部分人则住在临时性的毡房内。在这段时间内,地震的余波仍在继续,可以统计出大约80次震感明显的余震。

最剧烈的一次地震还是第一次,它损毁了整座城镇。最后一次余震发生于本日清晨8点10分,我正像往常一样躺在地上睡觉,突然清晰地感觉到朝着山谷的纵轴右倾方向的冲击力。换句话说,冲击波沿着东西一线震动。地震在我心中唤起了焦虑这种令人不快的感觉。大地看起来起起伏伏,可以十分清楚地听到就像遥远的天雷轰鸣一般的爆裂声,而这一切在几秒钟内就结束了。

在查看了地震所造成的破坏之后,我拜访了这里的军事指挥官米大人以及另外两三名官员,他们全都极其恭敬有礼地接待了我。他们的圆顶帐篷内配有桌子、椅子和鸦片烟榻,他们为我端上各种各样的好东西。我拿起鸦片烟斗抽了两三口,却丝毫没有觉察出这玩意儿的吸引力究竟何在。

在本书的前一部分,我已经对帕米尔高原上的不同区域进行了相当细致的描述,而此书的篇幅不断扩展,使我不能再用同样充满精微细节的笔触来描写当前的这次探险旅程。或许日后会另有时机来允许我详述自己于1895年在帕米尔高原南部地区所进行的这次旅行。在到达北京之前还有漫长的路程要走,如果读者有足够的耐心追随我的脚步,那么我希望能通过文字带他踏上通往和阗的古老的通商大道,在数百年前,马可·波罗就曾经行走于这条路上。然后我们将再一次穿越浩瀚的大沙漠,并发现埋藏于黄沙之下的城市,这些城市是一种古老的佛教文化曾经存在过的证据。我们将拜访野骆驼那遥远荒凉的家园,探索中国的地图绘制者所标记出的罗布泊的遗踪何在。然后,我们将以强行军的速度行进数百英里而返回和阗。在此之后,我们会去穿越藏北的高地与高原,一直去到柴达木湖的盆地。接下来,我们继续穿越甘肃、阿拉善、鄂尔多斯和中国内地北部,最后,在持续了三年半之久的旅行之后,到达我心中一直期待着的目的地——北京。

● 塔什库尔干的指挥官米大人

这规模宏大的展望摆在面前,我感到必须加快叙述的节奏。

第
五
十
三
章

翻越群山去往叶尔羌河

　　我们从阿克塔什出发向东行进，在当天从拉喀克（Lakshak）山口（海拔15240英尺）翻越了塞瑞克库尔山脉，在山脉另一侧的肯舍瓦尔（Keng-shevär）宿营，有8名塔吉克族人和2名汉族人驻守在该地。从我们的营地前行不长的一段距离，小路沿途两旁的岩石就变成了黑色的黏土板岩，不过，在此之后，它们构成了形形色色的片麻岩，其中有一些的外形美观异常。与岩石构成的变化相对应，地形地貌也同样发生了显著改变。我们刚刚离开的那个地区的地名——喀喇科伦宁巴什（Kara-korumning-bashi，黑色的石头地之首）——本身便意味着一个迥然不同的地域。我们沿其行进的那条小径大多数时候都在那些从上方的山脉中滚落下来的岩石的巨大碎块中间蜿蜒，小径向着东北方向延伸，穿过幽深的横向的森得贺山峡，这条峡谷从塞瑞克库尔山脉东面的山坡上插过。

　　过了雅鲁特克（Yarutteck，底部阶地）之后，左侧出现一条小型的附属峡谷，其两侧的山崖隔空对望，彼此相距甚近，它们那垂直的崖壁之间仅仅只有一条狭窄的缝隙。山峡几乎被巨大的片麻岩石块完全堵塞住了，其尖锐的角度以及新产生的看起来很干净的断层无不显示出，它们是在最近的地震中被甩落下来的。这不是一段愉快惬意的旅程,我们在骑马前行时经常面临着那些悬在我们头顶的形成沉重拱形结构的岩石的威胁,裂缝与罅隙遍布其上,因此它们每时每刻都有可能砸落到我们头上。我们一次又一次地涉过一条山间小溪,它那清澈的蓝色溪水在片麻岩的大鹅卵石之间汩汩流过。最后,随着我们向前行进,片麻岩不再出现,花岗岩则紧随而来。森得贺山峡像一只喇叭一般向着槽状的塔格敦巴什河谷敞开。山间溪流分成了若干支流,其流水便可被引至位于不同地方的田地。我们又一次在距离塔什库尔干要塞不远的地方支起了帐篷。

现在,我们已经翻越了位于南面的那些巨大山脉中的第一道,它如同堡垒一般从东边围护着帕米尔高原。9月16日,我们又从萨尔格克(Särghak)山口翻越了第二条山脉。在雇用向导这件事上,我们却遭遇了相当大的困难。塔吉克族人以必须照看其田地为借口而拒绝我们,但真相是,他们害怕米大人一旦得知其指引一名欧洲人翻越战略地位如此重要的一个山口的话,必定会大发雷霆并且为此而惩罚他们。最后,我们终于找到了一个同意徒步与我们同行的人,不过,在我们到达山口顶部之前他就拖在了后面,并且从此再也不见踪影。

我们在稀疏散布的田地与房屋之间穿过了塔格敦巴什河谷。河流在这里的流量仅仅只有我于大约6周之前所测量到的流量的三分之一,而且水流变得彻底清澈透明。我们从河谷的东侧插入一条狭窄的山峡之中,其两边的山壁陡峭险峻,而底部则是干涸的。在这一整天的

● 塔格敦巴什帕米尔上的塔吉克族人的毡房　　**429**

行程中所见到的岩石绝大部分都是云母片岩。我们沿着一条如同带子一般陡峭而狭窄的小径爬上山坡,这一过程无论对于人还是马匹来说都极其艰难。在某些地方,岩石光滑无比,我们不得不用鹤嘴锄在上面凿出凹洞,以使马匹能够有合适的落脚之处。山嘴由一系列圆形的山丘所构成,像波浪一样起伏不平,在即将到达山嘴顶部的时候,我们可以看到塔格敦巴什河谷中蜿蜒的河流以及绿色和黄色的田地远远地位于我们脚下。地形地貌又一次发生了彻底改变。在我们周围,占统治地位的地貌变成了低矮的山丘,其坡度和缓,山坡上覆盖着坚硬的淤泥、沙子以及砾石的岩屑,这部分是由黏土板岩历经风吹雨打的侵蚀所造成的,而黏土板岩在山脉的这一段很少裸露出来。这片呈波浪状起伏的丘陵山地当中横贯了几条"之"字形的迂回曲折的峡谷。尽管有许多干涸的水道,显示出雨水遵循着怎样的路径流下来,但是却看不到一滴水。我们脚下的道路并不难走,却一直在上上下下起伏,而且似乎这样的上下永无止境。在翻越了几座非主要的山口之后,我们到达了这条山脉的顶点(海拔13230英尺)。

这一点拥有俯瞰整个周边地区的广阔视野。我们所在的这条山脉由若干被白雪覆盖的大山组成,向着南面继续延伸,随后又向着位于东南方向的西藏弯过去,最后融入昆仑山系之中。我们刚刚爬上的这条山脉向北延伸至慕士塔格峰,从而形成了慕士塔格或称喀什噶尔山脉的直接延续。在东边,乌陈贺(Utcheh)峡谷位于下面很深的地方,塔格敦巴什河从其间淌过。

我们沿其行进的道路就通向那条峡谷,它时而在奇形怪状的山嘴以及山脉东坡的崖壁中间蜿蜒,时而沿着一条冲蚀沟壑急剧下降,偶尔还会穿过一个小型的山口或是山坳。我们到达峡谷之前的最后一段下坡路,陡峭到了难以想象的程度。我们在一座叫作别尔迪尔(Beldir)的小村子里宿营,村里只有一户人家,不过其首领却是散居于整个峡谷各处的50户人家的酋长。他们都是塔吉克族人,以放牧和农耕为生。他们在峡谷中地势较高的地方度夏,不过,在冬季则搬到地势较低的地方,此地距离规模相当大的乌陈贺河与塔格敦巴什河的交汇处更近。汇流之后,河流向着东面急转而去,直接注入叶尔羌河之中。在交汇处近旁有另一座叫作别尔迪尔的大村庄,其村名赋予了乌陈贺河另一个名称,即别尔迪尔河。如我此前所述,塔格敦巴什插入山脉的那条横向的隘路叫作森得贺,它无法通行,因为垂直的峭壁将其包围。这样一来,别尔迪尔就坐落于山中的一条死胡同的尽头。

9月17日。我们沿着通向东南方向的峡谷上行。峡谷有时候被两旁的砾岩峭壁夹峙其间,而此后则变得相当开阔,以至于一块块开垦过的田地在这里也拥有了存在的空间,田里种着小麦、大麦与苜蓿。最后,峡谷发展成为一个宽敞的锅状河谷,四面被群山所围闭,其地面基本上是平坦的。

峡谷的这片扩展部分被称为“Täng-ab”(波斯语,狭窄的水体),若干小村庄分布于此,其居民均为塔吉克族人。不过在这一地区海拔较高的地方,气候条件更为严酷,人们被迫采取了一种在某些方面与柯尔克孜族人相类似的生活方式。其中的大多数人都拥有大群的绵羊、山羊和牦牛,另外还有众多的马匹和驴子。他们当中的一些人住在圆顶毡房和帐篷里,另一些人——尤其是以农业生产为生的人,则住在房屋里,房子是由晒制的黏土与石头搭建的,上面覆盖着木头的平顶。塔吉克族人的房屋有一个阁楼,通过一段楼梯可以爬上去。

9月18日。我们继续沿着河谷宽阔的扩展部分前进,直至到达它分岔形成的林格尔(Lengher)与舒伊敦(Shuydun)两条次级峡谷。穿过前者的道路通向一座名叫马里安(Marian)的塔吉克族人的大村子,并从那里通往拉斯坎(Raskan)河;而我们沿其行进的则是穿过后一条峡谷的道路。在穿越丰茂的草场之后,我们终于到达位于坎大哈(Kanda-har)山口底部的一个小旅馆,并在那里过夜。

第二天一早当我们醒来时,所看到的是一幅冬天的景象。夜里下了大雪,地上的积雪深达几英寸厚。从客栈那里上山的路十分陡峭,不过积雪填平了石头之间的空隙,使得道路略微好走了些。山口的顶端或者说山脊(海拔16610英尺)尖锐得就像一把小刀,因为绿色黏土板岩那些破损的边缘几乎是竖直地突伸出来。从另一侧下山的路也非常难走,事实上,由于太过艰险,马匹在负重的情况下几乎无法下山。不过,好在事先已经得到警告,我们便雇用了一队塔吉克族人和3头牦牛,在他们的帮助之下将箱子安全地运到了山下。小径在两边崖壁那些险恶的突出岩石之间径直向下,我们只需在厚厚的积雪上滑行很长

431

一段距离便可以下来。不过下面的坡度便没有那么陡了。地上各处的积雪量都比山口西面山坡上的要少。在清早时分本来很晴朗的天空又一次浓云密布,在去往位于阔什科尔伯格巴依(Kotchkor-Beg-Bai)的小旅馆的这一路上都大雪纷飞。小旅馆坐落在狭窄而封闭的坎大哈山谷的底部,有两三个塔吉克族家庭居住在附近。

在夏季与秋季时分,会有羊群在山口的两边吃草;而在冬天,它们则转移到下面的通格(Tong)地区,也就是我们现在正要前往的那个地方。坎大哈山口也是人们在冬天里通常会选择的最佳路线,如果它在那时依然能够通行的话。一般说来,它都被深深埋入雪中,塔吉克族人赶着牦牛走在前方,借此踩出一条小径。若是该山口彻底无法通行的话,便没有其他道路通往塔什库尔干,除非兜一个大圈子穿越叶尔羌与塔噶玛(Tagharma)。

鹅毛大雪继续下了整整一个晚上,雪片被风吹到一起形成一个个松散的雪堆。空气寒冷、潮湿而阴郁,几乎可以感觉到黑暗的气息。我们的塔吉克族邻居能烘制一流的小麦面包,一些没戴面纱的年轻女孩子来到我的帐篷给了我几块,我接受了,并赠给她们几条来自喀什噶尔的织物作为回报。

9月20日。当我们早上醒来的时候还在下雪,雪一直下到了上午11点钟。沉重的积雪压在我的帐篷上,伙计们不得不频繁动手将其扫除,直到最后我完全被雪墙包围起来。当我们再次出发的时候,有两位年轻的妇女骑着牦牛与我们同行,她们要沿峡谷下行一小段距离去捡取燃料。她们非常漂亮,而且极为兴高采烈,其头发是黑色的,眉毛浓重显著,令我想起了吉卜赛女郎。这两个女子帮我们照看旅行队伍中的牲畜,仿佛是在做一件再自然不过的事情。她们呼唤和驱策牲畜时那银铃般的清脆声音如同悦耳的音乐一般在陡峭的山壁之间回响。她们衣衫褴褛,身上的衣服像破布条一样垂在身体周围,看到密密匝匝落下的雪花在她们铜棕色的光裸的脖子和胸脯上融化的时候,我都忍不住要打寒战。

从我们宿营之处下行不长的一段距离之后,峡谷就收缩成一条隘路。由于不时有石头与岩石的巨大碎块滚落,还有一条清澈凛冽的激流从其间奔腾而过,使得狭窄的道路极难于通行。我们一次又一次地来回越过溪流，在好几个地方都险些被溪水浸个全身透湿。不过，小径同样经常围在砾岩阶地的边缘，融雪使砾岩阶地的泥土基质变得很软，在这样的地面上行走，我们随时有打滑的危险。

终于，峡谷不时变得开阔，为一丛丛白桦树提供了生存空间。当到达其中一处叫作特尔赛克（Tersek）的地方时，我们的向导说，继续下行就再也没有树木了，若是我们想要在夜里燃起篝火的话，就必须在这里停下来。于是，伙计们在几株长势良好、枝条低垂的白桦树下支起了帐篷，这些树木的叶片已经变黄了。这是一处特别适宜夜间宿营的地方，唯一美中不足的就是阴沉沉的天空以及笼罩在山顶的浓重的雾幕。两位年轻妇女和我们的向导收集起他们所需的燃料，将其扎成捆，驮到牦牛背上，然后返回他们位于峡谷上方的孤独寂寥的小屋。

9月21日，我们继续下行。小径极其陡峭，难于行走。离开宿营地不久，我们遇到了一个巨型的花岗岩石块，它与庞大的蘑菇或是石化的白杨树存在奇妙的相似之处。石块是从上面的山上滚落下来的，它矗立在峡谷中央，峡谷在大多数时候都被群山幽闭其间，对着山体那破裂的横断面，到处都星星点点地点缀着一丛一丛的白桦树、野生石楠以及刺柏。

第五十四章

沿着叶尔羌河顺流而下到达喀什噶尔

.

　　我们的下一处宿营地是一个叫作林格尔的村庄,坐落于种植着小麦、大麦与苜蓿的田地中间。此地的居民都是塔吉克族人,但非常奇怪的是,该地区绝大部分地名都是用察合台语来称呼的,例如我们在接下来的一两天之内将要翻越的阿尔帕塔拉克(Arpa-tallak)山口。这里的人相互通婚,而且彼此间的往来十分频繁。他们唯一向当局上缴的贡赋,仅仅是一定数量的燃料与草料,然而在阿古柏侵占喀什噶尔时期,强加于他们身上的财政赋税却近乎严酷苛刻。这条山谷中的雨季与夏季相重合,降雨量常常过大,以至于无法徒涉横穿河流。

　　近期发生的多次地震使得绝大部分房屋坍塌,一个卧病在床的人由于惊吓过度而命丧黄泉,还有一个正在峡谷中骑马前进的人因被从山侧滚落的岩石碎块砸中而一命呜呼。峡谷十分宽阔,而且风景如画,山脉呈现巍峨壮丽的景象,给人以深刻印象。因此,居住在这里的人们也是坦直、快乐而思想自由开明的。

　　9月22日,我们骑马穿过一连串8个村庄,每个村子都由几座带着庭院的房子组成,被田地与果园所环绕,果园里生长着核桃、杏子、桃子、苹果、瓜类以及其他水果。在经过了贫瘠荒芜的山地路途之后闻到刚刚收割庄稼后留下的气味，真是令人身心愉悦。在该地区既看不到牦牛也看不到骆驼，只有牛、驴子、马、绵羊与山羊。

最美丽的一座村庄当属通格，那里的果园丰饶繁茂，房屋形状奇特，这些都与在后面作为背景的裸露的山壁形成了恰到好处的对比。村中的首领哈桑伯格（Hassan Beg）是一位典型的老者，他令我联想到头脑陈腐的教授，他极其健忘，却总是不断喃喃地自言自语。在距此不远的地势更低的坎达拉滋（Kandalaksh）村，我们在千户长的家中过夜，露宿于他家的阳台上，也在那里接待了前来拜访的本地所有尊贵人物。

通格距离叶尔羌河只有一英里或一英里稍多，那里的人们将这条河简单地称为"河"，也叫作"通格河"，"拉斯坎"和"塞拉夫善"（Seraf-shan）的称呼只适用于河流的上游部分。在夏季，河流极度膨胀，以至于用任何方法都无法渡河。因此，本地居民只是在秋冬两季才去往叶尔羌。骑马去那里一趟要用3天时间，从叶尔羌来的商人会将布匹、糖、茶叶以及其他商品带到山谷里来。哈桑伯格和其他村民都认为我们或许可以渡河，不过那位老人请求我留下来和他一起过夜，这样一来，于清早时分运送我们过河所需的一切东西就能够在夜里准备完毕。

9月23日。当我们下行来到河边时，我震惊地发现，通格这条侧面山谷比作为其主干的主要山谷还要宽阔。从山中向着那里倾泻而下的流量巨大的流水以不可抗拒之势在巍峨的叠嶂山峦中劈开自己的道路，在其通过的隘路的上下两端都制造出超乎寻常的壮丽奇景。我从崖壁上留下的痕迹观察出，比起河水在夏季时所达到的最高高度，当时其水位下降了11.5英尺。即便如此，激流还是如同洪水一般发出低沉的轰鸣声，这响声在山壁之间震荡回响，河水的流量仍然十分可观，发绿的混浊泥水滚涌在被深深侵蚀的河道之中。

河流拦住了我们的去路，我们必须采用某种方式渡河。在河岸边，我们找到了正在等待我们到来的6名船工（suchi，运水人），他们都穿着宽大的游泳裤，每个人的胸前都环缚着一个充气山羊皮。他们已经捆扎好了一只摆渡船，这船不过是由一副普通的担架以及支持它的十来个充气山羊皮所构成，看起来一点儿也不可靠。人们卸下马匹背上的负载，其中的一些装着供给品的箱子被安置在了摆渡船上。我们的一匹马被上了轭具并与船相连，随后，一名船工小心翼翼地牵着这匹马从紧邻着河岸下方的被磨得光溜溜的圆石头上走过去，与此同时，他的同伴们则努力使船保持平衡。很快马匹就失足滑倒，整个身子都消失在水下，只有马头还露在外面。那位船工随即用右臂搂住马的脖颈，其左臂则划水和控制前进方向。这整个一队人马都被迅速卷入激流之中，以令人目眩的速度打着漩儿向下方漂去，船工们用尽全力划着水。正对着我们的河右岸全是垂直的悬崖，游泳者们拼死拼活地朝着这些悬崖用力压过去，努力试图在悬崖正下方制造出一个小小的有所遮蔽的水湾，一股漩涡在其中浅浅的沙底之上旋动着。船工们就在这里小心谨慎地使其运载的物品靠岸。从摆渡船所在之处往下半英里的地方，河流转了一个弯，激流冲向其左岸，形成了一连串如沸腾一般的湍滩。自此开始，船工们原本集中于渡河的焦虑担心也转移到了瀑布所产生的吸力之上，因为一旦置身于湍滩上，他们便会无法避免地在岩石和峭壁之间被撞得粉身碎骨。

所有行李分4次才被全部运过了河，此后便轮到运载我了。我早已等得不耐烦，那感觉有些像一个渴望浸在水中却不会游泳的年轻人。筏子在充气的羊皮上面不停地摆动震荡，每时每刻都有倾覆的危险，特别是当它被卷入动荡不已的漩涡中时。不过船工们一直保持着警觉，他

　　　　　　　　　　　　　　　　　　● 横渡拉斯坎河

们尽力维持着筏子的平衡。我选择不用马匹牵引筏子,而是吩咐4名伙计分别抓住摆渡船的四个角。下一刻我们就被激流卷入其中,筏子被疯狂地冲走。我还不习惯于这种旅行方式,一切事物看起来好像都成了反的。对岸的悬崖似乎在逆流而上,眼前的景象在不停变化,就像是你透过快速行进的火车车窗所见的风景。在水中游动的船工们运用其千锤百炼的技巧用力划动着四肢,他们奋力将筏子拖离激流的扫荡。最后,我们终于到达水湾中一处相对平静的水域,并在那里上岸。

在返回河流左岸的过程中,摆渡船在河里被冲下去了一段距离,不得不用一匹马将其拖回装载行李的地方。余下的其他马匹游了过来,每一匹马旁边都有一位船工帮其渡河。斯拉木巴依选择用同样的方式过河,但他在此过程中突然头晕眼花不辨方向,他在河中央转了两三圈,忘记了要去往哪个方向。由于将其马匹的脑袋按到了水下过深的地方,他差一点儿就把自己的马给淹死了。他顺着水流漂了下去,我提心吊胆,生怕他被卷入湍滩之中。好在他还是很幸运地到达了岸边。谢天谢地,包括马匹与人员在内的我的整个旅行队伍都平平安安地到达了叶尔羌河的右岸!我付给船工100天罡(合22s.6d.)作为报酬,另外还赠予其头领一顶帽子和一把小刀,他们心满意足。

这条河通常情况下在12月底的时候上冻。在那些水流不是太急的地方,冰层会冻得很厚,到那时便可以骑马从冰面上沿着河谷而上,到达克奇克通(Kichick-tong)村以及被称为"且普"(Chepp)的侧面河谷。那条河谷可通往科鲁玛特(Korum-art,石头山口),该山口位于从右侧俯瞰河流的山脉之上。夏季洪水从5月份开始暴发,会一直持续3个月。

在安全渡过了叶尔羌河之后,我们重新装载了行李,沿着河流的右岸继续顺流而行。然而,还没走多远,道路似乎就被一个突出的山嘴堵塞住了,这山嘴一直伸到河边,与水岸相垂直。不过塔吉克族人已经绕着山嘴正面开凿出一条岩脊,或者说是檐口下的小路——这一作品的产生年代或许可以追溯到遥远的古时候。可是岩脊的外缘已经崩坍掉了,这样一来小路就朝着一片深渊倾斜,河流在深渊的底部浪涛滚滚。小路被人们用木桩、树枝以及岩石板修补过,但是马匹所驮载的箱子会不时地剐蹭到岩石石壁上。不仅如此,在某些地方,小路狭窄至极,以至于马匹在有所负载的情况下基本无法通过。其中的一匹马差一点儿就翻了下去,它在其中某个最狭窄之处足下趔趄,几乎必定要翻身落入河中,幸好斯拉木巴依在最紧要的关头奋力拖住了它,帮它保持住了平衡,而其他人则赶忙从它背上卸下箱子。自此之后,在途经危险地段的时候,我都让伙计们扛着行李通过。

我们在库鲁克林格尔(Kurruk-lengher,干燥的客栈)停下脚步,它位于同名的一条山谷的入口处。这是景致迷人的村子,被巍峨高大的悬崖峭壁从四面环绕,其本身则掩映在枝叶繁茂的树林之中,其中白杨树最为引人注意,它们的树干高挺而笔直,树冠舒展。果园和田地的灌溉用水都依赖于周围群山中的降雨,因此,庄稼常常颗粒无收。

9月24日。我们骑马沿着阿帕塔拉克(Arpa-tallak)峡谷前行,在一场猛烈的雹暴当中,我们在苏格特里克(Sughetlik,柳树村)附近的田地里支起了帐篷。

第二天,我们翻越了阿帕塔拉克山口(海拔12590英尺)。小径呈"之"字形在相当陡峭的山坡上蜿蜒,坡上点缀着被草丛覆盖着的浑圆的土墩。在朝北那面的山坡上仍然有一块一块的积雪,而在其他所有地方,地面都被雨和雪浸透了。马匹不时地在湿滑的泥土地面上蹄下打滑,于是骑在其背上的我们的感觉也绝非舒适愉快,尤其是当深深的悬崖出现在我们的身侧时。

从山口的顶部,我观察到,在西面,正是我们从坎大哈山口所翻越的那条山脉;在东面,是一幅由众多山峰峰顶所构成的全景图,最终消失在遥远的一片黄色雾霭之中,塔里木区域荒凉的沙漠平原便始于那里。我们正在翻越的那条山脉的东侧并没有积雪。自此之后,我们所途经的每个村庄的居民都是当地人。小路朝着东北东方向一直通到温库鲁克(Unkurluk,峡谷)村,那里的人们正忙于给收获的庄稼打谷。这项劳动的操作方式非常简单:谷物被平铺到地面上,10头胸前套着挽具的公牛绕着竖在中间的一根杆子一圈圈地走,如此一来便将谷粒踩踏出来。玉米、小麦和大麦是这里主要种植的农作物,人们每年只在田里播种一次。

9月26日。我们在得到充分开垦而且人口众多的乌慈别地尔(Utch-beldir)地区休息。第二天,我们走出了群山形成的大迷宫,并在乌慈别地尔村又一次横渡了叶尔羌河,该处的河面宽度为85码,最深处深度为10.25英尺。水流的速度不超过每秒1.5英尺,因此我们坐在一艘大摆渡船上毫无困难地过了河,这艘船一趟就把整个旅行队伍都运了过去,我们甚至都不用卸下马匹背上的负载。我们在卡冲(Kac-hung)村宿营,该村中有200户人家。这里除了生长着通常所见的那些谷物之外,还种植稻米。

在第二天的行程中,我们穿过了亚尔阿力克(Yar-arik)村,村庄的用水由一条从河流中引出的大型人工水道所供给。从那里向着东北方向行进,我们到达林格尔村。在我们的右手边,无边无际的平原和沙漠延展开来;而在左手边,则是群山众多分支的最外缘,在充斥着灰尘的空气中勾勒出一道模模糊糊的轮廓。这样的地貌令我联想起自己故乡的大海,当你离开斯卡尔加德(Skäergard)最外缘的岩石之时,见到的就是类似的情景。

在最后一天的行进过程中,我们途经科克拉巴特(Kok-rabat)村、克孜尔(Kizil)村、央基海萨尔(Yanghi-hissar)村和雅普陈(Yappchan)村。

10月3日,我们再一次到达喀什噶尔,我在那里受到了总领事彼得罗夫斯基一如往常的友好的欢迎。

在处于较低海拔的平原地区,此时仍然温暖且闷热,气温的骤然急变使我被一场来势汹汹的高烧所击倒,直到11月中旬,我才恢复健康。

我在那次不幸的沙漠之旅中所遭受的损失,现在得到了补偿。我发现一只来自于柏林的菲斯(Fuess)的箱子正在等着我,里面装的是一套一流的无液气压计、沸点测高计、干湿球湿度计以及温度计,它们都保存完好,这得感谢在柏林装箱的人对其小心仔细地包裹,以及之后驻巴统(Batum)的瑞典领事的精心照看。除此之外,还有来自塔什干的3担供给品,其中包括好几样我急需的东西,比如说衣服、罐头食品、烟草等。因此,在我开始探险之旅的第一程的时候,是装备齐全良好的。

穿越戈壁沙漠前往罗布泊

第五十五章

从喀什噶尔到哈尔哈里克 ❶

我刚一从发烧的打击中恢复过来,便重新组织了我的旅行队伍,最后一次离开喀什噶尔。尊贵的道台商大人亲自前来拜访以和我道别,他威仪赫赫,张扬炫耀,身后跟着一大队中国朋友和仆从。

我的旅行队伍于1895年12月14日清晨动身启程,队伍由9匹马和3位伙计组成,我最信赖的斯拉木巴依担任他们的指挥。我自己则是当天中午才出发的,与我同行的还有两名仆人。恰好是整整5年之前的同一天,我第一次亲眼看见喀什噶尔。

一大群人聚集在领事馆的庭院里为我送别——总领事彼得罗夫斯基和他热情好客的夫人,波兰传教士亚当·伊格纳季耶夫(Adam Ignati-eff),50名哥萨克骑兵和两位统率他们的军官,还有所有的当地书记官、翻译和仆人。

我最后一次向我的男女主人道别,在他们家中我感到宾至如归地

---

❶ 哈尔哈里克,亦作"哈哈里克",即今喀什地区叶城县。斯文·赫定途经时,叶城县隶属于莎车府。

度过了许许多多快乐美好又获益匪浅的时光。随后我纵身跃上马鞍，马儿轻快地小跑着穿过若干集市，我们身后跟着俄国军官、哥萨克士兵以及那个年迈的波兰人。士兵们一边策马前行一边歌唱着，他们愉快的歌声在狭窄而逼仄的集市中大声回响。我们在瑞典公使馆逗留了片刻，我在那里同霍格博格夫人和她的孩子们道别，而她的丈夫则跨上马背加入了我们的队列。此后不久，我们的好朋友——俄国裔中国翻译严大老爷（YanDaloi）乘着他那辆蓝色大车追赶上我们。你可以想象，这是一支多么乱七八糟却欢乐无比的队伍，它在通往新城疏勒的宽阔大道上铺展开来，包裹在飞扬的尘土形成的雾团之中。

新城是最终互相道别的地方，我大声喊道："再见，哥萨克人！"而他们一齐回答："上帝保佑您旅途平安，先生！"

自此之后，我便完全独自一人和亚洲人在一起了，其中斯拉木巴依成为我的得力助手。不过，就在哥萨克人的歌声止息在远方，而喀什噶尔那砌着城垛的城墙从地平线消失的那一瞬间，我满怀欣慰之情地叹了一口气，因为想到自己现在终于走在回家的路上了。尽管不是没有意识到在双脚踏上斯德哥尔摩的码头之前我还要穿过整整半个亚洲大陆，即需要行进9000～10000英里的距离，但这个念头并没有太影响到我欣喜愉悦的心情。

我在克孜尔追赶上了自己的旅行队伍。我没有沿着自己已经知晓的通往那里的主干道行进，而是选择了一条荒凉的被废弃的小路，以便能够在途中匆匆瞥一眼当地先人的墓地。

我为去往和阗的320英里路程预留出了23天的时间，这使我能够拥有充裕的时间和机会来彻底熟悉这条路，因为这不仅是一条十分重要的大道，而且从许多方面说，都算得上是中亚最有意思的道路之一。

不过，由于此书已经有了如此之长的篇幅，这使我无法再尽详尽细地描述该道路。尽管如此，我所做出的大量全新观测和发现以及我那详细的日记并不会因此而失去用武之地，我希望在日后的某个恰当时机可以再次讨论这个问题。事实证明，我的这些旅行经验是如此丰富多彩，一本书的容量根本就不足以将其全部记录下来。除此之外，我所运用的材料中有相当大的一部分的性质决定了它们在出版之前必须被加以筛选和安排组织，其中有一些包含了大量的历史研究，而所有这些工作都十分耗费时间。

已经有好几位欧洲旅行者全程或部分走过了通往和阗的道路,他们当中最著名的包括约翰逊(Johnson)、施拉金特维特(Schlagintweit)、沙敖(Shaw)、福赛斯(Forsyth)、格罗姆勃切夫斯基(Grombtchevsky)、别夫佐夫、达特维尔·德·瑞恩斯和利特德尔(Littledale),但这绝不是个完整的名单。不过我想如果我自称搜集到了关于这条道路以及从它的主干道上旁逸斜出的其他小路的更为丰富充足的信息,那也不是过于妄自尊大的。说明这一切本身就需要一点点篇幅,所以我必须阻止自己过于耽迷其中,而是要赶快转而描述我所去过的那些从没有前行者到达过的地方。因此,我将会让自己局限于只谈及旅途中的几件小事。

12月20日,我们骑马穿过了扬基萨尔(Yanghi-shahr)的双重大门,这里是叶尔羌的汉族人聚居区。此后不久,我们又穿过老城(Kovneh-shahr)的"金色大门"(Altyn-därvaseh),后者是同一座城中的少数民族聚居区。两个区域之间相距不过半英里,其间通过由喀什噶尔到和阗的大道连接起来。两道大门之间的空间里形成了一个又长又宽的集市,上面覆盖着木质的屋顶,傍晚将尽的时候,火苗闪烁的油灯发出的光亮使这里清晰地呈现出一幅交通繁忙、生机勃勃的景象。其实,这条路就像是一条漫长无尽的隧道,两旁排列着货摊和货架,挤挤挨挨的人群、喧嚣吵闹之声以及在拥挤的空间中缓缓前行的长长驼队,所有这一切都表明,我们已经进入一个大城市的市区范围之内。事实上,拥有15万人口的叶尔羌(包括其附属村镇)正是塔里木区域最大的城市。

我们穿行于这座像一个完美大迷宫一样的城市里弯弯曲曲的小巷和街道上,去往安集延人的阿克萨卡尔(代办)为我们所预备的住所。

我们在叶尔羌逗留了两天,原因部分在于要让马匹得到休息,部分则在于我可以借此机会去了解这座城市及其周边环境。我在阿克萨卡尔的陪伴之下骑马前去拜见当地的办事大臣。他的衙门,也就是办公之处和住所,比驻喀什噶尔的办事大臣的衙门要雄伟气派得多,需要穿过3道高大而别致的大门才能走进这座建筑物,而每一道大门都精雕细刻、五彩斑斓。在大院当中,我们看到许多当地人聚集在那里告状或诉讼,他们都急于把自己的案子告诉办事大臣,并得到根据中国法律所做出的关于其几项控诉的判决。这些人当中包括来自邻近村庄的村民，抱怨他们的灌溉水渠中没有水，包括控告其主人没有全额支付工钱的仆人，还包括等待官吏审问并决定是否给其相应惩罚的窃贼。

办事大臣潘大人（Pan Darin）是位身形胖大但彬彬有礼的老者，蓄着灰白色的山羊胡。他面带着礼貌而友好的微笑接待了我，并亲切而得体地询问了我的计划。傍晚时分，他派人给我送来草料、玉米以及木柴当作礼物。第二天，当他来我这里进行回拜之时，我送给他一把左轮手枪。

内乌鲁斯敦（Nevrus-dung，新年之山）位于叶尔羌的东北方向，从山上可以鸟瞰整座城市。小山是处在城墙之内的，城墙很薄，上有雉堞，但是年久失修。城墙是由被阳光晒干的砖块砌成的，呈波浪状起伏不平，存在多处弯曲，随着古老河床上方的阶地而上上下下，不过大致上还是形成了一个圆圈。从山顶向下俯视，可以看到正方形和长方形的屋顶拼成了一幅复杂的马赛克式镶嵌图案，狭窄的小巷子蜿蜒其间，几乎无法辨认。唯一能让眼睛从这画面中解脱出来的是一些集市、花园以及几棵孤零零的柳树。在城墙之外，耕田、溪谷和灌溉水渠形成了

● 一个小镇上的街道　　445

一个完美的迷宫,把城市包围其中;而在东北方向,最显著的地貌特征就是叶尔羌河,曲曲折折的河道在沙漠之中蜿蜒,一直通向遥远的罗布泊,那里将是其出水河口所在。

尽管这座城市的饮用水源自中亚地区最大的河流叶尔羌河,但不当的操作方式致使饮用水的品质其实已经跟毒药差不多了。人们通过人工水道从河中饮水,然后将其储存在城中的蓄水池里。水在池子中是静止不动的,并渐渐被各种各样的垃圾和不洁之物所污染。这些被称作"hauz"的蓄水池实际上彻彻底底就是传染病的大本营以及细菌繁殖的温床。人们在其中洗澡、洗衣服,其中有些衣物脏得令人作呕,他们还在池中洗碗,并且把吃剩下的残羹剩饭倒入水里。他们不对蓄水池设置任何保护,使其完全暴露于各种垃圾的污染之下,而他们所饮用的就是这样的水。而最为登峰造极的一点在于,只有当池底那散发着恶臭气味的污泥开始显露的时候,他们才向池中重新补水。

这种漫不经心的粗鄙陋习所造成的后果之一,便是一种被称为"boghak"①的疾病的流行,叶尔羌的居民中有很大一部分人都深受其害。在他们的喉咙前方,通常是在喉结所在之处,会出现某种瘤子,在最极端的病例中,它能长到一个成年男子的拳头那么大。这样的瘤子总会使那些不幸的患者看起来相貌怪异,甚至显得面目可憎。可以毫不夸张地说,这座城市百分之七十五的定居居民都不同程度地感染了这种长瘤子的病,在大多数情况下,瘤子会一直伴其终生。因此,如果在新疆的任何一座城镇看见街上走着一位长着瘤子的人,那么就可以十分肯定地说他是叶尔羌人。反之,若是在叶尔羌的集市上见到一位喉部并没有生长这种畸形瘤子的人,你就足可以断定他是来自喀什噶尔、和阗或其他某个塔里木区域之中的城市的外乡人。人们并没有采取任何措施来与疾病进行斗争,只是有那么寥寥几回,或许是由于居所的变迁,据说疾病的蔓延曾自行消失。人们认为印度人知道某种治疗这种疾病的方法,不过由于他们以及安集延人都只饮用井水,他们其实根本就不会长畸形瘤子。

---

　　　① boghak,因碘缺乏造成的一种甲状腺疾病,俗称"大脖子病"。——本版编辑注

● 巴扎（集市）

　　城市中有大约40名安集延商人侨居于此，他们将布匹、帽子、长袍、食糖、火柴等物品贩运进来，同时输出羊毛、毡毯以及其他当地产品，并从买卖中获利甚巨。这些人群居在一家建于26年之前的条件良好的旅馆或者说客栈中。在街上很容易就能辨认出这些人，因为他们总是衣着整齐华贵，而且风度翩翩，举手投足都透着威严气势。除此之外，他们的居所也由于干净整洁的房屋和精心维护的庭院而显得与众不同。阿富汗和印度商人同样分别拥有专属于他们的客栈。

　　这座城市被分为24个街区，每个街区都由一位百户长进行管理，他们每人手下又有两三位或更多的十户长。除了这些官员之外，还有许许多多的伯克，他们的任务是维持叶尔羌一带的秩序。

　　12月23日，我们乘船渡过叶尔羌河。尽管是在冬季，河水的流量仍然达到了每秒3280立方英尺，比起9月末我在库舍拉布（Kusherab）测量到的数据，每秒减少了2120立方英尺。一直到帕斯嘎姆（Posgam）的整个地区，都由从河的右岸引出的灌溉水渠进行浇灌，而在帕斯嘎姆以外的地方，土地被提斯纳布河所灌溉。

　　我们一直在人口众多并得到良好开发的地区旅行，连续经过了一

447

长串村庄（地图上所有标注的那些村庄我都进去过）。在圣诞夜，我们到达了哈尔哈里克城。不过这里既没有雪也没有杉木或是任何让人想起这个日子的重要性的东西。尽管如此，人们还是向我们表达了友好和善意，而这些正是这个节日一贯令我们感受到的感觉。

我们在来自费尔干纳的浩罕城的一位商人那里过夜。傍晚时分，他用一流的达斯塔克罕（dastarkhan，美味盛宴）款待了我，苹果、梨子、葡萄干、杏仁以及各式各样的蜜饯糖果盛在十几个碟子中，就像是在准备一张圣诞餐桌，只不过所有的东西都摆放于地板之上。在这之后不久，城里的10位身着中式节日盛装并留着辫子的伯克前来表达对我来到哈尔哈里克的欢迎之意。最后，办事大臣李大人送给我大量非常实用的礼物，诸如绵羊、大米、小麦、玉米餐、燃料以及供给马匹的饲料。客人们刚刚离去，我就马上写下了这天的日记，然后赶紧上床，让酣眠带来的遗忘淹没关于这一天的记忆，因为它使得这样一个念头一直盘踞在我的脑海之中——我现在是孤身一人了。

叶尔羌的办事大臣本已相当礼数周全，但他的礼貌比起哈尔哈里克的办事大臣来简直就不值一提，事实上，后者所给予我的关心与照料甚至让人感到厌烦。我还没来得及前去向他致意，他就在圣诞节的一大早来拜访我，而那个时候我甚至还在睡梦之中。我去他那里回拜，当我正骑在马背上穿过衙门的院子的时候，接受了三声鸣枪礼的致敬。这一表达敬意的方式差点让我翻了个筋斗，因为我胯下的那匹马并不习惯于如此情感外露的欢迎仪式。

办事大臣年纪约莫50岁，是位和蔼可亲的小老头，彬彬有礼，一副绅士派头。他蓄着经过精心保养的灰色小八字胡，戴着副大大的圆形眼镜。他邀请我与他共进晚餐。在用过晚餐之后，我为他画了一幅像。随后，我十分震惊地见到了他年轻娇美的妻子，以及她那几乎不到两英寸长的小脚。她也请求我为她画一幅像，因为她想把自己的肖像送到自己远在北京的父母那里。当然，我万分乐意地答应了这一让人飘飘然的请求。

第五十六章

在通向和阗的沙漠近旁

我于第二天启程离开哈尔哈里克,办事大臣殷勤备至,甚至派了一位伯克来护送我,这令我免于遭受旅途中所有麻烦事儿的困扰。这座城市和叶尔羌一样有5座城门,当我们穿过东门出城之时,大炮又一次轰鸣,向我们致以离别之礼。

此后不久,我们就经过了最后一个村庄,到达土地贫瘠的平原地区。到目前为止,道路一直轨迹分明,像一条明亮的带子一般穿过田野;而从这里开始,则再也看不到路了。每一个旅行队伍所留下的足迹都被接踵而至的风暴完全抹去。因此,中国人沿着穿越沙漠的那段路竖起了许多柱子作为路标,它们两两之间相距约100码,于是,无论任何时候,你的视野中一般总会有六七个路标。当沙暴肆虐之时,路标几乎毫无用处,可是一旦风暴止息,它们就体现出极大的实用价值。事实上,它们简直就是不可或缺的,据说有一些不幸迷路的旅行者就再也音讯全无了。竖立这些路标的做法令我想起来马可·波罗的话:"在临睡之前立起一个标志,以指示下一段路程的方向。"

从别什阿里克(Besh-arik,五条运河)的绿洲至阔希林格尔(Kosh-lengher,两个站点)的商队旅馆之间的道路,全都位于一片平坦

449

而寸草不生的平原上。阔希林格尔的旅馆和柳树在遥远的地方隐约可见，并且在海市蜃楼的作用之下，看起来像是飘浮于暗色的地平线之上。那所旅馆的建筑质量一流，是在阿古柏刚刚入侵新疆的时候修建起来的。它由灰绿色的砖搭建而成，中间围起一个正方形的庭院，院子的地面上铺着大块的瓷砖。周边四面为旅行者提供了10间客房，客房都是用石头铺地，阳光透过拱形的房顶上的孔洞照射进屋里。沿着这座豪华气派而坚固的砖结构建筑——它和我们习惯于在其中过夜的泥土小屋形成了鲜明对比——还有几间户外厕所和马厩，它们都是盖着木头屋顶的普通泥土房子。紧挨着这休息站点的东南方向，有一个硕大的蓄水池，被几行长势良好的柳树围绕起来。里面的水是从山里面收集来的，储存在这里以供在炎热的季节使用，因为一旦到那时，一切东西都变得像被烤干了一样。

从阔希林格尔出发，估计行进一天半左右便到达严格意义上的沙漠的边缘，这片沙漠被称作"塔克拉玛干""加拉特库姆"（Jallat-kum）"阿达姆·奥图尔干库姆"（Adam-öllturgan-kum）或"屠人的沙漠"（Sand-that Slayeth Men）。

典型的大陆性气候是该地区的标志，就是说，这里的冬季极端严寒，夏季则酷热难当。将近3月底的时候就开始刮起沙尘暴，并且会一直持续到夏季结束。据估算，这里平均每年会出现15场喀拉布兰。它们差不多总是在下午时分袭来，而在早上或是夜里却极少见其踪迹。通常说来，沙尘暴仅仅会持续一个小时，更多时候是从西面而不是从东面刮过来，其威力几乎是难以想象的。它们携全然不可抗拒的威力横扫过空旷而平坦的平原，在村庄附近吃草的绵羊有时会囫囵个儿地被其卷走，或是在沙尘的雾霾中与羊群分离。这种情况催生出某些地方性法规，比如说，如果在天气平静晴好的情况下有一只绵羊从羊群中走失的话，那么牧羊人就得对此负责，必须向绵羊的主人赔偿损失；而若是绵羊在风暴中丢失，则无人承担责任。如果在晴天里绵羊糟蹋了某人的田地或庄稼的话，那么绵羊的主人就必须对受损的一方进行赔偿；但是若损害是在沙尘暴肆虐或是沙尘暴的尘雾笼罩大地之时发生的话，则绵羊主人就无须赔付损失。

　　旅店的管理者告诉我，乌鸦和其他鸟儿常常会被猛烈的沙尘暴从哈尔哈里克一路刮到固玛（Guma）❶，或是被从固玛一路刮到哈尔哈里克，在此过程中它们撞上庞大的固定物体并因而殒命的事件时有发生。一些传说可以说明这些风暴对于当地人的想象所产生的影响，另一些谚语则更为理性，因为它们是建立在实际观察的基础之上的。比如说，据说，如果上一次沙尘暴是从哈尔哈里克刮来的话，那么下一次就会从固玛刮来。不过，这或是因为同一个沙尘暴原路返回，又或是由于另一个沙尘暴要赶紧追随前一个的脚步。

　　第二天的行程将我们带到了楚拉克林格尔（Chullak-lengher，瘸子的客栈），此名称是来自于这样一个事实：很久以前，有一位没有脚的老妇人曾长期在该地坐在路边乞讨。商队旅馆与阔希林格尔的很相像，拥有一个大小约为95平方码的蓄水池，当里面蓄满水的时候，其中央的深度约为24英尺。我见到它的时候，里面的水大约有9英尺深，为了将其保护起来免受污染，池子上覆盖了一层闪闪发光的冰。旅店建在一座小山丘之上，向东面看去，视野毫无阻碍。一个个平原像首尾相连

●　固玛村

❶　固玛，皮山县当地某一地名。

的窄窄的带子一般延伸向远方,变得越来越模糊,直至消失在地平线上。天与地并不是相交于一道明显的细线,而是在一团黄色的尘雾中混为一体。

就像从喀什噶尔到阿克苏的道路一样,中国人将喀什噶尔与和阗之间的全部距离用"炮台"(距离为2.5英里)进行划分。因此,这里的人也用炮台来衡量距离,而不是像其他地区的人们那样使用石头、道路或声音可达的距离等计量单位。炮台原本指的是用泥土建造的平顶的金字塔形建筑,高度约为18～20英尺,每两个站点之间平均有10个这样的间隔或者说"里程"。不过,任何两个炮台的距离都不是相等的。我对其中一些进行了测量,得到的结果分别是4068.5码、4032.5码和3830码。我并不知道中国人在竖起这些"里程标"的时候是采用怎样的方法来测量距离,总之那不会是一种十分精确的方法。以我们惯常的速度行进,穿过一炮台的距离需要45分钟。

我们的下一站是一个叫作固玛的可爱的小镇子,这是沙漠中的一块水源充足的绿洲。楚拉克林格尔和固玛之间的路程横穿过单调枯燥的干草原和贫瘠不毛的平原。

12月29日,我们待在固玛,第二天我们则前往木济村。而在这一年的最后一天,我们从那里出发快速进行了一次短途旅行,去寻找一个阔文萨尔(kovneh-shahr,古代城市),人们曾告诉过我,在那附近会找到它。

我们到达了废墟那里,它位于商队旅馆的东北方向,二者之间隔着

● 通往和阗的道路上的炮台,即里程标

● 木济的人群

一片贫瘠的干草原,相距还不到一炮台。这片废墟主要由许多沿着一系列泥土台阶排列的坟墓组成,我们打开了其中的两三个,它们在外部由木板和柱子支撑起来,但其内部已被尘土和沙子填塞满了,我们从里面发掘出几块脱色变白的骨头,其中的一些骸骨被破布包裹起来,但是刚刚碰到这些布,它们就立刻分解成碎片了。

　　从对该遗址的观察中我得出了如下结论:此地在并非十分遥远的过去曾经是一片坟场,那或许只是两三百年之前的事。根据存在于与此直接临近区域的房屋与墙的痕迹来判断,这里此前的居民被那不断进犯的沙子所驱赶,从而移居到了更南边的地方。

　　人类在沙漠持续的侵占下的这种逃离式的撤退一定已经上演了数千年之久。毋庸置疑,在塔克拉玛干沙漠的黄沙之下必然掩埋着许许多多多东西。

　　有许多事实都可以证明这一地区曾经是一个非常古老的文明的所在地,其中的一个证据在于,在旅行商队过往的大道两边散落着不计其数的泥土器皿和烧制砖块的残片,当地的居民宣称,这些残片遗物都是出自被他们称为"纳萨尔"(Nasar)的一座古代城市。这里偶尔还可发现古老的钱币、指环、青铜器物以及大量的玻璃碎片,我带走了其中的

453

一些玻璃碎片,它们呈浅蓝色或绿色。

无数陶片和玻璃碎片散布在地面上的景象一开始就让我心中充满了好奇,因为当我们在这些地方进行挖掘的时候,除了沙子和尘土之外一无所获。毫无疑问,它们的显现要归因于风的作用,大风刮走了沙子和尘土,这些物品却留在了原地,一方面由于其形状,另一方面则由于它们较沉的重量。千百年来,大风一直持续地刮走沙漠中表层的沙土,这些玻璃和陶土制品的碎片便必定会持续着逐渐越沉越低的过程,直至它们最终沉到现在所在的水平。永不止息的风不甘寂寞地、缓慢却坚定地不断挖掘着这片荒凉的广阔区域,然后又将其吹得平整。这里的居民已经观察到,风的侵蚀作用比流水的侵蚀作用要巨大得多,后者根本无法与其相提并论。

陶片和瓦罐的外观变化多端,它们说明了下列器物类型的存在:附有两只手柄的球形碗,其中有一些是水平放置的,另一些则是垂直摆放的;带柄和倾口的圆形大水罐,其瓶颈处略微膨胀凸出;瓶颈细长的蛋形水罐;黏土烧制的蓝色杯子,杯壁很厚,坚硬如石。有一些砖头的碎片上被涂饰了浅绿色的釉彩。那些玻璃碎片看起来似乎是属于小型的瓶子和盘子的,还有一些来自于用作装饰的玻璃荷叶。

1896年1月1日,我们骑着马一直走到了桑乌雅,那是一个拥有150座房屋的小村庄。在整个这一路上,干草原和沙漠交替出现,那些村庄实际上就是许多绿洲。在某些地方,道路距离沙漠如此之近,以至于路上很容易就会形成沙丘。南面雄伟巍峨的昆仑山的主体部分只有在空气明净清澈之时才能看得到。我们在木济可以分辨出被当地人称为"都阿塔格"的昆仑山,它隔着遥远的距离隐约可见,就像是一堵淡蓝色的墙,但是在桑乌雅一点儿也无法看到其身影。在炎热的季节里,当风暴肆虐之时,空气中弥漫着浓浓的灰尘,旅行者有可能即使从大路的这一头走到那一头,也丝毫觉察不出地球表面那最庞大的山脉之一就在南面,紧邻着自己的身后。因此,马可·波罗从来没有提到过昆仑山这一点也就不令人奇怪了。

桑乌雅的绿洲非常肥沃,这里出产小麦、玉米、大麦、甜瓜、西瓜、葡萄、杏子、桃子、苹果、桑葚、棉花、洋葱以及其他农产品,产量足够满足当地居民的需求。事实上,这里产品有所盈余的情况并不鲜见,这样一

● 桑乌雅的街道和灌溉水渠

来那些东西就被输往附近的其他村庄。

1月2日。整整一天都从东北东方向刮来尚可忍受的凛冽轻风,尘土形成一个浓重的烟团,像尾巴一样跟随在旅行队伍后面。尽管如此,空气还是保持着十分清新的状态,顶上覆盖着皑皑白雪的昆仑山脉轻晰可见。在紧邻着桑乌雅的另一侧,我们又一次进入一块杳无人烟的荒地——那是一片平坦的干草原,上面稀稀拉拉地散布着几株柽柳和白杨树以及几处芦苇甸。

我们打算在皮尔曼(Pialma)过夜,在去往那里的半路上,我们经过了一个小小的客栈,一位老人在那儿为旅行的过客装水,以此赚取一点点报酬,水是用水桶从一口深150英尺的井中提取的。

第二天,我们还是在同样荒芜单调的土地上旅行,一直走到了孤零零地坐落于距离沙漠边缘五六英里远的阿克林格尔(Ak-lengher,"白色客栈"或"白色旅店")。我们极少能遇见其他旅行者,而遇到的那些人通常来说要么是从和阗来的小队商人,他们携带的行李绝不会超过其坐骑所能够轻易负担的重量;要么则是从一块绿洲前往另一块绿洲的农民,他们有时在身前赶着几头驮着种子和蔬菜的毛驴。

455

如同这条路线上的所有绿洲一样,阿克林格尔也位于一条从南至北的水道旁边,不过水道中有水的时候十分罕见,事实上,只有在山里下了持续性的大雨之后才会出现这种情况。绿洲上的水源自于一口126英尺深的水井,其直径不超过2英尺,那里的地层呈黄褐色,包含了少量被磨光的圆形石头,岩石的组成成分一部分是有着细密纹理的坚硬的蓝黑色板岩,纤细的白色纹路在其表面纵横交错,另一部分则是红色和绿灰色的花岗岩。水井一年之中要被清理两三回,因为泥土会从边壁上掉落,从而阻塞水的流入。清理水井时,一个人用绳子缠绑住身体,被坠入井中,绳子的另一端则拴在架于两根短柱子顶部的水平滚轴上。淤泥和沉淀物用一只木桶送上地面,然后被倾倒于井口周围。为了在沙暴中保护水井,井的上边架着一个木头屋顶,这样一来就形成了一个口盖或是遮挡板。在下午3点30分的时候,井底的水温是55℉(12.8℃),而下午4点30分时的气温则是37.2℉(2.9℃)。这里的水是含盐的,味道苦涩,如果不加茶叶和糖的话就无法饮用。

与此相联系,我可以在这里再提一下克孜尔(位于疏勒与叶尔羌之间)的水井,井深为119英尺,里面的水是甘甜的,恒温59.9℉(15.5℃),不过当地的居民被气温的变化所误导,从而宣称井水冬暖夏凉。

1月6日。在骑马行进了大约4.5英里(将近两炮台的距离)之后,我们到达了一个狭长的沙丘地带。高高的沙丘连绵不绝,其中间耸起一座泥土的山脊,上面生长着一些白杨树,这里还竖立着带着布片祭品的木杆,说明这附近存在一个麻扎。

在山脊的东端有一些木头房子,几根柱子支撑起一个突出的屋顶,形成了其中最大的一座。人们更常用库姆拉巴特(Kum-rabat,沙漠中的国王的旅馆)或仅仅是卡普塔尔麻扎(Käptär-masar,鸽子麻扎[1])的名称来称呼这里,因为这座坟墓所具有的一个独有的特征,即它为几千只美丽的鸽子提供了遮风避雨之处和食物来源。这些鸽子的颜色缤纷多样,有黄色的、白色的、棕色的、绿色的、杂色斑驳的等等。旅馆里面的房屋都是土质地面,配备了加高的长凳子,墙上安装了栅栏和栖木。旅

---

　　　　[1]　鸽子麻扎,即洛浦县的著名古迹——鸽子塘。

行者与鸽子共享着这些房屋，其中的一些鸽子坐在鸽蛋上孵化幼崽，而其他鸽子则穿过狭窄的门洞和窗孔飞进飞出。在房间外面的房顶屋脊上、橡子上、屋檐上，到处都落着密密匝匝地排成一行行的鸽子，它们看起来就像是念珠上的珠子。它们兴奋欢快的咕咕叫声从四面八方传来。这些生性温和友善的鸟儿对于和它们共处一室的陌生人的存在并没有表现出一丝一毫的警惕之意。

在一些房屋的山形墙上钉着若干木杆，上面挂着兽皮的碎片，用来吓走那些猛禽。旅馆的管理员向我保证说，如果有鹰或是其他猛禽胆敢骚扰这里的任何一只神圣的鸽子的话，它就会立即从空中掉落并殒命。他说自己最近就目睹了这样的一个事例，一只鹰抓住了一只鸽子，可它忽然被某种看不见的力量所迫而丢开了它的猎物，而就在下一刻，那劫掠者死于非命。

这里久已形成一项古老的传统风俗，即经过此陵墓的旅行者要随身携带一些玉米来供给这些鸽子，数量即使再少也没有关系。谷物被储存起来，鸽子因此可以有规律地得到喂食，因为陵墓矗立在一片完全贫瘠不毛的区域的中央，这里寸草不生，而且鸽子也从不会飞离此处。我们从皮尔曼给它们带来了一袋子玉米。伙计们把袋子放在院子里，我用一只瓷碗将谷物撒满地面，并用力将其抛向尽可能远的地方。

多么美妙的拍打翅膀的声音！多么美妙的空中的鸽哨！多么美妙的欢快的咕咕叫声！整个院子似乎因为鸽子的到来而充满了勃勃生机，它们如同一团真正的云彩那样落了下来。其中一些鸽子甚至飞过来栖于我的肩上和头顶，其他的那些则从袋子里和碗中自行取食。我被迫完全静止不动地站在那里，以免踩到它们身上。它们并没有表现出一丝一毫的畏惧之意。

我在那里停留了一个小时，欣赏这难得一见的迷人奇观。随后，我们从附近的水井中取水喝，水井在地表以下6.5英尺的深度之内，水温为35.9℉（2.2℃）。喝完水后我们向着萨瓦（Sävvah）方向继续行进，那是一片得到良好开发而且人口密集的区域，那里以及其附属的村庄由1位千户长以及11位百户长进行治理。那一夜我们住在了一个叫作米列赫（Milleh）的村子，该村的百户长管理着260户家庭。

1月5日，距离和阗仅仅只有一天的路程了。随着我们离那座城市越来越近,路况也变得越来越佳。我们沿着一条沿路种植着白杨树的宽阔宏伟的大道前进,其宽度达50英尺,穿过由村庄、开垦过的田地以及灌溉水渠所组成的生气勃勃而变化多样的风景。

我们途经众多大规模的村庄,例如库姆阿利克(Kum-arik)、塞旦(Sheidan)、古勒巴赫(Gulbagh)、阿克赛兰(Ak-serai)、吉纳克拉(Chinakla,那里拥有一个麻扎,被一株树龄高达280年的白杨树所荫蔽)、苏帕(Supa)、疏玛(Shuma)、波拉善(Borasan)❶、别辛(Besin)以及托善拉(Tosanla)。此后,我们来到和阗新城的大门前,随即走进了和阗最主要的大集市。

那天一大早,办事大臣派自己的翻译和塔里木商人的长老一起前来迎接我。这些官吏将我引至坐落于城市的平静安宁的区域中的一所漂亮的大房子那里。这是我在整个塔里木地区见过的最舒适可人的房子,其墙壁是木制的,墙上穿凿着别致独特的孔洞,上面还有一个显露出绝佳品味的装饰屋顶。

---

　　　　❶　波拉善,应是和田古代遗址约特干。

第
五
十
七
章

和阗的城市与绿洲

和阗是一座极其古老的城市,关于其起源的历史已经失落在一个遥远的、传说性的过去之中而变得模糊不明、湮没无闻。在此处我将仅仅提及如下事实:欧洲人是通过威尼斯人马可·波罗的旅行而首次知晓"和阗"这一地名的,然后我将对这座城市在现今的状况及其出产物予以介绍。

几代人以来,不,我或许应该说成百上千年以来,和阗都作为软玉或者说玉石的产地而闻名于世。其中的一部分出自喀拉喀什河与玉龙喀什河河谷中的坚硬岩石,另一部分则来自于玉龙喀什河河床上那些被磨光的石片。在中国,玉(汉语发音为"yü-tien"❶,而察合台语称为"kash-tash")被视为最珍贵的奇珍异宝之一,并被用于制造精美的装潢用盒、瓶子、杯子、烟斗的烟嘴、手镯等各种物品。通向北京的大道上的一道关卡,就叫作"玉门关",因为这种贵重的矿石只能通过那道门进入北京城。

---

❶ 原文如此。

今时今日,和阗是一座地位无关紧要的城镇,城中住着不超过5500人。除了玉石之外,这里最重要的产物是丝绸、白色毡子、地毯、皮革、葡萄、大米以及其他谷类、蔬菜、苹果、瓜类、棉花等。产于此处的丝绸毯子以其美丽和精致而著称,汉族人在节庆之时将其铺在桌子上,而在塔里木的城镇,人们则把它们挂于墙上。

　　实际上,"和阗"是整个这片绿洲的名称,其中包括了大约300座村庄,而城镇自身却通常被称作"额里齐",绿洲上还包括另外两座城镇,分别是喀拉喀什与玉龙喀什。这里与中原之间的贸易有一部分是沿着于阗河❶、穿过阿克苏和吐鲁番进行的,另一部分则是取道叶尔羌与玛喇巴什。而另一方面,几乎从没有任何商贸活动途经罗布泊。这里与俄国之间的贸易取道喀什噶尔,和英属印度之间的贸易则途经拉达克的列城。在和阗的集市上,聚集了来自于亚洲各个地方的商人——有中国人、阿富汗人、印度人、安集延人,甚至还有来自奥伦堡的诺盖鞑靼人。

　　我在和阗共计停留了9天。这里的办事大臣刘大人(Liu Darin)向我表达出真心实意的热情好客——每一次我骑马进出他的衙门的时候,他都命人向我致以三声鸣枪之礼。在我到达的第一天,我们完成了常规性的互访礼节,并且互赠礼物。在此之后,我曾多次拜访他,并且很快发现,即使依照欧洲人的观念来判断,他也称得上是一位慷慨、正直、值得尊敬的人,我们之间生发了真正的友谊纽带。他是位70岁上下的老人,身材高大,面部特征十分独特显著,生着一双透着聪明睿智的小眼睛,蓄着稀疏的白色八字胡,留着一条非常细的辫子。在这趟旅行所交往的所有亚洲人里,刘大人是我最乐于回忆起的一位,而且万分希望再次见到他。

　　在当时以及我再次回到和阗的时候,刘大人都经常邀请我去他家。在那里,在城中主要几位官员的作陪之下,我尽享各种各样的美味佳肴,那些美味甚至足以让一位欧洲美食家感到兴奋和满足。在他那些盛大宴席之中从未缺席的一道菜肴是用一种可食用燕窝制作的汤,

---

　　❶ 文中的于阗河,即前文中提到的克里雅河。

这种燕窝以其芬芳的味道而著名。我总是十分期待刘大人的盛宴,因为这对于我那家常和单调的食谱——米饭、羊肉与面包是一种调剂。我们的朋友喀什噶尔的道台,曾经用浸泡在糖浆之中的堆得高得可怕的鸭子与火腿来招待我们,毫无疑问他心怀着这样俭省而精明的想法:既然他们从来什么也不吃,那么不管我们把什么东西放到他们面前都无所谓。而刘大人招待我们的菜肴则与之完全不同。在他那里,我像一位中国人那样吃东西,而且进食之后感觉良好。道台的宴席对我来说是难以言喻的。

对于今日的额里齐,并没有太多可说之处。这是个没有名胜的无趣地方,仅仅是一座由寒酸、矮小的房子所组成的迷宫,狭窄的街道和巷子纵横其间,就像我在叶尔羌所见到的情况一样。

像所有的城镇一样,集市是此地的中心和生活的主动脉。许许多多令人难以置信的狭窄、弯曲而肮脏的小巷子从主要街道上旁逸斜出,不过每间隔一段距离,就有开阔的广场,其间有被树木所荫蔽的储水池或池塘。在城镇的中心,就位于集市旁边,有一处古老的泥土金字塔,由一座已成废墟的塔和围墙组成,那是哈吉·帕察贺(Haji Padshah)的城堡的现存遗迹。从该处可以俯视城镇,它提供了一个绝佳的鸟瞰视角,可以将那些正方形的屋顶和庭院以及城墙之外的田地都纳入视野之内。由于田地在这个季节都是闲置的,加之它们彼此之间被泥土墙分割开来,因此看起来就像是棋盘上那些被抛光擦亮的方格子。遥远的地平线紧挨着由附近村庄的街道和花园所形成的一道暗色线条。

每周都有两天赶集日,乡下人在那些日子里把自己的产品带来销售,妇女们也参与进贸易活动中。

和阗城中居住着40余名安集延商人,他们从此地输出羊毛、地毯、毡子等物品,并和阿富汗人一起将纺织物以及各种各样的殖民地产品输入这里。烟草和鸦片被大量地种植,而缫丝业也达到了很高的发展水平。产出的丝绸中的一部分被运到印度和中亚,另一部分则就在当地被进一步加工成丝绸毯子。皮革和羊毛也是重要的出口物品,其中的大部分取道喀什噶尔与纳林斯克(Narinsk)被运往中亚河中地区。

来自奥伦堡的一位年迈的鞑靼人穆罕默德·拉菲科夫(Mohamme-

461

● 集市

dRafikoff)已经在和阗城中居住了10年,他在集市近旁为自己修建了一所舒适的房子,还拥有一座鞣革与清洁羊毛的工厂,由一顶巨大的作为储存仓库用的帐篷以及一座俄式风格的临时性小屋所组成,二者都矗立在玉龙喀什河畔。这位老人告诉我,每年2月,他都会将所有这些临时建筑拆掉,以使和阗人相信他就要放弃这生意并返回家乡,结果就是他们会匆匆忙忙地以低价尽可能快地将皮子卖给他。但是一到5月,他就会再次建起工厂,而10年以来,他年年都故伎重施。当我为和阗人居然还未发现他的诡计而表达震惊之意的时候,他回答说,那些人太过愚蠢,也太漫不经心。

　　在1月11日,我进行了一次短途旅行,去往一个叫作喀勒塔库马特(Kalta-kumat,浅沙)的村庄,它坐落于城镇东北方向两炮台半(6.25英里)远的地方。我必须徒涉玉龙喀什河并且穿过以同一个名称命名的城镇才能到达那个村庄,而玉龙喀什河距离额里齐仅仅只有一刻钟的路程。在塔姆阿吉尔(Tam-aghil,石头村)的另一端,沙地开始延展,偶尔出现沙丘以及溪流留下的沟壑。而在此之后,地面上布满了石头,我很快发觉,我们正在一道旧河床上骑行。除了玉龙喀什河之外,再也没有别的溪流可以制造出这样的河床了。一定是玉龙喀什河在某个时候曾经流经这里，自此之后则改变了河道，向西面流去，而这与这些地区河流的普遍流向是相反的。

上面所提到的那条河床就是最大量出产玉石的地方之一。地面到处都被深六七英尺的沟渠所切割，那些沟渠宽度为若干英尺，长度最多为30英尺，不过它们的规模根据在其中所进行的劳作的工作量多少而产生一定程度的变化。被抛出沟渠的东西包括圆形的光滑石块、沙子与泥土。玉石正是在这些石块当中找到的。在几个月内或是更长的时间中都一无所获的情况屡见不鲜，但此后突然之间，就在几天之内，挖掘者会变得相对富有，或者至少做成一笔十分成功的生意。玉石的价格根据石头的颜色、纯度和有无瑕疵而变化很大。那些白色或黄色并且拥有红棕色印记的石块被认为非常稀有，石头表面上呈现出某种被称为"肉"（gush）的粗糙度同样会增加其价值。而另一方面，普通的绿色玉石则卖不出大价钱。人们向我兜售两块漂亮的石块，可是我的资金实在有限，不允许我去购买它们。

一座由木头和泥土棚屋组成的小村庄坐落在这里，其用水由一条特殊的运河所供给，地面被清晰地分割成一小块一小块，于是每一块玉石开采地都有其主人，这样一来就避免了在良品被发现之时所可能发生的争端。大多数的采矿者都是汉族人。有一位伯克在此处维持秩序。

我在和阗度过的日子从各个方面讲都是令人愉快的。尽管在沙漠中丢失的骆驼依然杳无音讯，但这件事并没有十分困扰到我，因为我已经备齐了旅行中所需的所有装备。我命人装满并捆好了箱子，将其存放在一间有个一直燃烧着熊熊火焰的火炉的大房子里，而我的伙计们就在其外面的那些房间里住宿。

我从喀什噶尔带来了一位叫作米尔扎·伊斯坎德尔（MirzaIskender）的人，此人有着做秘书的才干。在他的帮助之下，我搜集、翻译并记录下来旅行中沿途每一处地方和每一种地理形态的名称，不仅仅包括那些直接位于我们行进路线上的地点，还及至为我提供信息的那些人的知识所能够达到的最远地方，以及我自己搜集到的点点滴滴的数据。就这样，在我的地图上，从喀什噶尔到和阗之间标记出

463

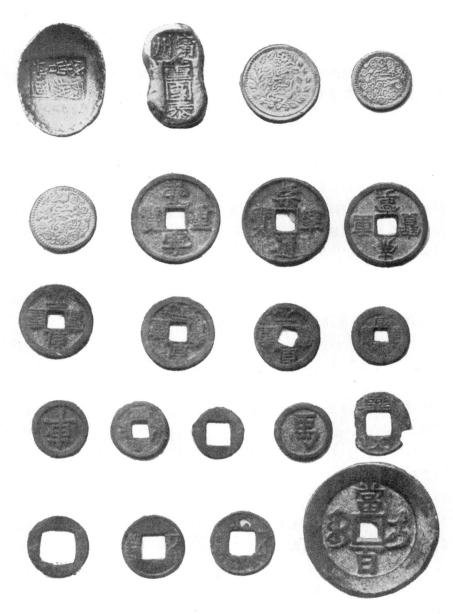

● 中国古代、近代的银币和铜钱（实物尺寸的2/3）

了超过500个地名，其中只有区区几个最重要的为先前的旅行者们所知。在和阗，我们绘制了包括这片绿洲上的300多个村庄的详细地图，包括它们与那些不计其数的灌溉水渠相关的相对位置，这些水渠是从喀拉喀什河与玉龙喀什河中引出来的，它们像一根根手指一般指向北方。

这是一个往往被急于前进的旅行者们所忽略的问题，而这项研究其实十分有趣而且极其重要。首先，它提供了绝佳的语言练习的机会。800多个名字，通常来说每一个都由一个名词与限定修饰词所构成，例如"墨玉"（Kara-kash）就是这样的一个词，如此一来就形成了一个范围非常广的词汇表；除此之外，那些地名总是特征鲜明，它们会让人联想起该地的物产或是地理位置；最后，在800多个名称之中，可能有一些仅仅是凭其发音便会于不知不觉间将人们的思绪带回到久已被遗忘的时代，因此它们为重要的历史发现和解决历史问题指引出可循的道路。

与此相关，我必须对提问的重要性说上三言两语。尽管本人的观察当然必须总是被置于首要地位，但是，如果一位旅行者在夏季经过某个地方，他就无从知晓该地在冬季落雪时的情形，若是他恰好在天气晴好之时到了那里，那么不加以询问的话他就不可能知道该地的降雨是否频繁。我总是遵循着相同的顺序来问一些同样的问题，即：该地的人口、物产、传说等；在春季或秋季是否有播种的习俗，或者是否习惯于在春秋两季均播种，同一块地在同一年之内是否被使用两次，分别用来种植不同种类的谷物，还是在一季中仅仅出产一种庄稼，甚或是隔年种植；关于贸易与交通的情况，道路与沙漠和高山之间的距离；河流的源头和水量，它们通常何时上冻以及冰层何时开始消融，灌溉系统以及与之相关的地方性规定、水井；盛行风向及风暴发生的频率、降雨的频率、降雪的频率；等等。

一个问题引出另一个问题，整个一套问题问下来要用两三个小时，在此之后，所有的信息都被认真仔细地记录下来。

无论身在何地，只要有人可以询问，我就从来不会在午夜之前返回，在那个钟点我的伙计们早已鼾声如雷了。我所得到的对于某一个特定问题的回答有时成为我放弃整个原定计划的原因，比如说，要是不曾得到关于该危险行为一定会成功的确定信息的话,我是永远也不会冒险第二次穿越沙漠的。不过,正如我已经说过的那样,由于篇幅有限,关于这一路我所搜集到的大量材料,这里无法再叙述更多了。

　　我们在和阗停留的9天时间过得飞快,这期间我一方面忙于上述工作,另一方面则为即将穿越沙漠的旅行做准备。

波拉善及其考古遗迹

我于1896年1月9日进行了一次去往波拉善村的短途旅行,它位于和阗以西大约3英里处,是中亚地区发现卓越非凡的古董的最重要地点之一。这里的地表由黄土构成,地理学家称其为"松散土壤",风将其吹起并堆积,形成了25英尺厚的一层,覆盖在坚硬而多石的砾岩层的顶上,后者形成了其基础。一条溪流穿过这松软的表层物质,其溪水部分来自于泉水,它一直深入到了位于下面的砾岩层,切凿出一条深深的沟渠或者说峡谷,上面垒着垂直的残破的墙壁。

春夏两季,当昆仑山脉北坡的积雪融化之时,溪流便会涨水,达到河流的规模,它侵蚀黄土的阶地,将其冲走。到了秋季,当夏季洪水结束的时候,在那些崩坍的黄土被激流一扫而去的地方,能够找到不计其数的古代工业的遗留物,它们表现出极高的工艺技巧。赤陶的小物件、青铜的佛像、经过雕琢的宝石、钱币,诸如此类的东西——这些都是重见天日的物品。对于和阗的居民来说,除了金银制品之外,其他东西都一文不名,他们将其丢给小孩子们当玩具。但是在考古学者看来,这些物品具有非同一般的极高价值,因为它们为如下论断提供了证据:因接受了希腊的影响而变得精致优雅的印度艺术甚至已经渗透到了亚洲的

467

心脏地带。

正如我刚刚提到的那样,我是在1月伊始拜访波拉善的。在那个时候,溪水已经收束成一条微不足道的细流,为其提供水源的泉眼此时已经被冬天的冷霜给冻结住了。这一季所收获的古董已经被和阗的居民搜集起来了,因为他们从不会错过一年一度的寻找金子与其他财宝的机会。

我所带回家的共计523件收集品,全部都是钱币和古老的手卷,它们中有一部分是我在和阗购买的,另一部分则是我在罗布泊探险期间雇用当地人为我寻找到的。我对于这些古董的关注最早始于在喀什噶尔彼得罗夫斯基先生家中之所见,他曾从途经该城的商人那里购得了许多这样的东西,不过他自己也雇用过机灵的当地人为他搜集,通过上述方式,他成为众多价值极高的波拉善古董的拥有者,基塞利特斯基先生(Mr.Kiseritsky)曾在俄国皇家考古学会期刊上对此进行了简短介绍。❶那些赤陶物件以极高的工艺技巧制作而成,其原料是细腻而易于塑形的黏土,经过了高温烧制,它们常常呈现出的砖红色以及非同寻常的硬度都证明了这一事实。

泛泛而论,这些物件可以分为两组:(1)那些出于自然或是纯粹的模仿冲动而制成的物品;(2)具有更高度或是更有创造性的艺术感的产品。

第一类物件的样品呈现于本书第469页。它们几乎不能告诉我们任何信息,也无法说明制造它们的那个时代的真实情况,不过我们还是能够从它们身上了解到,古代居住在波拉善的人们与其后代即和阗的现代居民一样,都将大夏骆驼(双峰骆驼)和马匹作为骑行的代步工具以及驮畜。一如和阗的现代居民,他们同样也对单峰骆驼毫不知晓。

---

❶ 我在此处关于这个主题所斗胆做出的论述必然会被认为是初级的和带有尝试性质的。我意在将对我的收集品进行更为详细描述的任务留给一位能胜任此工作的专家来完成。目前的这一章是建立在基塞利特斯基先生论文的基础之上的,那篇论文所涉及的是完全与之类似的物件,而且二者精确无误地来自于同一个地点,该文的写作基于格伦威德尔那部名为《印度的佛教艺术》(*Buddhistische Kunst in Indien*)的明晰而精彩的著作。在接下来的几页中,我将频繁引论上述资料,我只在这里一次性地提及它们,并在此致以诚挚的谢意。——原注

单峰骆驼的故乡，是在严格意义上的波斯本土，正是在那里，单峰骆驼与双峰骆驼的地理分布范围相接。插图中那些身上没有负载骑手或是物品而且也未被配以缰绳的骆驼很难被认定为代表着野骆驼，因为我有理由相信，现在生存于和阗以北的沙漠中的野骆驼其实是家养骆驼的后代，它们是在波拉善艺术繁荣期过后才倒退回野生状态的。另一方面，一份汉文的编年史宣称，在公元746年，即唐朝时期，在从和阗去往中央王朝的使臣们所携带的礼物当中，包括一头野骆驼——"它捷足得如同疾风一般"。

不过，这组自然风格的物品并非无足轻重，其中某些典型的物件告诉了我们制造它们的那些人来自何处，这一点尤其适用于那些以人和猿猴的形象出现的物件。在本页插图（右图）的最下方我们看到一个猿首，很明显其是作为大水罐或是广口瓶的瓶颈部，它的形象类似于恒河猴（Macacusrhesus），这类猿猴的分布范围从印度一直到喜马拉雅山脉的南麓山底。我的收集品当中包括大约40个猿猴形象，其中的许多都

● 出自波拉善的赤陶物件（骆驼与马匹，实物尺寸的30/77）

● 出自波拉善的赤陶头像（实物尺寸的11/27）

表现为弹奏弦琴。不过这些物件的重要性比不上那些人头像，它们拥有某种标志（因为需要过长篇幅，所以此处无法具体阐明），从而可以与佛头像轻易地区分开来。其中的绝大多数高约2英寸，曾经属于小雕像的一部分，它们展现出女性的典型特征，被呈现得毫发毕现，打眼一看便足以判断出其具有印度人的面容特点。这里的头像与印度的巴拉哈（Barahat）和桑奇〔Sanchi，位于博帕尔（Bhopal）〕以及阿默拉沃蒂（Amaravati）峭壁上的浮雕中的妇女形象拥有一模一样的杏仁状的眼睛、高贵的弯曲的眉毛、圆润的脸颊、略微高拱的鼻子和突出程度几乎难以被觉察出的下巴，二者所展现出的发式也经常一致。上述的阿默拉沃蒂的浮雕被断代为产生于比哈尔之王阿育王统治时代，即公元前3世纪之始，那个时期的印度艺术受到波斯范例的影响。

位于插图中间位置的那个男子头像高度约为4.5英寸，头像人物蓄着又长又窄梳理得十分整齐的胡须，其眼睛是直线型的，都用一道直线线条勾勒而出，而其硕大的鹰钩鼻则表现出和印度人截然不同的特征。事实上，它与波斯波利斯（Persepolis）遗迹中所描绘的那些波斯阿契美尼斯王朝时期伟大国王的肖像呈现出惊人的相似之处。不过，其长耳朵以及额头上的印记，或者说标志，则与那些明确的波斯特征毫无关联，相反，这些是印度艺术典范所独有的。这种印记被称为"ûrna"，出现在许多佛像上，表现为双眼之间的一块宝石，它自有其来源。根据格伦威德尔（Grünwedel）的观点，其源于一种错误的观念，即认为那些两道眉毛相连接从而形成一条直线的人天赋异禀。可以合情合理地设想，插图中的形象意欲表现一位波斯国王或者英雄，不过是出于一位印度艺术家之手；要不然就是，它意在表现波拉善的一位伟大人物，而制作它的艺术家则被波斯的艺术思想所支配。

历史事实是，在阿契美尼斯时期，波斯艺术理念的确曾经对印度的建筑和雕塑产生过极大影响；不过同样存在这样的事实，即印度的艺术家们更喜欢改造波斯的艺术范型，使其与自身的肖像理念相符合，或者换句话说，就是使其地方化并适应本土环境。我们完全不能确定波斯和印度之间的政治联系始自何时，同样也并不知道它是什么时候终结的，不过我们非常肯定地知道，既然波斯西部的贝希斯顿（Bisutun，又写作"Behistun"）楔形文字铭文——是用三种语言写成的，即波斯语

（Persian）、玛代—塞西亚语（Medo-Scythian）和巴比伦语（Babylonian），由布鲁格施（Brugsch）翻译——告诉我们，阿契美尼斯的叙司塔司佩斯（Hystaspes）之子大流士（Darius）在公元前521—前485年期间在位，当时其帝国统治着32块辖地，其中两块的附属臣民分别属于沿着印度河而居的印度民族，以及居住在喀布尔河以南的一个雅利安人部落。在其统治之初，那位伟大的君主（大流士）主要忙于镇压那许许多多叛乱的附属部族，不过，当该任务完成之后，用希罗多德（Herodotus）的话来说，他便开始"探索亚洲的广阔区域"。他所派出的一支探险小队在来自迦利亚（Caria）的小城卡尔延达（Karyanda）的斯基拉克斯（Skylax）的率领之下从位于普什图人（Pakhtu）、阿富汗人国土上的柏克拉奥蒂斯（Peukelaotis）出发开始航行，一路向南到达印度河，随后绕阿拉伯半岛环行，再到红海，行至苏伊士湾。

希罗多德告诉我们，撒卡依人〔Sacae，即萨迦人（Saki）〕或者说斯基泰人（Scythians）以及卡斯比人（Caspii）都曾经向那位伟大的君主每年进贡250枚塔兰特银币。撒卡依人所居住过的地区有大量的地名仍然保存着此地所见证的在古代存在过的地方，例如萨迦、苏库塔什（Soku-tash）、托古萨克（Tokkusak）等。很难说波斯标准的艺术品位是沿着哪一条途径到达波剌圣（Borasan）的，不过这一问题也并不是至关重要的。无论如何，毋庸置疑的一点在于，中亚的这一区域与犍陀罗之间存在直接联系；同样，从最古远的时代开始，就有一条通商路线经由喀拉泰沁连接着梅尔夫（Merv）与和阗，后者是丝国（Seres）的都城。

我的收集品当中也包括了许许多多狮首的形象，它们与插图中所展示的若干猿首一样，表现出强烈的拟人化倾向。其形状似乎表明它们是被用来装饰罐子的，因此，它们在纯粹的自然风格或者说模仿风格的那组物品与更具创造性的那组物品之间占据了一个中间位置，其中那两个较大的头像（见第472页插图）明显是属于后一组的。基塞利特斯基从这种类型的形象当中辨认出对神话中的巴比伦民族英雄伊兹杜巴尔〔Izdubar，又写作"Gizdhubar"（吉兹杜巴尔）〕的再现。另一方面，我们对其与古希腊的森林之神（satyrs）之间惊人的相似之处也无法视而不见。

在更具有创造性的那组艺术品当中，狮身鹫首怪兽格里芬（Grif-

● 出自波拉善的赤陶狮子头像（实物尺寸
的23/57）

● 出自波拉善的狮身鹫首怪兽格里芬（实物
尺寸的6/15）

fin）特别引人注意，它们可以被视作对古老的艺术母题鹰头人身金翅鸟揭路茶的继承，或者说发展。揭路茶是印度古代本土艺术中频繁出现的一种奇异的生着大翅膀的鸟，它是印度神祇毗瑟挐（Vishnu）所钟爱的坐骑。不过它们同样和古希腊神话中长着鹰爪的怪兽格里芬之间存在确定无误的亲缘关系，后者的形象绘制于大约公元前3世纪之时。

　　22年前，德国学者柯蒂斯（Curtius）在认真研究了在当时可得的类似原始材料之后得出如下结论：希腊艺术在公元前3世纪使自己的影响传播到了印度。而依照他的观点，令这种影响渡过印度河的契机在于亚历山大大帝征伐的胜利，以及在亚历山大去世之后沿印度河两岸建立那些希腊化的王国，比如在"希腊的继业者"（Hellenic Diadochi）时期。

　　格伦威德尔将古老的印度艺术划分为两个时期：较早期，表现出占据着统治地位的波斯艺术理念，该时期始于阿育王统治时代，即公元前3世纪，一直持续到巴拉哈（Barahat）、桑奇（Sanchi）、阿默拉沃蒂以及其他一些著名的遗址中的艺术发现所产生的时代。第二个时期被他称为"犍陀罗寺院时期",或者叫"希腊佛教(Graeco-Buddhistic)时期"。在这二者之间,文森特·史密斯(Vincent Smith)插入了印度—希腊流派。

在波拉善所发现的这些赤陶物件,很有可能问世于亚历山大的继任者们在印度北部边疆建立起诸多王国的时期。白沙瓦附近似乎曾经是希腊艺术向四周广泛传播的中心地区,而正如我们所见,希腊艺术的传播一直远达和阗。

在和阗,我运气很好,买到了大量的佛像,它们用青铜和铜铸成,同样也是在波拉善出土的。毫无疑问,这些佛像属于更为晚近的时期,产生于希腊艺术标准的影响完全被纯粹的本土艺术理念一扫而空的时代。我倾向于将这些青铜像断代为公元4世纪或5世纪。它们所展现出的特征与对于神灵的相当现代的表现方式是一致的。

有一尊青铜佛像属于另一种不同的类型,但它同样也出土于波拉善。它是出自一个十分古老的时代的印度艺术的产物。这个盾牌形状的物件具有特殊的重要性。第一眼看去,此青铜器物似乎由7个不同的佛像所组成,顶上有1个,两边各有3个。在古代遗迹与现代印度的宗教艺术当中,存在一种十分普遍的图案,表现为乔达摩佛(Gautama Buddh,释迦牟尼佛)被7位菩萨(Bodhisatvas)所环绕。我们现在所讨论的这个青铜器物或许也可以被解释为出于这样一种设计,即顶上的形象表现的是佛陀,他的身边有6位而不是7位菩萨。不过,乔达摩总是被表现为比其随从的化身要大一些,但是在这件青铜器物上,另外6个形象大小一致,却都比第7个更大,因此这一青铜器物所表现的主题一定是属于另一类别。

目前存在的菩萨是弥勒佛(Maitrêya),而蒙古人以"迈达理"(Maidari)的名字来称呼他。我于1897年在返乡的途中曾经在库伦(Urga)❶参观过他的大寺。

于是我们看到,乔达摩具有6位前辈或者说菩萨,而在他之后还会出现另一位继承者,就是存在于我们现在这个世界上的菩萨。现在,在

❶　库伦,即蒙古国的乌兰巴托市。

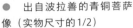

● 出自波拉善的青铜菩萨像（实物尺寸的1/2）　　　　● 出自波拉善的青铜佛像（实物尺寸的1/2）

青铜盾牌状器物上表现的是在乔达摩之前的6位菩萨，以及在他之后将要出现的那位菩萨，也就是迈达理，而乔达摩·悉达多本人却并未身处其上。不过，这一点很容易解释。尽管乔达摩本人是缺席的，但那像光晕或是辉煌的祥云一般环绕在他头部的光轮，或者说放射状的光环，却是清晰可见的。佛陀自身的形象是一个单独的铸件，它只是从该青铜器物上掉落了。当其还是完整的时候，几乎可以肯定，它的面容以及形状与右面的图例中左边那个佛像是一样的。光轮，即那带着轮辐的转轮，"是没有尽头的"，它在对《吠陀经》(the Veda)之阿梨耶(Aryas)的宗教象征中起着十分重要的作用，事实上，它被佛教徒们视作是吠陀宗教普遍所具有的一种典型象征。在《梨俱吠陀》(Rig-veda)当中，转轮被频繁当作诗歌比喻中的喻体来使用。比如格伦威德尔说："雷神帝释天(Sakra)，手中握有闪电，统治着所有的人，就如同转轮的边缘控制着轮辐的顶端一般，将人们的命运掌控在自己手中。"

　　在右面所展示的3个图例当中，位于中间的那个表现为以一片莲叶为背景的佛陀，而他正立于莲花花茎之上。很有可能这幅图展现了若干类似的莲叶与莲花花茎。如果情况确实如此，那么这就是菩萨的象征，而这正是盾牌状器物上所表现的主题的一种变体。

第
五
十
九
章

被掩埋的城镇"塔克拉玛干" ❶

1896年1月14日,我带着一支经过精心挑选的小型旅行队伍离开了和阗。

旅行队伍由我、4位伙计和3峰强健的公骆驼组成,我还带上了2头驴子,以试验一下在急行军式的沙漠旅行中,它们的忍耐力和持久力究竟如何。这4位伙计是来自奥什的斯拉木巴依和克里木·扬(Kerim Jan)以及两位和阗的猎手——阿合买德·莫翰与喀西姆·亚克翰,他们曾于前一年我们在塔克拉玛干沙漠遇难之时帮助过我们。苦涩的经历教会了我,在穿越大沙漠的时候,我们应当尽可能地轻装上阵,因此,这一回,我仅仅携带了那些绝对必不可少的物品,让这3峰强壮的骆驼只承受了很轻的负载。如果这次我们被迫放弃驼队的话,损失将不会那么惨重。

我把沉重的行李以及我的大部分银两都留在了和阗的阿克萨卡尔

---

❶ "塔克拉玛干",此处的塔克拉玛干,《亚洲腹地旅行记》一书中说当地人又称之为"丹丹乌里克",也就是"象牙房子"。

的住所里,所以,我迟早还要再次回到那里去。我们所携带的口粮能够维持50天,却要离开四个半月之久,那么在此次旅行的大部分时间内,我们都必须尽量利用当地所能够供给的食物。我的首要计划是探索普尔热瓦尔斯基的麻扎塔格,随后向东行进,穿过沙漠到达于阗河,目的在于沿途探寻那个在和阗时我曾听人们提起过的古代城市的遗迹。返回时我们将向南走,沿着于阗河的河床溯流而上,穿过于阗城(Keriya),回到和阗。在接下来的几章里,读者将会了解到这一平庸无奇的计划是如何发展成为一项辉煌的壮举的,并且还获得了极端重要又不期而至的累累成果。

不幸的是,我忘记了随身携带我的中国护照,其后果是几乎令我进退两难,不过最后也还是结果圆满。根据原计划,我根本没想到还要与中国的清朝官吏打交道。

我的工具以及其他物品需要用一个箱子装载,炊具则填满了另一个箱子,除此之外,还必须带上几条帆布的双层口袋,用来装面粉、面包、大米、蔬菜干、通心粉、糖、茶叶、蜡烛、提灯、一个烧水壶和深层带柄的炖锅,以及各种各样的其他物品和供给品。最后,我们带上了我本人使用的皮毛和一个羊皮制的大睡袋、若干条毡毯、两把短柄小斧、两把铁锹、一把坎土曼,另外还有武器与弹药。帐篷和床应被归到奢侈品一类,在这趟旅行当中,我自始至终都像我的伙计们一样直接睡在什么都不铺的地面上,只是把自己裹在皮毛里,尽管当时正值寒冬,气温甚至已经低至−7.6°F(−22℃)。不过那时候,我们能够购买到充足的燃料,而且春天渐渐来临。

我的新朋友刘大人认为3峰骆驼实在是太少了,他要自己出资扩充旅行队伍,再加上2峰骆驼和两三位伙计。我最怕的就是累赘沉重的行李了,可是要劝他放弃这番好意简直无比困难。当我们刚刚骑着骆驼从"阿克苏大门"出城,他便匆匆忙忙地先行,一直到了哈兹列特·苏里坦(Hazrett-i-Sultan)村。他此前已命人在那里搭起了一顶红色的大帐篷,它临着道路的那面是敞开的,不过装配了一道用杆子支起的遮篷,其内部的布置则是中式风格的,桌椅上面都盖着红布加以装饰。

在那里,我们在一大群人的目光的注视之下交谈了一会儿,并且抽烟、喝茶,然后道别。我随即骑上了自己那峰健壮的骑乘骆驼,在叮叮当当的驼铃声中沿玉龙喀什河的左岸向着北面进发。一连4天,我们都穿行于贫瘠荒芜的地带,只经过疏疏落落的小树林,一直走到最后一个有人居住的村庄伊斯兰堡,我们在那里从坚固的冰层上过了河。

在毗邻河右岸的塔瓦库勒村中,我们让骆驼休息了一天,并且为即将开始的沙漠之旅做好最后的准备。在我们的东面,一片呈带状的荒芜沙地延展开来,它与我们前一年所穿越的位于麻扎塔格山脚下的最后一个湖泊与于阗河之间的那片沙地的宽度相当。这是一段并不算危险的旅程,因为我们知道那里的沙子并不深,因此通过挖洞的方式总能够找到水,而且能看到许多柽柳和白杨树。我们从村子里雇了两名向导,他们都曾经数次到过那座被掩埋的城市,去寻找金子和其他贵重物品。他们索取的报酬公平合理,并允诺一定会把我们引至那里。

1月19日,我们离开了河流流域,在沙丘间向着正东方向进发。在前几天里,我们经过的沙丘相对低矮——高度不超过6英尺——而且还能够看到稀疏生长的草类。到了第三天,沙丘的高度升至15～30英尺,并且从东到西、自北至南地形成了一张网络。它们的陡峭面是朝着西面、南面以及西南方向的,在那些交叉点上,则堆积出锥形的沙丘。

我们每天行进的时间通常只持续五六个小时,因为我们希望不要使牲畜们过于劳累。每次扎营的时候都会进行一套相同的程序。两个伙计一刻不停地开始忙于挖井,另外两个则去挖柽柳根,用来生火,与此同时,斯拉木巴依为我准备晚餐,克里木·扬忙着照料骆驼和收拾载

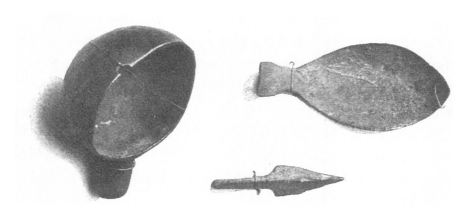

● 　在塔瓦库勒发现的古老的铜勺和铁制箭镞（实物尺寸的2/3）　　　477

物鞍座。我的工作则是裹着皮毛、穿着毡靴坐在地毯上写下笔记,测量沙丘的倾斜角度、高度、方向等等并为其绘制速写草图。完成了这些工作之后,我会来到此时通常已经差不多挖好的水井那里。

在开始的几天里,我们分别在 7 英尺 10 英寸、6 英尺和 5 英尺 6 英寸深的地方找到可饮用的水,其温度变化在 48.2～53.6℉（9～12℃）之间。地面的上冻深度为 8.5 英寸。第三口井中的水是如同河水一般的淡水。很奇怪的一点在于,无论是在这里,还是在叶尔羌河以及渭干河附近,挖井处距离河流越近,井里的水反而越咸。

我们很快就学会怎样判断在某地是否值得挖井。只要在有柽柳或胡杨树生长的地方,或者在地表附近的沙子潮湿的地方,就一定能够在底下六七英尺深处挖出淡水。我们也只在这样的地方宿营。当每天的行程即将结束之时,我会派一位伙计先行到前方去寻找最适宜扎营的地点。

随着我们向前方行进,沙丘变得越来越高,周遭环境也越来越荒凉。

到了 1 月 22 日,我们所经过的沙丘已经达到了 40 英尺的高度。在这里,我们再一次遇到了那种奇特的沙子累聚现象,就像我们在塔克拉玛干沙漠的西部曾经见到过的那样。也就是说,庞大的沙丘堆积体呈南北方向排列,与和阗河和于阗河这两条河流相平行。在其间的洼地中,我们通常能够看到柽柳,它们同样也从北向南延展,呈狭窄的带状分布,而柽柳的生长则说明,在这些地方地下的水距离地表最近。

这些所谓的“达坂”,即山口,很难被分辨出来,除非转换视角。当我们从西面攀爬一个达坂或是沙丘堆积体那令人难以察觉的斜坡,东边的地平线便会显得距离很近,似乎和我们之间仅仅相隔了十来个沙丘。可是一旦登上山口的顶部,就会发现那其实是一片如汪洋大海一般的广阔沙漠,前方的沙丘至少有几百个之多。因此,每当登上一个山口的顶部,我们都要略作停留,以便看清楚朝哪个方向走会使行进更轻松一些。若是从那里观察到某处生长着一株柽柳,我们便会径直朝着那里进发,一次又一次,它被沙丘挡住,从我们的视线之中消失,不过又总会重新出现。即使是它看起来距离我们很近,我们也总要经过长途跋涉才能到达它所在的地方。

1月23日，沙丘升至几近50英尺高。但我们还是在洼地处找到了两株树干干枯爆裂的白杨树，不过其枝条依然还活着，并且即将萌发出新叶。可是这一新生没能得以完成，因为骆驼和驴子贪婪地将枝条啃了个干净。对于牲畜们来说，这次旅程是一次正规的禁食减脂治疗过程，因为此时正值骆驼发情的季节，在此期间它们食欲大减，却更加好斗。不过仅仅过了几天，它们就变得温顺驯良了。

中午时分，我们来到了一块沿南北方向延展的洼地处，那里充斥着一片枯树林。低矮的树茎与树桩呈现出灰色，如同玻璃一般脆弱易碎。树枝由于干枯而扭曲得像是螺丝钻，那些被太阳晒得脱了色的树根是此前那片树林仅存下的东西。毫无疑问，在某个时候，曾有一条河流流经这里，而那条河流只可能是于阗河，因为正如我们所见，塔里木盆地的河流总是会向东改变其河道。还有几棵白杨树仍然活着，它们是仅有的幸存者，是吞噬生命的沙漠边缘最后的前哨站，它们将一个已被遗忘的时代留在身后，那时一片片树林伴随着条条河流而生，而那些河流都追随着于阗河东流的脚步。

不过，对于我们来说，这片狭长的死树林却意义非凡。我的向导们知道，那座被他们称作"塔克拉玛干"的被掩埋的城市就位于其东部边缘附近。如他们所说，根据周遭的环境特征来判断，现在应该距离它很近了，而且我们已经遇到了一些陶器的碎片。于是，我们决定就在此处停下来挖井，并在地表以下6英尺7英寸深的地方挖到了水。随后，我派那两位向导前去寻找古城遗迹，与此同时，其他伙计们则牵着一峰骆驼去死树林中，装载了满满一驮木柴。那天傍晚以及夜里，我们生起了两堆熊熊篝火。而我们的确非常需要火堆，因为到了夜里，气温通常会降至5～−4°F（−15～−20°C）这个区间。

1月24日，我们离开宿营地，并未留人在那里看守。伙计们像往常一样步行前进，手里拿着铁锹和短柄小斧，我骑在没有鞍座的骆驼背上，一起向着就位于临近之处的遗迹进发。

在我所考察过的塔里木区域的其他城池废墟中，没有一处和我们现在将要探索的这座奇怪的遗迹有一丝一毫的类似之处。通常说来，这一地区的古代城市都由用骄阳晒制或至少是烧制的黏土所搭建的墙和塔所组成，但是在塔克拉玛干，所有的房屋都是用木头（胡杨木）建成的,看不到一点点石头或黏土房屋的痕迹。房屋也遵循了另一种不同的建筑方式,尽管其平面设计在许多方面与现代房屋相似,但其中的大多数房子都建成一个套在较大正方形或长方形里面的小正方形或长方形,而且还被分割为若干个房间。留存至今的唯一部分是一些6～10英尺高的木柱子,其顶端由于风沙的侵蚀作用而变成尖的,它们又脆又坚硬,但就像玻璃一般易碎,会在一击之下轻易地分崩离析。

这里有成百上千这样的房屋遗迹,但我无法画出整座城市的平面图来,也分辨不出哪里是街道、集市以及广场,因为这占据了直径约为2～2.5英里的广阔区域,整座遗迹被掩埋在高高的沙丘之下,露于吞噬一切的沙漠汪洋之上的唯一能看到的那些房屋要么原本就建在地势较高的地方,要么则位于现在沙丘之间的洼地处。

在干燥的沙子中挖掘是一件令人绝望的工作,你刚刚把沙子挖走,它们立刻又会回来把洞填满。要知道沙丘底下掩藏着什么样的秘密,就必须把整座沙丘全部挪走,而这项任务绝非人力可以完成——只有风暴才拥有这样的力量。即便如此,我还是发现了足够多的东西,从中足以推导出关于这座古老城市的整体特征的猜想。

被伙计们称为“佛寺”的一座建筑的现存墙壁仍达到了3英尺高,墙是由紧紧捆绑在一起的芦苇秆子所组成的,芦苇秆子被捆成坚硬的

　　　　　　　　　　● 在于阗河以东的沙漠中发现的第一座古城

小捆,然后固定在木桩上,上面再刷上一层混合着谷糠的泥土,这就成为一种坚韧、牢固而耐久的建筑材料。墙体很薄,里外两层都被刷了上述涂料,而且上面还装饰有大量技法娴熟精巧的图画。图画绘制的是一些妇女形象,其衣着轻盈飘逸,她们跪在地上,双手交合,似乎正在祈祷。她们的头发在头顶挽成黑色的发髻,双眉相接,形成一道连续不断的线,鼻根上方点着一个印记,就像在今天的印度教徒中流行的习俗一样。

我们还看到蓄着胡须的男子形象。除此之外,还有一些犬和马的形象,以及在海浪中颠簸的船只——在干燥无水的沙漠的中心地带出现这样的图画令人感到奇怪又印象深刻,还有装饰图形和连续边线构成的椭圆形,每个里面都包含一个手持念珠的坐着的妇女形象,最重要的是莲花的图案大量出现。

很明显,原模原样地把这座墙搬走是绝不可能的。它本身倒是经得起折腾,可是那涂层以及壁画只要轻轻一触就会脱落。因此,我临摹了图画,测量了其尺寸并记下画中所用的颜色。在墙外进行挖掘时,我们发现了一片纸,上面的文字是我无法识别的,尽管多处文字保存得相当完好。在同一地点附近,我们还发现了一个石膏做的人足,和真正的人足实际尺寸相仿。与那些壁画一样,其做工也体现出非同一般的高雅艺术品位,它明显是属于一尊受人崇拜的佛像的。因此伙计们对于我们身处一座古老佛寺之中的猜测并非是无稽之言,无论是该遗迹居高临下的位置,还是那些正在祈祷的形象,都支持了他们的观点。

在该处已经没有什么新的发现了,我们便转而探索另一处建筑。其墙壁的外表面已经被毁,只留下了几根柱子,不过那些正方形的空洞以及接近顶处的痕迹足以表明,这座房屋是两层的,或是像现代的波斯式房屋以及和阗、哈尔哈里克和叶尔羌的许多民居一样,建有一个阁楼。

该处的沙子很浅,伙计们纯粹出于偶然地用铁锹挖出了许多栩栩如生的石膏像,每个高4～8英寸,背面都是平的,这表明它们曾经是作为墙上的浮雕装饰的。它们所表现的是背景为莲叶或是一圈火焰的坐姿佛陀以及一些站立着的妇女形象,其一只手自然伸展而另一只手则覆于胸前。她们身着宽松的长长斗篷,衣袖悬垂,领口敞开,露出项链;

● 来自于阗河以东沙漠中第一座古城的壁画

● 来自于阗河以东沙漠中第一座古城的壁画

其脸庞近乎圆形,头发在头顶挽成发髻,耳朵很长,像今天的佛像形象一样拥有下垂的耳垂,眼睛为杏仁形状,呈现一定的倾斜角度,头后有一圈像光晕一样的环状物。另外还有一些露乳的妇女形象,她们头顶弓形的花环。除此之外,此处还有形形色色的壁缘、柱子碎片、念珠和花朵——这些全都是石膏制成的。从以上每一类物品中我都挑选出一些带走,其中的一些在插图中有所展示。

我们在其他一些房屋中也有所发现,不过其重要性要稍逊一筹。我们发现了一根雕有图案的长长的木头檐口,我将其图案临摹下来;还发现了一枚蚕茧和一个轮子上的轮轴,它看起来是纺车或是类似器具上的。还有陶制大水罐上的碎片及其手柄、一个保存完好的螺旋状器物或者说木制螺丝钉、一个直径超过6英尺的斑岩磨石,它在某个时期一定是被水流驱动运转的。

在沙丘之间,有几处花园的痕迹。普通的白杨树那被截断的树干仍然成行排列,标识出古代道路的延伸方向。同样,有足够的证据表明,杏树和李树曾经在此处繁茂生长。

因此,这沙漠中的第二座索多玛城,其城墙在古代曾经受到一条威力巨大的河流——于阗河的冲刷,这些民居和寺院都从不计其数的人工水渠中取水。在城市的近旁,沿河的岸边,曾生长着茂盛的林木,树叶在微风的轻拂下不断颤抖、来回翻动,就像今天的于阗河边的那些树木一样。在炎炎夏日,枝繁叶茂的杏树则为这里的居民提供了凉爽的树荫。那些河流水势迅猛,水力足以驱动磨石运转。这里的人们养蚕纺丝,园艺业和手工业都曾繁荣发展。居住在这里的人们显然知道怎样装饰自己的家,使其体现出恰如其分的艺术感。

这座神秘的城市曾于何时人丁兴旺?阳光中黄褐色的杏子最后一次成熟收获又是在什么时候?白杨树青涩的叶子在哪一年的秋季最后一回变黄凋零?那些磨石发出的滴滴答答的声响在什么时候永远止息?城中绝望的人们何时最终抛弃了自己的家园,将其留给沙漠王那贪得无厌的无底巨胃?曾经居住在这里的是些什么人?他们讲的是哪

● 石膏佛像（来自于阗河以西的沙漠中的第一座古城，实物尺寸的17/44）

种语言？这个荒原上的塔德摩尔（Tadmor）❶中不为人知的居民从何处而来？这座城市的繁荣昌盛持续了多久？当人们看到城墙之内再也不能为他们提供安全的容身之所的时候，他们又去向了什么地方？

这些问题我现在都无法予以确切回答。对于那些从我在该处的发现中生发的许许多多难以解决却又极其有趣的问题，在今后某个时期我会予以详尽讨论。

"塔克拉玛干"是我的向导们对这座城市的称呼，而我们也将保留这一命名。这座城市神秘莫测，并引发许多让人迷惑不解的问题，需要在今后的考察中得到解决。迄今为止，欧洲人对它的存在毫不知晓，它是我在亚洲的全部旅行中获得的最意想不到的发现之一。谁能够想象得到，在令人望而生畏的戈壁沙漠深处，恰恰在那个恐怖和荒凉程度超过了地球表面所有其他沙漠的地方，会有真实的城市沉睡于黄沙之下？那些城市历经了上千年风沙的洗礼，成为一个曾经繁荣一时的文明留存至今的遗迹。我就这样站在一个古老城市的废墟和残迹之中，从来就没有人踏进过这里的人们的住所，除了风暴在其最肆虐横行的岁月里曾席卷而入；我就这样像一个王子一般站在那令人着迷的木头之间，以此来唤醒一个已沉睡了上千年之久的城市，赋予它新生，或者至少从彻底的遗忘那里挽救回关于它曾存在的记忆。

无论上述那些问题的答案是什么，有一件事的真实性无可置疑，即像我所描述的那些图画中所体现出如此之高度发展的艺术感觉，在今天居住于塔里木区域的人家那里从未存在过。毋庸置疑，这座城市具有佛教起源。

我在前文中所征引其文字的中国旅行家法显❷曾于公元 7 世纪拜访过吐火罗人（Tukhari，即 Tokhala），他们居于于阗河以东、塔里木河以南以及罗布泊的西南方向。遵循这一历史陈述，再综合考虑从我搜集的考古数据以及我所观察到的沙丘移动速度等信息中导出的推论，我们可以大略计算出沙漠何时从这座城市继续向着西南方向进犯，时至

---

❶　塔德摩尔，指沙海中的孤岛。

❷　法显，应是玄奘之误。

今日,其最前沿的沙丘已然邻接昆仑山脉北面的山麓。

尽管雕刻了图案的木头檐口仍然保存完好,尽管骆驼与驴子仍乐意津津有味地享用建墙用的芦苇,但这些事实都无法保证这座城市属于一个相对晚近的时代的结论绝对成立。沙丘移动的缓慢速度有力地反对着这一假设。而且正如我已提到过的那样,沙漠中细微、干燥的纯沙具有一定的保存有机物的能力。

在被掩埋的城市所在的地区,主导风向是东北风和东风,在4月与5月尤为猛烈。大多数喀拉布兰,即黑沙暴,正是发生于这些月份里,风暴裹挟着巨量的沙子与尘土,令白昼变得如同黑夜一般漆黑一团。而在3月与6月,黄色沙尘暴则会来袭,虽然它在猛烈程度上稍逊一筹,却携带着数量同样巨大的沙尘。

在一年里的其他月份当中,风刮得不那么频繁,而且风向也更为多变。1月25日,刮的是比较强烈但可以承受的西南风,我发现某座沙丘的顶端在45分钟之内向着东北方向移动了4.5英寸的距离。夜里风向转变,沙丘顶部又朝着西南方向回移,在9小时之内移动了35.75英寸。假定每年平均有24天冲着西南方向刮起具有飓风烈度的风暴,而且每次这种风暴都是几乎不间断地持续侵袭,一座沙丘每天就会移动6～7英尺,如此一年则会共计移动160英尺的距离,因此,要使沙漠扩展到它现在在南面所达到的地方,就需要整整1000年的时间。

同时还必须牢记的一点是,我所假定每年的风暴数目是可能发生的最大值,所以据此估算出的城市年龄也就是一个最小值。除此之外,沙丘也并不是朝着正南方向移动的,而是向着西南方向,这一因素使得该城市可能存在的时间增至1500年。最后,我们还得考虑到的因素是那些刮向相反方向的烈度稍逊的大风,这或许又为城市存在的时间增加了500年。不过,我将在整理和计算完毕我所带回家的气象学观察资料之后再以更长的篇幅并运用更为精确的数据来重新讨论这一论题。我们还可以进一步断言,这座城市的居民❶是佛教徒。这座城市很

---

❶　关于这座城市的居民,我国认为是吐蕃人与斯泰基人的混血,故《北史·于阗传》里也记　　载有"惟此一国,貌不甚胡,颇类华夏"之说。——本版编辑注

有可能与波拉善在同一时代繁荣昌盛。

走笔至此,我或许可以很方便地插进关于单个沙丘的一些事实介绍。沙丘的底基最初是半月形的,鼓出的那一边略微冲着上风面,而陡峭的凹进的那一边则朝着下风的方向。在每个沙丘与风向相同的那一面的最末端都会伸出一个像牛角或是翅膀一样的延展,它逐渐变细、变矮、变尖。当沙丘一个个绵延不断,它们就脱离了其本来的形状,而是彼此相融,相邻的沙丘都聚合在一起。不过尽管如此,它们还总是保持着同一种结构形式。在一个小时接着一个小时、日复一日的漫长沙漠之旅中,你在这个方面不会觉察出任何不同之处。在沙丘的背阴一面,其倾斜角度总是35°,从这一点来说它们的确几乎毫无变化。相反,在上风面,沙丘的倾斜角度各不相同,变化范围在1°～20°之间,有些时候,它们甚至是垂直的,或者是突悬于沙丘底部之上,从顶部的外缘向内倾斜,其倾斜角度甚至可达10°。如果你在下风方向的那一面从沙丘底部搅动沙子的话,新的沙子便会从顶上流下来,一道自下而上的沟槽随即逐渐形成。这条沟槽一线标记出沙子堆积地最为紧密之处,因为它暴露于最强的风压之下。因此,一旦沟槽到达沙丘的顶端,便很容易就能分辨出其内部的双重结构——也就是说,存在两个系列的沙层,一个与上风面相平行,另一个则与下风面相平行。

这种与钻石的解理纹路相对应的结构从上至下地贯穿于整座沙丘。沙丘表面精巧细致的波纹只不过是次一级的和肤浅的,相当程度上独立于其内部结构。波纹移动的速度要远远快于沙丘自身移动的速度,在风力较强的情况下,它每小时移动9.5英寸的距离。这些波纹是由流沙的作用所形成的。风掠过流沙,驱使其撞击沙丘顶部,沙子便顺着下风方向的那一面流下来,那里的沙子的堆积总是最为松散的,因为沙子只是依靠自身的重量沉淀下来,而并没有经过风压的加固。骆驼是无法从下风面攀上沙丘的,当你遇到这样一个障碍之时,除了绕道而行别无选择。沙丘之间的平地上的沙子也十分松散,骆驼会陷进去7～8英寸深。所以,我们总是尽可能地沿着沙丘顶部那一线行走,在这些地方牲畜只会陷入半英寸,甚至更浅。

前文中所提到的那些达坂由层层垒叠起来的不计其数的沙丘所组成,看起来其宽度就像是延伸至横跨了整片沙漠。每一个达坂连同其附属的洼地加起来宽度约为 1.25 英里,其整体截面构成一道波浪形、锯齿形的轮廓线,那些锯齿就是沙丘,而波浪则是沙丘表面较大的隆起,后者的形成或许是出于这片沙漠原本的轮廓,也就是在沙子侵入之前业已存在的地形。在沙漠的这片区域,那些隆起呈南北向分布,因此,它们由古代河流的河道所决定并不是没有可能。或者是,当河流的河床发生变化时,沙子就沿着从未被河流淹没的那些狭窄的地带累聚起来。

第六十章

奇特的牧羊人群体

　　现在我们的向导已经派不上用场，我便让他们回去了。他们沿着我们所留下的踪迹返回，在我们已经挖好井的那些地方休息。和我一起从和阗出发的4名伙计陪伴着我继续我的旅行。

　　1月25日，我们翻越了8座达坂，其高度为80英尺或是更高，不过当临近傍晚我们停下来休息之时，在距离地表6英尺深的地方就找到了水。

　　翌日，当我们在第八座达坂上跋涉的时候，沙子变得更为厚重。过了第八座达坂，我们在一处洼地中遇到许多柽柳以及濒死的芦苇，这诱惑着大家停下来休息，尽管我们并未走出很远。在东边有一座庞大的达坂，从尘雾中看过去就好像是远处的一座山。我们临时开了个紧急会议，并决定先去看看在这座可怕的大达坂背后是怎样一番景象。它高达130英尺，是我们迄今为止所遇到的最大的一座达坂。伙计们刚一看到它便立刻变得情绪极其低落。骆驼迈着缓慢、沉重的步伐徐徐跋涉，可是驴子却落在了后面，并拉开了很长一段距离。

　　最终，我们到达了其顶部，可是令我们震惊之极的是，再也不存在任何的达坂！不过，我们看不到前方很远的地方，因为最近的一场风暴

489

使得空气里充满了沙尘。不久之后，我们观察到一道狐狸留下的足迹，并发现了一只野鸭的死尸。出现在眼前的柽柳以及其他沙漠植物更多了。沙丘变得越来越矮，这令我们有种难以言表的欣喜。我们看到人的足迹和马蹄印。现在我们已身处一片开阔地当中，面对着一排排光秃秃的高大白杨树，它们挤挤挨挨地形成一片树林。我们还发现了一个被遗弃的小棚子，只是几根柱子架起一个棚顶。

这一夜，我们就在于阗河岸边宿营。

就这样，我们已经成功穿越一片沙漠，来到了河边。对于在整整一个星期之内除了黄沙之外什么也看不到的双眼来说，那里繁茂的植被构成了宜人的可爱景象。在我们停下来过夜的那一处，河流宽度为105英尺，上面覆盖着一层坚固的厚冰，我们在冰上凿开了一个洞，从中可获得的水可比最近一段时间在沙漠中挖井所获得的水充沛多了。骆驼痛饮了一通冰凉的河水。我们宰杀了最后一只绵羊，用木头燃起一堆巨大的篝火，所有人都情绪高涨激昂，尽管当时的事实是，那充满了沙尘的空气模糊了视野，同时完全把我们与头顶的星星隔绝开来。很明显，曾经有人在前一天来过这个小棚子，判断依据是营火的残留物，以及还未被大风完全抹去的新鲜足迹。但是我们并没有看到任何人。

第二天，即1月27日，我们沿着于阗河的左岸朝着正北方向行进。

现在我们最关注的一件事是，要找到可以告诉我们关于这条河流的信息的人。从来没有任何欧洲人到过该河流域，其位于于阗[1]以北的河道，在我们的地图上仅仅被标记为一条虚线。但是目力所及的范围内看不到一个人。我们迈着沉重的脚步缓慢地行进了一个小时又一个小时，有时候穿过茂密的白杨树林，有时候穿过灌木丛和落下的枝条以及枯黄的芦苇形成的又密又厚的草甸，还有时候在沙丘之间绕行，因为沙丘在某些地方十分接近河岸，以至完全取代了树林的位置。

这条闪闪发光的冰河朝着北方蜿蜒而去，其间有不计其数的急转弯，河流有时候扩展到类似于湖泊的宽度，以至在尘雾中完全看不到河

---

　　　❶　文中所提及的于阗应指当时的克里雅镇。——本版编辑注

的对岸。我们经常从林中小径上横穿过去，而这些小径又总会消失在矮灌木丛中；我们还看到野猪、野兔、狐狸、狍子等动物的足迹和一只家养绵羊的蹄印，有时候甚至会看到人留下的脚印。不过树林就如同坟墓一般寂静——我们听不到一点儿声音。所有的绵羊蹄印和牧羊人踩出的小径都是朝着南边的，我们开始担心每年的这个时候是否恰逢牧羊人赶着羊群去往距离于阗更近之处的时节，如果是那样的话，我们就会连一个人也碰不上了。

当这一天即将过去，这天的行程也就要结束的时候，我们在距离河流不远的地方经过了一个芦苇甸，其四周都是原始森林。正是在那里，我们意外而欣喜地听到了绵羊的叫声，看到一大群绵羊正在高高的芦苇丛中安静地吃草。在这附近某处一定有人。我们又是大叫又是吹口哨，但是没有得到任何回应，也没有人出现。

我把4名伙计都派到了树林里，让他们每人朝着一个方向走，而我自己则和骆驼一起留在原地。

整整一个小时之后，阿合买德·莫翰回来了，和他一起过来的还有牧羊人及其妻子，他们被我们的出现吓坏了，于是逃跑并躲藏在灌木丛中。不过，我们很快就让他们放心了。他们还告知我们他们的萨特马（芦苇搭的小棚子）的位置，它距离这里并不很远，我们就在那里过了夜。那位可怜的牧羊人被我毫不留情地过度盘问，事实上，我把他肚子里的货彻彻底底地全部倒了出来，穷尽了他关于我们昨天和今天所遇到的事物的并不十分丰富的知识，然后将这些信息全部储存进我的日记里。

我问他："你叫什么名字？"

"侯赛因（Hussein）和哈桑。"他回答道。

这种一个人拥有两个名字的现象相当罕见，他则解释说，哈桑其实是他住在于阗的孪生兄弟的名字，不过他自己总是同时使用这两个名字，因为他们是双胞胎。侯赛因随后告诉我，从这里向北，一直到河流的尽头，都有牧羊人及其羊群和其他牧群的营地，他们彼此之间隔着很长的距离，都隶属于于阗那些富有的巴依，为其劳作。

每一个独立的羊群中都包括300～1000只羊。每个牧羊人都被指派一块特定的区域，不允许他们侵犯别人的放牧区。他们终年都住在

491

自己这片区域的范围之内,从一片林地游荡到另一片林地,在每一处阿吉尔(聚落地)都停留10天或是20天,具体天数长短由草场所能够维持的时间来决定。例如说,我们的朋友侯赛因有一连30个阿吉尔,彼此之间相隔的距离在两三天的行程之内。他的羊群的拥有者住在于阗,每年的春秋两季都会来这里剪羊毛并且清点绵羊数量,同时也会给牧羊人带来玉米面粉以及其他生活必需品。侯赛因自己仅仅是每隔一年才进一回城。我们碰到河流的这个地方叫作阔察卡尔·阿吉尔(Kotchkar-aghil,公羊羊圈),从这里到于阗只需4天的路程。

在河流更下游的地方,还有些牧羊人一生中只去过一次于阗。不止如此,我们实际上遇到了一位35岁的男子,他从来就没有去过那儿,而且丝毫无法想象一座城市或是集市会是什么样子的。不过,牧羊人中的大多数的确还是会时不时地进城一趟。

位于城市下方的于阗河边的树林里,居住着大约150人,他们组成了一个独立的群体,与外部世界隔绝了一切联系。他们距离所有的大路都十分遥远,一切权威的约束都无法触及他们,他们被沙漠那严酷可怖的肃静从各个方向包围着。

除了最近的邻居以及顺流而下来到其羊圈的巴依之外,那些牧羊人再也看不到一个人。因此,他们处于半野人状态,而且过分生涩,他们就这样出生在原始森林的深处,并在这里长大成人。他们唯一所知的事情就是如何看管和放牧自己的羊群,怎样剪羊毛,怎样将它们赶到草场上去,怎样替羊群砍掉小树和树枝,怎样为其挤奶,以及在母羊产羔的时节怎样将羊羔分离出母体。他们同样也制作玉米面面包,建造自己的芦草棚,在河流断流或是自己距离河流很远的时候挖井,另外还掌握了一些其他技能。他们最重要的工具是坎土曼和巴勒塔(balta,斧头)。事实上,他们总是把斧头插入腰带架在背上。

我曾经很惊异地发现,于阗河流域的牧羊人是孑然独自生活的,他们把自己的妻小都留在了于阗。我联想到自己,如果我是个已婚的牧羊人的话,我一定会很上心地把自己的妻子带到树林里一起生活。不过我们得知于阗河流域是一条大道,尽管并不是特别繁忙,但仍有人时常经过,因此牧羊人担心有时会有人侵犯当地妇女。

　　　　　而在这个流域情况则完全不同。这里没有大路,牧羊人的家人和他们生活在一起。侯赛因与妻子还没有孩子，他们与世隔绝的生活状态多少令我想起了亚当和夏娃，只不过他们从头到脚都披裹着羊皮。

侯赛因告诉了我一些关于河流的信息。他说溯流而上过了于阗之后，河流就被不计其数的灌溉水渠所分流，河水被引至当地的大量耕田，因此河流几乎消失掉了。这毫无疑问部分解释了为什么曾经到过于阗的那些探险家们——普尔热瓦尔斯基、别夫佐夫、格罗姆勃切夫斯基、达特维尔·德·瑞恩斯、利特德尔——当中居然没有一个人想到这条河流值得探索。除了别夫佐夫之外，在其他人绘制的地图上都把这条河流的河道大大缩短了。

在那座城市的下方有许多口水井，是由于灌溉水渠泛滥溢水而形成的，它们再一次重新为河流注水。正是出于这个原因，当地人说这条河越流水量越大、越流越远，尽管可以想见实际情况其实恰恰与之相反，不过此断言当然只是部分正确。

在6月和7月，当西藏的山脉上的冰雪消融之时，洪水就会奔腾而下，注满河道，使河水满溢至河道边缘；不过，河流从不会过于膨胀，总还会有若干处可让人们徒涉而过的地方。溢出灌溉水渠之外的洪水被称为"阿克苏"，意为"白水"，因为它来自于融雪之水；与之相对照而形成区别的是"喀拉苏"，即"黑水"，它来自于天然的泉水。水位在秋季下降得十分迅速，到了11月末，河水冻结成一块块相互分离的大冰层，它们一层又一层地堆积起来，使得河流看起来比起实际规模要大。

在我们到达此地之时，河流正处于这种冬季阶段。可以预期，若是空气清澈而且相对静止的话，冰面将会在20天之内解冻，否则就需要更长的时间。当河流解冻之时，会引发流量相当可观的春季洪水，在此之后，河床会干涸，这种状态要持续好几个月，牧羊人就被迫要为自己以及羊群挖井找水。简而言之，于阗河展现出与其近邻和阗河完全一致的特征，尽管它的流量和长度要远逊于后者。

侯赛因此后继续往南走，我们则沿着一条已被废弃了15年之久的干涸河道向北行进，而河流选择了一条位于2英里以外的沙地里的新河床。我们沿着原先的旧河道走了一天半，尽管它同样也显示出偏东的倾向。在被废弃的河道旁边，仍然有呈带状分布的树林和芦苇甸，它们依靠渗入地层的水而生长。不过总会有一天，它们的根系将达不到

493

足够深的地方,那样的话沙子会占据上风,林木将倒下死去,形成和我们在被掩埋的古城附近之所见一样的一片枯树林。与此同时,在新河道旁边则会有新的树林成长起来。

1月28日傍晚,我们在库鲁卡津(Kurruk-akhin,干涸的河床)附近又遇到了3位牧羊人以及他们的包括400只绵羊的羊群。这些人享受着每年可以宰杀20只绵羊来供自己食用的权利,另外那些由于遭到狼群或野猪的袭击而断肢或是自己跌断了腿,以及无论出于何种原因而致残的绵羊还不包括在这个数目之内,因此他们依靠这种方式平均每年还能再得到15只羊。将这些因素全都考虑进去,那么一个包括400只羊的羊群要增至550只羊就需要3年时间。不过,由于巴依的森林草场无力维持400只以上的羊同时生存,因此每年都要在于阗卖掉60~70只羊。卖羊所得以及一年两次剪下的羊毛组成了巴依从自己拥有的羊群中所获得的利益。在于阗,一只一等的绵羊大约价值3先令6便士,而一只品质一般的绵羊用1先令多一点儿就可以买到。

第
六
十
一
章

沿于阗河顺流而下

休息一天之后,我们仍然向着北方继续前进。现在,我们总是会找一个人与我们同行,以便在树林中为我们指引方向。我们经常骑行在原始森林中,那里的树木高大,而且彼此之间挨得非常紧密,骆驼从林下灌木丛中通过也十分艰难,而与此同时,我必须敏锐地留意四周,以免那些垂下的枝条扫到自己的骆驼。

1月30日,我们经过了新河床与旧河床重新交会的那一点,在那里,河流的宽度达到了110码。冰层有14英寸厚,在某些地方明亮得就如同镜子一般,而在另一些地方,上面则落了薄薄的一层灰尘。

整整10天以来,空气一直处于充满细微灰尘的状态,在一年中的头几个月里,这些细尘被风吹了起来,它们在落回地面之前会在空气中四处飘浮很长一段时间。每年的这个时节,空气都会变得如此这般尘雾笼罩——这对于牧羊人来说是一种非常令人讨厌的天气,因为这些灰尘极其细密,它们就像阳光无处不及一样落在每一片草叶之上,会令绵羊窒息。灰尘覆盖了所有一切,使黄色的沙丘变成了白色,这就令穿过沙地的足迹看起来像是一行行黑色的线,即使从很远之外也能看得见。

2月1日，河流开始显现出更为明显的东北流向。我已经构想出一个点子，即从南向北穿越这部分戈壁沙漠，以期到达塔里木河流域。因此，观察到这条河流向着右边偏离而去令我感到相当烦恼，因为我们越是向前走，河流的偏离倾向可能越是明显。这条河最终甚至或许会转向，转而与塔里木河相平行，通向罗布泊的方向，却肯定永远无法到达罗布泊！每一天，问题都变得更加令人激动：这次探险会成功，还是我们将被迫踩着来时的足迹原路返回？

　　我们那天所到达的区域被称为"玉干库姆"（Yugan-kum，强沙），这里的地理状况非常符合这一称呼，因为寸草不生的高大沙丘就悬在河流上方，呈现出几乎与河道相垂直的外观。不过它们在南边邻接着一片草地，我们在那里再次遇到了牧羊人。其中一位牧羊人一直陪着我们走到了一片被称为"通古孜巴斯特"（Tonkuz-basste，悬挂的野猪）的林地那里。两个牧羊人家庭像野人一样住在林中，围着一堆篝火露宿。一大群小孩围在他们身边，孩子们身上所穿的唯一东西就是敞着的皮毛外套。他们负责照料正在附近吃草的300只绵羊，不过同时也拥有其他的禽畜，即1只公鸡、3只母鸡、1只鸽子和2条狗。他们的家用器具包括烘焙、挤奶和吃饭用的木质盘子，都散放在地面上。他们用

● 于阗河流域的通古孜河牧羊人家庭

皮囊和木头盆子来存放饮用水,木盆是将白杨树的树干挖空而做成的。面粉用袋子来储存。我还留意到几只铜罐子、几把小刀、一把剪刀、几只木头勺子、一把都塔尔、几片毡毯、一个煮东西用的罐子、一个用马毛编成的用来筛面粉的滤网以及若干件纺织品。两位男子足蹬我迄今为止所见过的最不同寻常的鞋子,即一只野骆驼的足部,包括蹄子在内的所有部分都是完整的。牧羊人及其家庭很容易就把我们视同自己人,甚至同意我为其画速写图。

牧羊人当中有两个人告诉我,在西北方向距离此地一天行程的地方,还有另一座被埋没于沙漠中的古城遗迹,他们将其称为"喀拉墩"(Kara-dung,黑沙包),因为在黄沙的映衬之下,生长在附近沙丘上的怪柳看起来就像是黑色的。

2月2日和3日便都被用来探访该地。去往那里的途中,我们有一个有意思的发现——我们正骑马行进在一个干涸的河床上,它终结于一个小池塘附近的沙丘,这个充满咸水的小池塘被称为"希斯马库勒"(Sisma-köll)❶。河流在这里再次更加偏东而去,尽管在某个时期它很明显曾经从古城遗迹的近旁流过。

这座古城的规模比另一座要小,但二者的建筑属于同一个时代。我找到了同样风格的石膏绘画,只不过其保存的完好程度要略逊一筹,还有同样风格的建筑以及相同的建筑材料。其中有一个建筑呈四边形,对边长度分别为279英尺和294英尺,它看起来像是一个商队旅馆。它围起了一个院子,院子中间还有一座更小一些的正方形房子。在另一座房子当中,基础架构中的木梁保存得相当完好。我并没有发现不同寻常的有趣之处,但我对房子的建筑结构方式进行了研究,还探究了木梁是如何结合到一起的以及壁炉是怎样安置的。另外,我还找到了一辆阿勒巴的车轴,说明这里曾经存在可以通行大车的道路。这里还有大量的陶器碎片。

从于阗河流域来的牧羊人和猎手们同样知晓这处遗迹的存在,我的伙计猎手喀西姆·亚克翰就曾去过那里一次,他花了5天时间从于阗

---

❶　Sisma-köll,"köll"等同于"kul"一词,意为"湖泊"。——原注

● 一所房屋的基础架构（位于于阗河以西沙漠中的第二座古城中）

河流域到达那里，不过非常奇怪的是，伙计们中间居然没有一个人曾想到过将旅程向东继续延续一天，这样的话他们就可以找到充足的水源，能够碰到与自己讲同样语言的人，还能得到绵羊、馕以及所需的一切物品。而他们自己原本只是用一头驴子驮运了仅够维持10天之用的面包和水，于是就只能在废墟当中待上一天时间，而这一天通常都被用来寻找财宝。无论是居住在和阗河还是于阗河河边林中的人们都习惯于偶尔拜访此地，然而他们居然从未遇见过彼此！正是由于这个原因，前者以前并不知道于阗河的存在，而后者同样从没有听说过和阗河。二者都用同样的名称（于阗河）来称呼那个地方，而且是出于同一个原因——覆盖着黑色柽柳的小块地方与黄沙所形成的对比。这证明了即使是在如此遥远而与世隔绝的地区，地理命名法也并不是毫无意义。

　　在考察了喀拉墩的遗迹之后，我们返回于阗河流域，继续自己的旅程。随着我们的前进，河流的形状变得越来越不规则，并发散出许许多多的支流，它们形成了大量沼泽。在通古孜巴斯特附近，河流分成了两条支系，它们在更下游的地方（北边）逐渐分离开来。牧羊人告诉我，在七八年之前，水流几乎全部都是从位于右边（东边）的分支流过的，不过后来水流又回到了位于左边的分支，在我来到此地的时候，水流正是从左边的分支流过。不过,这一年的冬水开始悄然返回东边那条支系,牧羊人预期夏季洪水会从那里通过。所以说,这两条河道是交替轮换着过水的。每一年,随河水夹杂而下的沉积物都会在河底沉积大约一掌宽的厚度,这样就抬高了河床,将水流赶向了另一条河道,因为那里的水平面较低。沿着河流东边支系这一路都生长着林木,而在支流的末端有几个小型盐湖,坐落于距离卡塔克森林地区有4日行程的地方。

我十分留意河床的这种交替轮换现象,因为它可以成为一个典型例证,用来说明在这片平坦的土地上河流改变自己的河道是多么地轻而易举。我们必然还会在罗布泊发现同样的情形,只不过在于阗河的例子里,是一条河流转变了自己的河床,而在罗布泊的例子里,则是一个湖泊改变了位置。

2月4日,我们成了居住在阿卡察特(Arka-chatt,意为"更远的岛屿"或是"位于两条河床之间的狭窄地带")树林中的牧羊人的客人。第二天,地形地貌似乎变得完全不同。河流在两边都发散出不计其数的支流,它们通常仅仅是一些冰带子,有时候完全与主流相分离,蜿蜒流入树林中并消失在那里。生长着树林的带状土地以及芦苇甸都逐渐变得更为宽阔,以至于我们就像是穿行于某个热带三角洲。目力所及的范围内看不见一座沙丘。继续向北走,这种对于我们来说如此宜人的环境还能持续多远的距离呢?这些林木会与塔里木河边的树林相连接吗?这些疑问在我的脑海中一直盘桓不去。每天我们都会遇到牧羊人,却无人知道这条河流还有多长。

2月5日的傍晚,我们在图古马克(Chugutmek)和4位牧羊人一起宿营,他们负责照料800只绵羊和6头奶牛。

我们在2月6日到达了一个叫作萨利克肯希密贺(Sarik-keshmeh)的地方,河流在此处的宽度仍为260英尺,而且看起来似乎还能再延续500英里。值得注意的是,和阗河那强劲有力的激流在夏季输送如此巨大的水量径直穿过塔克拉玛干沙漠,注入叶尔羌河,它与阿克苏河一起形成了塔里木河,在冬季却几乎收缩成一条狭窄的冰封的带子,甚至都无法到达布克塞姆。在前一年那穿越沙漠的可怕旅行之后,我正是在布克塞姆遇到和阗河的。形成这一状况的原因在于下述事实,即:和阗河的河水完全来源于藏北的融雪之水和冰川融水,而规模比其要小得多的于阗河在秋冬两季却从泉水中获得了重要的水量补充。

尽管如此，那条迄今为止一直作为指引我们穿越沙漠的绝佳向导的河流还是即将终结，它在与沙漠黄沙的殊死较量中遭到了毁灭性失败，因为在2月7日到达卡塔克的树林之时我们了解到，河流将仅仅向北再延续一天半路程的距离，而过了那里之后，无论在哪个方向都只延伸着无穷无尽的沙地。

我们在卡塔克停留了一天，和我们一起的还有一位林居者穆罕默德巴依（Mohammed Bai），这个滑稽的老伙计整整一生都住在树林里。这些人从来不上税，因此也就从未与官吏打过交道。或许当局也未曾想到于阗河岸边的树林中有人居住，否则的话，这些人也必定会像其他人一样缴税。

据说那时流经卡塔克的河水仅仅是10天之前才出现的，它如同经过一道管子一般从冰层之下流过，然后一块接一块地冻结起来，形成一条长长的触须一般的冰带，向着北方延伸而去。

我很震惊地听说，三年之前在卡塔克，曾有一只老虎来到小棚屋，并叼走了一头奶牛。穆罕默德巴依和他的牧羊人一起把奶牛的残骸带回他们的营火所在地，以图不损失牛皮。随后他们就离开，去将绵羊赶回羊栏。而与此同时，老虎再次出现，继续享用自己的美餐，尽管奶牛遗骸被放置在篝火近旁。在老虎离开之后，牧羊人们根据其足迹判断出，它是顺着河流的流向而去的，即向着北面而去。可是过了几天之后，老虎又回来了，并且向东穿越沙漠。在这些地区，老虎非常罕见。

这是个十分令人振奋的信息，因为我认为这只老虎或许是从塔里木河边的沙雅（国王之台）而来，原因是老

● 穆罕默德巴依

● 穆罕默德巴依的芦苇小棚屋

虎在当地的树林中很常见。不过那位老者对此表示怀疑,他告诉我们,北面沙漠中的沙丘非常高大,而且即便那里真的存在一条叫作叶尔羌河或是塔里木河的河流,我们也必定要花上两三个月的时间才能到达彼处。在他所能够回忆起的35年当中,于阗河的流水肯定从未消失过,不过他也评论说,沙子比以前更多了,而且沙地越来越多地侵蚀着树林的领地。根据穆罕默德巴依的说法,北面的沙漠一直延伸至世界的尽头,而到达那里需要3个月时间。

这些林居者并不知道如何称呼月份以及一星期中的每一天。不过他们并没有丢弃自己的母语,因为母语会跟随着一个人到天涯海角。他们的口音和这片土地上其他人的口音听起来基本上是一致的,能够觉察出来的区别仅仅在于轻微的方言变体及其更少的词汇量。

2月9日,我们继续向北行进。河流在卡塔克附近的宽度几近280英尺,这已经差不多相当于一个湖泊的扩展度了,而现在,它收缩到仅仅50英尺宽,而且以一种游移不定的姿态在难以穿越的密林中蜿蜒穿行,形成了一系列的急转弯。那天傍晚,我们又一次在荒野中宿营,因为我们已经把最后一处牧羊人的小棚屋甩在身后了。在宿营处,河流的宽度已经缩减为大约15英尺,比一条小溪宽不了多少,其流量为每秒不超过35立方英尺。

自最后一位向导在前一天离开我们而返回其自己的地盘以来,我们一直都在沿着急剧衰微的河流前行,有时候穿过柽柳的矮木丛,它们生长得如此浓密,以至于我们不得不用短柄小斧砍出一条小径来;还有些时候,我们走过小块的芦苇甸或是在沙丘之间穿行,这些沙丘上稀疏地覆盖着植物。

我们最终到达了河流消失在沙地中的那个地点,它没入一层并不坚硬的薄冰之下,这真令我感到悲伤,河流终于放弃了这场与沙漠之间的殊死较量。不过,干涸的河床还是陪伴我们完成了又一天的旅程。河床又窄又深,夏季洪水通常能够到达其中。河道两岸都是原始森林,林木十分密集,除了大火之外恐怕没有什么能将其一扫而空。每隔一段距离,矮灌木丛中就会出现一条通道,那是野猪穿行其间去往河流那里的通道,它们的目的是将生长在甸子上的芦苇连根拔起。这里的地貌的某些方面令我想起位于巴士拉港(Shatt-el-Arab)的那些在海枣树之间蜿蜒的小溪。

2月10日傍晚,我们在河床上宿营,并且挖了一口井,在6英尺深的地方找到了水。在那里,我们最后一次听到风拂过白杨树叶所发出的沙沙声,这些仍然挂在枝头的枯黄干叶是前一年的秋天留下来的。无论在前方还是后方,无穷无尽的沙漠都在对我们恶脸相向,我们又一次即将面对它那恐怖的毁灭力量。

第
六
十
二
章

野骆驼生活的地方

在那些做白日梦的时分，我经常满怀见到一只野骆驼的期望，并且希望能得到它的皮，不过即使是在最狂野的梦中，我也从来没有幻想过能够像现在这样和这种非凡的动物产生如此近距离的接触。尽管我曾在圣彼得堡的科学院见到过普尔热瓦尔斯基带回那里的一个填充起来的野骆驼标本，也知道利特德尔和别夫佐夫及其随行官员曾经射杀过一些野骆驼，但每当想起这种动物时，我还是忍不住心头带着些怀疑，并且总是想象着它被某种神秘的魅力所笼罩。

在这段严肃的开场白之后，为了避免读者被误导而认为我是一个善于用枪的好猎手，我必须赶快解释：其实在我的一生当中，我从来就没有射杀过一峰野骆驼。首先，我不是一个热爱捕猎的人——正是因为拥有这一优势，我才能省出时间来从事多项科学观测活动，否则根本无法开展考察活动。其次，我是个近视眼，这造成了一个巨大的劣势，因为往往在我看到猎物之前它就已经跑到射程范围以外了。再次，即便我是一个擅长于捕猎的人，要将子弹射入一个像野骆驼这么高贵的生物体内，我也必定会于心不忍。还有，我总有这样一种感觉，如果你不具备让生灵起死回生的能力，则夺去其性命的行为并不是十分明智

503

的。既然人类并没有被赋予这样一种能力，那么，在我看来，一个人在何种程度上拥有不必要的杀戮的权力就是一个值得商榷的问题。

但是，我们现在却正在接近野骆驼那特殊的栖息之处，也就是戈壁沙漠中最难以到达的区域，我自然是很希望不要错失能够得到一张野骆驼皮的机会，我期望能把它最终带回斯德哥尔摩去。尽管我本人由于有着以上种种缺陷而不适于做一个捕猎者，不过斯拉木巴依以及从和阗河来的两个伙计完全可以弥补这些不足，他们都是敏捷的猎手，并且被强烈的渴望纠缠得心劳神疲，他们不仅渴望着亲眼见到那种仅仅是有所耳闻的动物，而且还期盼着能够在其沙漠老家中对它发起攻击。事实上，野骆驼成为我们在和阗河流域的森林中穿行之时所谈论的最主要话题。

我精明聪慧的朋友猎手阿合买德·莫翰断然宣称："它们就是古老城镇的居民们所驯化的家养骆驼的后代。"尽管普尔热瓦尔斯基所持的观点不同，但我认为阿合买德·莫翰的看法其实是正确的。依据我从波拉善发现的或许有着2000年历史的陶土骆驼俑来判断，骆驼在那个时代已经被当作该地区主要的家养牲畜，那么，还有什么能比以下的假设更为合理，即：

这些被掩埋于塔克拉玛干沙漠之下的城镇，是通过它们维持着与中原等地以及印度的联系的。当沙子大举袭来并且窒息了植物和填满了河道的时候，这些沙漠之舟无疑寻找到了从人类专横暴虐的桎梏中解脱出来的好机会。它们自由自在地繁衍发展，直至现在无论是在这里还是在戈壁沙漠的其他部分都大量生存。这种假设或许很大胆，可是在我看来，如果要追溯野骆驼的血统谱系的话，我们可能真的必须要上溯大约百代之后最终到达驯养骆驼那里。为了证明这一看法，我将列举出几点理由。

普尔热瓦尔斯基是在阿尔金山临近罗布泊之处遭遇野骆驼的，并且根据他的观察得出结论："所有现存的野骆驼都严格地继承了其野生祖先的血统，但推测起来，它们或许在某个时期曾经也和逃脱了人类禁锢的驯养骆驼杂交过，后者——若是它们的确具备繁衍生殖的能力的话——必定会留下子女，而其后裔通过一代又一代的繁衍生息变得越来越与野骆驼同一化。"E.哈汉博士（Dr.E.Hahn）在其著作《我们的驯养牲畜》(*Die Hausthiere*)一书中也表达了相似观点。

现在这一假设自然仅仅适用于普尔热瓦尔斯基亲身遇到的那些骆驼,他不可能将这一论点用在那些生活在于阗河下游地区的骆驼身上,原因很充分,就是他根本就不知道它们的存在。他是这样划定野骆驼的分布区域的:"生活在罗布泊地区的居民一致认为,野骆驼真正的老家是在罗布泊东边的库姆塔格沙漠,在塔里木河下游以及库姆塔格也可寻觅到其踪迹,在且末河流域野骆驼已十分少见,而再向西到了和阗就根本看不到它的身影了。"

"中亚的沙漠可以被看作是野骆驼的故乡。由于所有的沙漠动物的分布地域都很广阔,因此可以很合理地做出如下假设:骆驼曾经一度生活在从远印度(Further India)和波斯北部一直延伸到蒙古的辽阔的沙漠地带。至于是在哪里、于什么时候以及是何种族的人首先驯养了骆驼之类的问题,我们对其答案则是一无所知的。或许那些人是来自沙漠游牧部落,他们偶尔会在绿洲耕种,但大多数时候是以狩猎为生的。"E.哈汉博士这样写道。

尽管普尔热瓦尔斯基对野骆驼的描述在总体上符合在于阗河北边的沙漠中常见的那些骆驼的外貌特征,但后者却不能无条件地与之归入同一种属,因为它们显然仅仅生活在一个有限的区域,而且和罗布泊的骆驼之间并无联系。某个案例中的真实情况未必完全适用于另一案

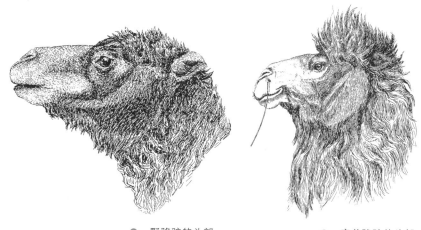

● 野骆驼的头部　　　　　　● 家养骆驼的头部　　　**505**

例。在罗布泊周围,野生血统或许占据上风,但到了于阗河的北边,家养血统的骆驼则数量最多。不过无论如何,以动物学的观点看来,家养骆驼和野生骆驼之间的差异几乎是可以忽略不计的。在这里,我再次引用E.哈汉博士的话:"野骆驼与家养骆驼之间的差异仅仅表现在前者的驼峰里没有堆积脂肪,而这正是家养骆驼的特征。"不过就我亲眼所见而论,在我们所射杀的3峰野骆驼的驼峰中都堆积有相当多的脂肪,尽管同家养骆驼比起来的确算是小巫见大巫。

我们第一次得到关于于阗河流域的野骆驼的消息是在2月1日,地点是在通古孜巴斯特。事实上,那附近的牧羊人并非亲眼见到过野骆驼,但他们有时会在临近树林边缘的沙地里发现其足迹。此后,我们每天都会得到关于野骆驼的特征和习性的更多的信息。居住在河流更下游地区的许多牧羊人确实亲眼见过它们,有时是单个出现,有时是五六峰成群。他们告诉我说,野骆驼看起来与其家养的亲族别无二致,它们体型相当,行动方式一样,生活习性也相同,而且二者的发情期也在同一时间,即每年的1月和2月,甚至就连它们的足蹄在沙地里留下的印记也是极其相似的。

人们告诉我,野骆驼极其害羞,只要发觉自己被跟踪了,它立即就会像一阵风一般逃离,并且会一直不停地跑上几天几夜。野骆驼非常害怕篝火上冒出的烟,据牧羊人说,一旦野骆驼嗅到木头燃烧的气味,它们就会全部消失,而且在之后很长一段时间之内都不会再接近那个地方。在很久之前的某一次,有人带着一对家养骆驼沿河而下,尽管这对骆驼身上的载物鞍座已经被卸去,但野骆驼见了它们还是像见了害虫一般唯恐避之不及。很明显,它们将家养骆驼视为像老虎和狼那样危险的敌手。牧羊人进一步宣称,野骆驼一下子就能注意到钉在家养骆驼鼻孔中以约束其行为的木钉和绳子,而它也能立刻嗅出它的同类身上所背负的重担是什么内容,无论是面粉、肉类、绵羊毛或是别的什么东西,它还会注意到后者的驼峰被压平了,驼毛也被载物鞍座给磨去了。

尽管我并不是一位动物学者,但我还是要尝试着提出这样一种假设(不过,稍后我也会修正它):野骆驼的这些特质仅仅是其返祖性的表现,证明了野骆驼在某个时期曾被驯养,而现今如此自由自在地悠游于戈壁沙漠的沙丘之间的这一代骆驼仍然具有一种本能的恐惧——在那个时候，暴虐的人类用锥子在它们两鼻孔之间凿出洞来，在它们背上残酷地添加重负，使得它们的驼峰被压扁，驼毛被磨去。

穆罕默德巴依是我们在河流附近遇到的最后一位牧羊人，他的一生都在沙漠与树林中度过，因此对于野骆驼的习性就像对自己的绵羊的习性一样熟悉。事实上，他那个小居住地中的十几个人在冬季主要是靠吃野骆驼的肉过活。这一年，他已经射杀了3峰野骆驼，尽管他的火枪极其寒碜，在50步之外的距离就无法杀死任何东西。他被迫逆着风把自己隐藏起来耐心等待，直到有一峰骆驼进到射程范围之内，因为野骆驼一旦嗅到危险的气息，它就会用尽全力飞奔而去，而且一直不停地跑。在前一年，这位老人设法捕到了一峰不超过一周大的幼年野骆驼，整个春季和夏季当中，它都同绵羊群一起被放出去吃草，因此变得和家养骆驼一样习惯于人类的存在。可是不幸的是，它死掉了。

家养骆驼同样会轻易忘记自己是人类的奴隶这一点，如果不存在这样一个正好相反的事实的话，或许可以推断，野骆驼能够变得习惯于和人类安逸共处也是其返祖性的另一个体现。前一年，当我的旅行队伍在塔克拉玛干沙漠遭遇困境的时候，有一峰骆驼成功地独自到达了和阗河，并且自由自在地在树林里游荡了好几天。当猎手阿合买德·莫翰找到它时，这头牲畜已经半野生化了，当人一靠近它，它就立刻惊恐万状地逃走了。不过，通常来说，家养骆驼充其量也只是一种脾气恶劣、难于相处的牲畜，它从未达到马的那种被驯化的程度。如果你试图去轻轻拍拍它，你所冒的是被它踢上一脚的风险；而若是你拍打它的面部的话，它就会发出极其不满的尖叫并且分泌出一种非常难闻的黏液。我在这次探险途中所骑乘的骆驼则是一个例外，它与我之间是一种彼此信任、极为亲密和友善的关系。而且，它发现我从来没有对它造成过任何伤害，也从未接触过穿在它鼻孔之间的那条绳子。

我还被告知，野骆驼生活在沙漠的最深处，它们知道那些零星生长着白杨和怪柳的洼地之所在。夏季的时候，河里的洪水涨到了最远的人类居住地之外还相当远的地方，因此将成群结队的野骆驼引诱过来饮水并且饱餐一顿生长在那里的芦苇。据穆罕默德巴依说，野骆驼在冬季根本就不喝水。

野骆驼对树林避之不及，也从来不会走进丛林一般的矮树丛之中，因为在那些地方它的视线会受阻，一旦有意外情况发生，它就无法迅捷地逃脱。相比较来说，它更喜欢空旷的沙漠荒原。如果说家养骆驼是"沙漠之舟"的话，那么野骆驼必定就是"飞翔的荷兰人"，它就像那艘幽灵船一样不断航行而永不沉没，即使是在家养骆驼可能会失事的那种可怕的地方，它也照样前行不误。

　　在2月19日，我们首次被告知野骆驼已现身，随后我们在一丛灌木之上发现了一撮驼毛。第二天，在已经干涸的夏季河床上，我们看到了大量新鲜的骆驼蹄印和粪便。我们的那些猎手兴奋异常，他们沿着沙漠边缘绕行了长长的一段距离，可是却两手空空地回来了，他们只是看到7峰野骆驼结成一群消失在沙漠之中。

　　在2月11日，我们穿行过一片过渡区域，河床的痕迹在那里变得不那么分明，而树林也渐渐消失不见，柽柳越来越稀少，沙丘却越来越高，不过还没能给我们的行进造成困难。不时能看到孤零零的白杨树立在河床的沿线，不过其已经在沙子的包围中几近干死了，在白杨树之间竖着的那些枯树的树干已经变得像玻璃一样易碎。

　　我们在这样的地貌间行进了整整一天。现在野骆驼的足迹如此司空见惯，以至于我们都不再去留意了。下午的时候，我们来到某个地方，那里的河床旧迹比别处更加清晰易辨，生长在此处的柽柳也更为茂盛。

　　一直把枪扛在肩上走在最前面探路的喀西姆·亚克翰突然间停下脚步，就仿佛被闪电击中一般，然后他像一只猫那样蹲下身来，并且打手势示意我们也停止前进。接着他如同黑豹似的无声无息、蹑手蹑脚地爬进柽柳丛中。我们立刻意识到，就在距离我们200步远的地方有一群野骆驼。

　　我总是把自己的野外望远镜放在伸手可及的地方，因此得以从头至尾地观摩了狩猎过程。喀西姆·亚克翰的武器是他那原始简陋的燧发枪，斯拉木巴依携带一只俄国伯丹来福枪紧随其后。在喀西姆·亚克翰开火之后，那些骆驼立即惊了，它们仔细地盯着危险袭来的方向看了几秒钟，然后马上掉转身躯，向着北面疾奔而去。不过它们跑得并不快，也许是还没有从震惊之中回过神来，或者是没有搞清楚到底发生了什么事。喀西姆·亚克翰所击中的那峰骆驼迈着沉重而笨拙的步伐缓慢地小跑着。我们在它身后追逐，并在它倒地之后一拥而上。它仍未断气，不过我们在其脖子上刺了一刀，从而结束了折磨着它的痛苦。

那天傍晚，营地里充满了兴奋而繁忙的气氛，大家都在高谈阔论。我们几乎已经放弃了甚至仅仅是亲眼看到野骆驼的期望，而现在就有那么一峰千真万确地躺在我们面前。

我当然把这家伙从头到脚仔细观察了一番。这是一峰12岁大的雄性野骆驼，与我们的家养骆驼的体形大小基本一致。驼毛很短，只是在喉部侧下方、颈部、头顶、驼峰以及前腿上半部分的外侧等几处较长，因此与我们的家养骆驼相比，它看起来光秃秃的。这峰野骆驼从下唇沿腹部到尾根的长度是10英尺10英寸，从两个驼峰之间测量的腰身周长为7英尺；前蹄的足底宽8.25英寸、长8.5英寸，其足底的肉垫比家养骆驼更为粗糙，磨损得却没有那么厉害。相比较起来，野骆驼的蹄子更长而且看起来更像爪子，因此它们在沙地里留下的蹄印就比家养骆驼的蹄印要浅。野骆驼的上唇较短，其锯齿形状也不明显，而下唇并没有垂下来，其眼睛里充满了更多的野性。它的驼峰较小，但形状则更为规则，竖得也更挺。而家养骆驼由于其所要履行的劳务，也因为更大的脂肪分泌量，其驼峰在很大程度上产生了下垂现象。野骆驼的毛色是棕色的，微微带着一点儿红色，不过比家养骆驼的毛色稍淡，其驼毛极其纤细柔软，而且毫无瑕疵。

不过不能再浪费时间了，太阳已经落山，傍晚变得十分寒冷，到9点钟的时候，气温为16.9°F（–8.4°C）。"我们必须把骆驼皮保存下来。"我说。不过斯拉木巴依发表了他的意见，说骆驼皮需要用另一峰骆驼来驮，而我们现在所应做的却是要尽可能地减轻驮畜的负担，这是因为在我们面前横亘着茫茫的沙漠，而且我们还要携带大量的水。大伙儿犹豫了片刻，但这犹疑不决被亲手射杀了骆驼的喀西姆·亚克翰打破，他断然宣称，一定要把骆驼皮带上，哪怕由他本人一路扛着都可以。

现在我们重新分派了工作。斯拉木巴依和阿合买德·莫翰去剥骆驼皮，喀西姆·亚克翰发现自己最愿意做的事情是挖井，克里木·扬负责从总体上料理营地事务和照看骆驼，那些骆驼在这个夜里都被拴了起来，以防它们妄图逃走加入其野生亲戚的群体。与此同时，我为自己准备好了晚餐,并且依循惯例记录笔记以及制定出白天的行进线路。

夜深之后,我们都聚集在篝火旁。骆驼皮非常沉,需要三个人合力将其拖回营地。骆驼的头部和足蹄都没有被砍去。伙计们还要在火堆边花上好几个小时才能把皮子完全剥离,做好这一番准备之后再将其平铺在地面上,并且把温热的沙子撒在上边。在整个夜里,要多次重复撒沙子的程序,因为沙子能够吸收掉水分,如此一来骆驼皮的重量就会大为减轻了。

但是另一方面,挖井的结果却不那么令人满意。喀西姆·亚克翰不知疲倦地不停挖掘,可是即使挖到了深度为10英尺6英寸的地方,挖出的沙子还是相当干燥,于是这项任务只好被放弃了。

因此,我们下定决心第二天整整一天都留在原地,因为从一些代价昂贵的经验中我们学会了一点:在没有水的情况下贸然深入沙漠将会是致命的。我们决定一定不能走到距离最后一处水井一天行程之外的地方去,这样在找不到水的时候,便可以掉头返回,尽管我最痛恨的事情莫过于走回头路。

第二天,即2月12日早上,我们四处寻找一个更有可能挖出水的地点,但都无功而返。于是,喀西姆·亚克翰再一次拿出非凡的勇气在前一天挖井的地方继续挖掘,当挖到了13英尺8英寸深的时候,终于开始有水冒了出来。此时的气温为56.7℉(13.7℃),不过地表还是有些微微上冻。我们把一架粗陋的梯子架到井底,用一只桶把水取上来,那涓涓细流是从两层泥土之间的沙子层中慢慢渗出来的。

我们先让所有的骆驼和驴子都喝了个饱,然后花了整个白天的时间来灌满4副山羊皮口袋,这样一来,我们就可以在13日心安理得地撤营了。骆驼皮在用热沙处理之后已经变得很轻,一头驴子足以驮得动它,尽管我必须得承认,那头驮骆驼皮的驴子总是很悲哀地落在最后。

第六十三章

塔里木在哪里

我们穿过枯死的树木丛林，经过孤零零的垂死的白杨树，翻越那些尚未完全形成的沙丘向着北方前行。在另外的半天行进过程中，可以清楚地分辨出旧的河床印记，尽管河水再也到不了那里了，而沙丘的高度则不断增长，从12英尺升到20英尺，再增高到25英尺。植被变得更为稀疏，在东西两边都是光秃秃的沙丘，像山脊那样耸立着，已经相当接近于河床的位置。

当我们刚刚离开河床的时候，就在左侧看到一群野骆驼，共有6峰——1峰体形庞大的公骆驼、2峰小骆驼以及3峰母骆驼，正在安静地吃草、休憩。说起来奇怪，它们竟允许我们靠近到200码之内的地方，因此我得以占据了一个有利的位置，可以将其尽收眼底，对它们的一举一动进行仔细观察，尤其是在太阳当空、天空明净的时候更便于观察。那峰大个子雄性骆驼静静地趴在一棵白杨树旁，而其他几峰骆驼立在那里，聚精会神又惊愕好奇地盯着我们看，不过却没表露出任何想要逃跑的迹象。

由于我们的行进速度很慢，斯拉木巴依可以蹑手蹑脚地潜行到距离它们仅仅50步远的地方，但这些动物很快就觉察到空气中浮动着危险的气息。大个子公骆驼站了起来,这群骆驼缓慢地向着西北方向移动。它们恰恰横穿过我们行进的路线,并且经过斯拉木巴依藏匿其后的那丛柽柳。斯拉木巴依开了枪,公骆驼在跟跄了几步之后倒下了,当我们于几分钟之后赶上来时,它已经完全断气了。子弹击中了其颈部,造成的伤口非常之小,以至于都很难被发现,因为从伤口中流出的血都给驼毛遮掩住了。

这峰公骆驼是一个完美的标准样品,可是沙漠在这里对我们虎视眈眈,我们无法再作逗留,即使是为了获得第二张野骆驼皮。不过伙计们还是割下了驼峰中的脂肪,这成为我们吃米糊的时候一个广受欢迎的佐餐品。我们还取得了大量的驼毛以便将其搓成绳子,因为我们正需要一些绳索。

这峰骆驼的驼峰发育得比前面那峰要充分得多。其前峰坐落在背椎骨的7个棘突之上,而后峰立在6个棘突上。那7个棘突十分显著,而那6个棘突则几乎没有突出于脊柱的整体水平线之上。在这些骨突——或称"棘突"之间,分布着一些坚硬的黄色的腱子。脂肪是被结缔组织固定在驼峰上部的,因此很容易就可以将其割下来。野骆驼的遗骸被留在了原地,正如阿合买德·莫翰所说的那样,这将成为狼和狐狸的美餐。我们所射杀的第一峰骆驼的皮到了晚上已经变得像冰块一般坚硬。毫无疑问,那些活着的野骆驼在未来的很长一段时间之内都会对它们死去的亲戚的横尸之处心生畏惧,从而不敢再去那些地方。

我们刚刚走了不远,就又意外地遇到了第二群野骆驼,包括1峰公骆驼、2峰母骆驼与2峰小骆驼,它们也是一样鲁莽不慎。在跑了大约50步之后,它们就停下脚步,在原地等着我们走到距离它们相当近的地方,然后又蹒跚着跑开了几码。这一伎俩被它们重复了3次。我还没来得及阻止,斯拉木巴依就已经开枪射中了一峰母骆驼。子弹击中了它右前腿的关节处,它立刻就倒下了,卧成骆驼休息时通常所采取的那种姿势,即用膝盖以及胸部的胼胝触地。母骆驼的头偏向了左侧,嘴巴大张着,把嘴唇伸进沙地之中,痛苦万状地疯狂尖叫着。

关于野骆驼的害羞怕人这一点,我们自己的经验与牧羊人的说法大相径庭。我们所遭遇到的野骆驼既不小心谨慎也一点儿都没展现出其灵巧敏捷,它们很轻易就让人接近到距离它们很近的范围之内。不仅如此,我们还发现野骆驼很容易猎杀,只要一颗子弹就能让它们倒下,无论这颗子弹射中的是其哪个地方,不管是背部、颈部还是腿部。野骆驼的警惕性如此之差无疑应归咎于它们现在正处于发情期,而它们的消瘦也是由于此原因。

观察我们那3峰雄性家养骆驼的情形真是既有趣又欢乐。远在我们看到野骆驼之前,它们就已觉察到其存在了。往往是远远提前于我们观察到骆驼群的时候,它们就会从喉咙中发出"咯咯"的声音,并且用尾巴不断地抽打自己的背部,同时泡沫从它们的双唇之间涌出滴落。当看到垂死的母骆驼时,它们便陷入一种半疯狂的状态之中,必须要将其用绳索束缚住才行。它们咬牙切齿,口中产生大量泡沫,它们的眼睛在平日里非常平静,现在眼珠却在狂乱的激动的驱使下不停地转动。

在接下来的几天之中,我们又见到过几群野骆驼,有时也会遇见单独的一峰离群者,事实上,我们已经习惯于它们的出现,以至于到后来我们都不会再对其多加留意了。那些野骆驼通常是在啃食干杨树叶与柽柳,当它们掉头逃跑时,总是朝着高耸的沙丘的方向跑去。它们能够毫不费力地在沙丘顶上奔跑,令人惊叹不已,尽管其步态与家养骆驼一样地蹒跚摇晃,而且它们拖着笨拙的长腿的一点儿也不优美的样子也和家养骆驼如出一辙。不过,在家养骆驼开步行走的时候,它们的驼峰会像两坨果冻一般摇晃颤动,而野骆驼的驼峰则能够保持静止不动和牢固坚挺。野骆驼的叫声和我们的骆驼所发出的声音一样,听起来哀伤悲切。❶

与此同时,我们偶然间发现了一个解决水短缺困难的好方法。在2月13日傍晚,我们仅仅挖了5英尺深,清亮的淡水就冒了出来,水温为42.1°F(5.6℃)。

2月14日,我们完成了一段漫长的旅程。尽管沙地在一定程度上比之前的高度更高,而仍然活着的柽柳和白杨树也变得更为稀疏,但在一整天当中都看得到大量死去的枯树。有时候,那些坚硬的白色树桩

---

❶　在斯文·赫定穿越塔克拉玛干期间,当时人们普遍认为野骆驼是家养骆驼群中重归野外的,不是一个特殊珍稀的动物种群。

排列得如同陵园里的墓碑一般紧密,我们被迫排成一个纵队才得以从其间缓缓穿过。当骆驼身上所背负的行李擦过这些树桩时,它们就发出像玻璃碎裂时那样的噼啪声。沙丘陡峭的那一面都是朝着西南方向。我们的视线在四面都被高大而险峻的达坂阻断,我们小心地远远避开了这些达坂。每一株仍有生命的白杨树上都清楚无误地带着野骆驼来访时所留下的痕迹,凡是在它们所能够达到的高度,树皮和树枝都被啃光了。我们仍然在沿着旧的河床印记行进,这部分是由于枯树林的阻挡,部分则是因为某些山脊和泥土的岩脊充塞着沙丘之间的空间,很明显它们曾经一度包围着河床。

我们向着北方走得越远,地表上那些本来不规则的地方就在流沙的作用下变得越为平坦,因此,我们有时候就无法确定河床到底位于何处。我们循着一道骆驼的足迹行进了很长一段距离,但它却把我们带偏,使我们走得过于偏西了。在我们的下一个宿营地,即离开塔瓦库勒之后的第24个宿营地,我们在距离地表5.5英尺深的地方挖到了水,水质就如同河水一样好,水温为44.1°F(6.7℃)。我们还无意间发现了在距沙丘顶部8.5英寸之处有一层超过0.75英寸厚的白雪,它处于沙子的掩盖之下,与沙丘的表面平行。这表明在这些地区有时候会下雪,还说明冬季会刮风,因为自从落雪之后沙丘的高度增长了9英寸。这是我在塔克拉玛干沙漠当中唯一一次见到雪。

2月15日,我们在沙丘中间迷了路,那些沙丘有时候高达将近100英尺,沙丘的背风面朝着西南方向,沙丘高度与两个相邻沙丘顶部间距之间的比率平均为1:12.8。在一整天的行进过程当中,白杨树和怪柳都十分罕见,不过在临近傍晚时分,我们来到了另一片有植被覆盖的条状地带。在我们扎营的地点,生长着42棵活生生的白杨树。这里只看得到一道骆驼足迹,还是很久以前留下的,不过野兔和禽鸟留下的踪迹屡见不鲜。在距这里不远的地方,有几根从于阗河来的猎人竖起的木杆,作为某种指示或标志,或许是表示此处是他们在北面足迹所达的最远边际。我们这天晚上所挖的水井的深度为6英尺3.5英寸,水温为45.5°F(7.5℃)。地表已经上冻,并且一直冻到了5英寸厚的地方,蓄水的沙层位于不渗水的泥土之上。

　　　　2月16日,我们继续缓慢地向北行进。每天白天我都焦急地估算着已走了多远,而每个夜晚则计算在我们和塔里木❶之间大概还有多少距离。我们急切地渴望能够赶快到达那里,与危险重重的沙漠说再见。

在正午之前,我们走过的地方的沙子的高度要低于前一天所经过之处,我们急不可耐地望向北面的地平线,塔里木的林带第一次映入眼帘。一片生长着大约70棵生机勃勃的白杨树的绿洲吸引着我们停下来稍事休息,不过猎手阿合买德·莫翰发现了一道豹子留下的足迹,他言之凿凿地告诉我,这种动物偶尔会跑到距离水源地一天以上路程的地方去。于是我们再次动身启程,因为很明显,这只野兽并不是从南面的于阗河那里来的。

在此之后,沙丘的高度再次上升,达到了50英尺,这一地区的地貌还是一如既往地贫瘠荒芜和枯燥无趣,我们仅有两次发现了野骆驼出没的迹象。当日色渐暗之时,我们在一棵孤零零的白杨树周围搭起了临时居所,而我们的骆驼很快就把这棵树的树皮给啃光了。在我们穿越沙漠的这段行程之中,驴子主要是靠吃野骆驼的粪便维生的。此时天色已太晚,来不及挖井了,不过我们的山羊皮里还余了一些水。我们找到了些燃料,然后围坐在篝火旁聊天,墨蓝色的天幕笼罩在我们头顶,上面星辰密布,熠熠闪耀。

伙计们情绪高涨地期盼着第二天的到来。克里木·扬照料着我们的5头牲畜,阿合买德·莫翰和喀西姆·亚克翰拾来了一堆干草根和树枝,斯拉木巴依弯腰俯身于煮饭的罐子之上,用一把长柄勺子搅拌着里面煮着的东西——米糊混合着洋葱、葡萄干和胡萝卜,全部都放到从野骆驼驼峰中割下来的油脂里面煮。我则趴在我的地毯上,嘴里叼着烟斗,借着火光记日志。拱着背一般的沙丘包围着我们,四下里一片诡异的寂静,白杨树在火焰幽光的映照之下显得孤单而忧郁。

说真的,谁知道在这片我们留下无数足迹的神秘而怪异的沙地下面沉睡着多少逝者。万籁俱寂,一切都静止不动,若不是干燥的木柴猛烈地噼啪作响,这里的氛围就会显得离奇诡异到不可思议的地步。

2月17日。地貌没有什么变化,沙丘高大而陡峭,在东、西两个方

---

❶ 塔里木,这里以及下文系指塔里木河及其流域。

向又都出现了达坂。视野中总有一两棵白杨树,尽管它们的间距一般有大约一小时的路程那么远,树与树之间的连线仍然是南北向的,这与和阗河以及于阗河相平行,却并不和塔里木河平行,而且也没有什么其他迹象表明我们已接近这条河了。我们停在了一个生长着两棵白杨树的地方,这里的地面看起来像是下面有水的样子。我们必须取到水,因为前一天已经把之前贮备的水全都用光了。我们在距离地面5英尺4英寸深的地方挖到了水,水温为41.7°F(5.4℃)。

2月18日。水渗出的速度非常之慢,因此截至我们第二天出发之时,仅仅只灌满了一只山羊皮口袋。地势变得越来越陡峭,其中有一座达坂高达130英尺,不过我们还是缓慢而艰难地翻过一座座堆积起的沙丘,直至最后终于登上了达坂的最高处。从那里隔着遥远的距离几乎看不见北边的地平线,四下里的沙地都寸草不生,看起来很像是塔克拉玛干沙漠的西部。那天我们所有人都异乎寻常地沉默不语。猎手阿合买德·莫翰只笑过一次,那是因为我指着两座沙丘的侧翼之间绽裂的一道环形的深沟问他是否愿意滑进那个坑里去取一点儿水上来。

斯拉木巴依和我的情况更糟,我们低落的情绪影响到了其他人,令他们也开始感到灰心丧气。我们找到一处合适的地方停下来休息并且开始挖井。挖到5英尺深的地方,挖出的沙子是潮湿的,但还没有湿润到表明这里将有水冒出的地步,于是我们放弃了挖井的行动。山羊皮里面贮存的水还可以把这个晚上和明天早上对付过去。骆驼都饥肠辘辘,我们只好让它们吃自己身上的载物鞍座。

在这天的行进途中,我们有两次都遇到了一只狐狸所留下的足迹,那行足印先是向着沙漠里面深入了一点儿,然后又返回,直直地向着北方而去,这令我们的情绪受到了鼓舞。这只狐狸究竟跑到那里去干什么呢? 是去追寻野兔? 或许是吧。不过野兔应该在离其洞穴更近的地方就能找到。我们还见到一只乌鸦向着同样的方向飞去。阿合买德·莫翰认为,这只乌鸦应当是看到了我们射杀的那两峰骆驼的尸体,因此现在正匆匆忙忙赶回塔里木去呼唤它的亲族们同来分享这一盛宴。也许这乌鸦正是为此而奔波吧。无论如何,在过去的几天当中,风都是从北面刮过来的。

啊,好吧,我们的水全部告罄,而水井则是干涸的。是否在前方还有一片像塔克拉玛干西部那样骇人的沙漠？是否等待着我们的命运也会如那时的遭遇一样恐怖可怕？不，这次我们将做得更加明智。我们召开了一次重要会议，决定冒险继续向北行进一天。狐狸不会跑到距离塔里木太远的地方去，不过狐狸终归是一种诡计多端的狡猾动物，一个危险的向导，我们下定决心还是要对其有所提防。

如果在翌日还找不到水的话，我们就将返回自己在第27号营地所挖的水井那里。

第
六
十
四
章

穿越塔里木的树林

2月19日。在高高的沙地里行进了几个小时之后，我们又一次在北面看到了植物的身影，那是一种名为"萨克苏勒"的沙漠灌木，这种植物在喀什噶尔的方言中被称为"Sak-sak"，在和阗方言中被称为"Köuruk"。看起来梭梭似乎是柽柳的替代物，因为很明显柽柳在这附近几乎绝迹。我们再一次观察到野骆驼、野兔、狐狸以及蜥蜴的踪迹。某些沙丘之间的地面由一种被我的伙计们称为"肖尔"的物质所构成，那其实是一种覆盖着一层盐壳的潮湿泥土。我们时不时地遇到随风飘扬的黄色旗子以及芦苇的外梢。塔里木应该距这里不远了。

沙丘的高度为25～30英尺。从一座达坂的顶端，或者说是山口处，我终于看到了一小片芦苇，我们就在那个地方停下来休整，以便让骆驼饱餐一顿。在清晨到来之前，它们已经将所有芦苇吃得一干二净了。我们挖的井在5英尺深处开始出水（水温为40.3℉，4.6℃），可是水又咸又苦，就连牲畜都拒绝饮用。

阿合买德·莫翰最终心平气和下来，因为他通过观察得出了与我相同的结论，即在接近河流的地方，沙漠水井中的水总是会变咸。无论如何，这是在我的生日这天出现的一个好兆头，因为现在出现了一个确切的迹象表明我们正在接近塔里木。傍晚时分，我们在几件容器中灌满井水，当清晨来到的时候，再把夜里在上面形成的冰块融化掉，通过这种方式就可以去掉大量的盐分。不过，还是需要强大的意志力才能咽下几口这样的水，即便是用它来泡茶也无济于事。

2月20日。狐狸误导我们偏离正途的距离不超过一天的路程，早晨还未过去，我们所经过的沙丘的高度已降到了16英尺，后来又降到6～7英尺高，而且它们也不再像先前那样紧紧地挨在一起，最终只是间隔一段距离之后才出现另一座。柽柳与白杨树开始单个地或是以疏疏落落的丛生形式出现，最后，我们终于在遥远的前方望到了一道暗色的细线，那就是塔里木沿河的树林。这是一幅多么壮丽辉煌的景象啊！现在所有的危险都已烟消云散。接着那些通常会出现的迹象开始循例一一展现——灯芯草、一头野公猪的足迹、骑马者的一道行踪，大概那是一位在最近曾与我们的行进路线交错而行的猎人留下的，另外还有一个赤脚的人的脚印，他很可能是位牧羊人。

不过我们所观察到的最值得注意的迹象，则是一峰野骆驼的带肉垫的蹄子所留下的新鲜蹄印。那么也许野骆驼出没于塔里木河南面那一条狭窄的土地？我不知道。

现在地面平坦而开阔，植物变得更加丰富和稠密，同时沙丘的数量逐渐减少。我们穿过一道干涸的河床，它贯穿西东，毫无疑问是塔里木河在洪水泛滥时节所产生的一条侧支流。在其底部仍然有一小段已上冻的水道，并且有一条新近踩出来的小径向下通到那里。我们应当在那里扎营，却并没有那样做，我们继续向前行进，因为我们凭印象以为再走上一个小时或至多两个小时就能够到达河边。

树林变得更为茂密，不过隔上一段距离就会出现一块开阔的林间空地。有一件事令我们大为震惊：所有的野生动物足迹都循着东西方向，而一条由大车的车轮碾压所形成的沟状小路也是东西向的。我们一个小时接着一个小时地迈着沉重而缓慢的脚步向着北方继续前进，但是寂静主宰了一切，四周没有一丝一毫生命的迹象。黄昏降临，我们还在艰难跋涉。天色暗了下来，我们徒劳地寻找着河流，最终，在夜深时分，完全困在了一片浓密的灌木林里。我们精疲力竭地在一个已经废弃的羊圈里宿营，并且将其柱子和横杆都拆了下来用来生火。

519

这是我们所度过的第二个没有水的夜晚,我们都被强烈的渴意折磨着。伙计们在灌木林中四处找水,但都无功而返,最终只得作罢,等到第二天早上再说。

2月21日。塔里木河似乎从我们眼前溜走了,我们一整天都在找水,尽管在各个方向都能发现人和马留下的踪迹,却找不到丝毫水的影子。那条路仍然有一部分隐没在原始森林之中,树木生长得如此稠密,以至于我不得不用一根棍子拨开树枝,以防止它们打在我的脸上。路的另一部分则从茂盛的芦苇草地上通过,还有一部分穿过贫瘠的沙地,上面零零星星地散生着一丛丛野草以及沙漠植物。干渴的感觉令人痛苦万分,我们有两三次尝试着挖口井,但那些努力都宣告徒劳无功。

在某个地方,我们遇到了三座芦草棚,棚顶上堆着成捆的芦苇。我们还看到了人的足迹和牛的蹄印,应该是不到一天之前留下的。另外还有一些证据的存在进一步表明附近有人类生活,比如说一小块被耕作的土地、一个柱子和一块打谷场。我们大声呼叫,却并没有人应答。

有几条已干涸的水道贯穿树林,但没有一条里面残存着哪怕是一丁点儿水。我们越来越深地被困在这无边无际的森林之中。

突然间,走在最前头的斯拉木巴依朝后面大喊:“水!水!”没错,在一条水道的一个深湾处形成了一个很大的池塘,不过上面覆盖着厚厚的冰层。整个旅行队伍加快了行进步伐。伙计们忙着找来他们的斧头与铲子,仅仅用了几分钟,他们就凿出了一个洞,然后平趴在冰面上喝里面的水。

我们立刻在一片历经岁月的白杨树林中支起帐篷。伙计们齐心合力拖倒了两三个干枯的树干,当夜幕降临之时,他们生起了大篝火,将整个树林都照亮了,其光芒在很远之外都看得见。我们终于又一次感到融洽安逸,当听到从远处传来犬吠声的时候,我们的感觉就更好了。阿合买德·莫翰和喀西姆·亚克翰向着叫声传来的那个方向急速赶过去,过了很长时间之后,他们与另外三个人一起回来了,我向这三人反复询问了一些问题。他们告诉我很多信息,其中包括我们在前一天所越过的那条河床被称为“阿奇克达里亚”(Achick-daria,盐河),还有我们此时所在的这片生长着树林的土地被叫作“喀拉达什”(Kala-dash,

黑池子）。这附近有若干牧羊人，他们为沙雅的巴依们看管着大约4000只绵羊。

第二天，我们在一位向导的指引下朝着东北方向继续行进，在一处叫作特列斯的地方跨过了叶尔羌河，那里的河面宽170码。尽管冰面比较结实，但还是禁不住骆驼的重量而被压弯并裂开了。这些牲畜害怕自己掉进河里洗冷水澡，连忙急匆匆地渡过河去。不过它们还是本能地将腿跨得很开，以将其重量分布于一个面积尽可能大的表面之上，同时将脑袋也垂到了贴近冰面的地方，这样一来即使是蹄子陷了下去，它们也不会伤到自己。

在奇敏（Chimen）村，我们再一次享受到了头顶有屋顶覆盖的奢侈待遇，尽管那不过是你所能够想象到的最简陋原始的顶棚。

我在此处向阿合买德·莫翰和喀西姆·亚克翰支付了他们为我提供服务所应得的报酬，因为他们即将离开我们，溯和阗河而上，以返回塔瓦库勒。我已经喜欢上了这些来自森林的优秀的伙计们，并且为与他们分开而真心实意地感到难过。不过他们急切地盼望着回家以便能赶得上参加春耕，而随着每一天距离那些他们所熟悉的地方越来越远，他们也变得越来越焦躁不安。我不仅付给他们双方早已议定好的报酬，还送给他们驴子以及他们到达塔瓦库勒这一路所需的口粮。

他们向我承诺，会把野骆驼皮带到和阗，而他们像诚实的朋友一样执行了我所委托的事。在与他们分开的伤感中令我有所安慰的主要是，我确实需要一些别的向导，那些熟悉塔里木的森林以及塔里木河水系那复杂的河槽的人。

在塔克拉玛干的沙漠中穿行了41天之后，在经历了一段充满了不期而遇的新发现的旅程之后，我们于2月23日骑骆驼进入沙雅。我已经详细地绘制了于阗河的地图，并且确定无疑地证实了在河流北面的沙漠里存在着野骆驼，还发现了处于半开化状态的一个牧羊人群落，而最重要的，是我发现了两座古代城市。我第一次穿越塔克拉玛干的旅行糟糕透顶，第二次则收获颇丰。在第一次旅行时，我试图寻找古代文明的遗迹，却无功而返。第二次旅行则清楚地说明了那些关于被埋没在黄沙之下的财宝与城市的传说不是无稽之谈。

在沙雅,我产生了一个绝妙的念头:既然我已经部分地走过沿和阗河而下的路,那么为什么不放弃从和阗河返回的计划而改成直接前往罗布泊并且泛舟其上呢?那也是我此次旅行的目标之一,如此一来岂不是可以毕其功于一役?不过我立刻就意识到有一些不能这样做的理由。

在离开和阗之前,我丝毫没有想到要兜一个距离长达1500英里的大圈子,因此当时所携带的装备只够50天的探险旅程所用,而最糟糕的是,我身边连一张罗布泊的地图也没有,而且还把我的中国通用护照留在了和阗。本地的办事大臣确实发给我一张地方通行证,在和阗行政区域范围之内有效,但我认为那不过是废纸一张,因为我们在这里的旅行都是在沙漠中穿行,而且后来所发生的事证明了这张纸的确是没什么用处。除此之外,我们只有冬季的衣物和毡靴,而我的速写本、笔记本、钢笔、茶叶以及烟草都马上就要用完了,虽然这些和前面提到的那些反对理由相比都微不足道,但也会造成一些不便。不过铤而走险还是值得的。

我心里记得普尔热瓦尔斯基绘制的罗布泊地图,况且我自己还打算对整个周边地区做一番地形学上的详细测量。至于没有通行证的问题,没有别的办法,我必须得躲避那些总喜欢向我要证件的中国官员。

服装问题很容易克服,我们将在库尔勒置办一些轻薄的夏装,在那里的集市上还能买到皮靴。我在沙雅弄到了一些纸张,尽管质量极差,但并不会使我绘制的速写草图的精确度打折扣。绿茶到处都可以搞得到,而即使是最糟的状况降临,我也可以改用水烟筒来抽中国烟草,只是中国人总是把"草"和一种难闻的油以及取自中国境内某座山上的泥土混合在一起,他们认为这样可以给"烟"增添一些辛辣的气味。

斯拉木巴依设法置办了小麦、大米、面包、鸡蛋和糖等口粮储备,骆驼身上的载物鞍座也得到了修补。于是,在沙雅休息了两天之后,我们已将自己的状态调整到良好,为新的探险旅程做好了一切准备。

不过还是让我先描述一下沙雅这地方。这座小城的用水供给来自天山山脉,在其北面不远的地方,流向东南方向的穆扎特河

（Musart-daria，冰关河）分成了两条支流，其中一条注入帕西音库勒（Päsning-köll，盆地中的湖），而另一条则从城中穿过一小段，并通过若干条灌溉水渠为城中供水。在河流分汊处有一道水坝，可以在夏季时将水蓄在湖中以防止洪水泛滥。不过此时水位很低，水坝便处于开放状态，河水可以供给小城与村庄并且灌溉田地。沙雅的管理者是一位伯克、两位千户长以及若干位百户长。

以上所提到的第一个人——铁木耳伯克因为我没有通行证而深感不快，他试图阻止我继续前进，并且下令禁止当地居民为我指路。不过我们在智谋方面还是要比他略胜一筹，因为银子具有无可比拟的魔力，拿它总能办到你想要办到的事！

小城的周围种植着稻谷、小麦、玉米、大麦、杏子、桃子、葡萄、苹果、梨子、西瓜、棉花，还有一些人养蚕缫丝，不过最具有商业重要性的产品则是绵羊、皮革与羊毛，这些产品都销往阿克苏。在集市上进行交易的有10位中国其他地区的商人和5位安集延的商人，另外还有一些来自喀什噶尔、阿克苏与和阗的商人。和所有那些一成不变的低矮的泥土房屋有所区别的建筑，仅仅是一座祈祷房、两座宗教学校以及几所商队旅馆。

我不需要对我们穿越塔里木的树林的旅程详加描述，只需要讲一两个小插曲就够了，这些小插曲足以表现该地区的特征。

我和4位伙计以及3峰骆驼于2月26日离开了沙雅。我们经过小城周边的耕地，然后穿越无边无际的大草原，不计其数的羊群与其他牧群聚集在草原上吃草。一开始行进路线是朝着东南方向，最终，我们抵达塔里木河。在我们过河的地方，那段河流被称作"渭干河"。从此处开始，我们一连几天都在渭干河与音奇盖河（Inchickeh-daria）之间，朝着正东方向行进。

2月27日。我们时而穿行于树林之中，时而行走于点缀有牧羊人帐篷的大草原之上，最终在约尔巴什巴希（Yollbars-bashi，老虎开始出现的地方）的树林茂密地区的一个芦草棚宿营。一位牧羊人告诉我，阿奇克河（Achick-daria）在流经这一地区时被称为"阿尔卡河"（Arka-daria，更远的河），它只在夏季时有水，而再向东走上几天之后，就会发现河流将消失在沙地之中。他还说在河流的南岸，野骆驼一点儿也不罕见，在沙漠深处,有一座人人都有所耳闻但从未有人亲眼见过的城镇的遗迹,城镇的名字是"萨合尔阔特克"(Shahr-i-Köttek,死树林之城)或是"萨合尔卡塔克"——那同样是一个传说中位于叶尔羌河与喀什噶尔河之间的沙漠中的神出鬼没的地方。

那位牧羊人还告诉我了一些关于塔里木河主流的信息。他说6月的时候确实会洪水肆虐,一连20天,每天水位都会上升一些,直至河流的宽度达到300英寻(600码),而其深度相当于一棵白杨树的高度,即大约50英尺。洪水大概持续一个月时间,此后水位开始下降,一开始速度缓慢,然后水退得越来越快,直至10月底,寒霜降下,使河水冻结。河水总是自下而上地上冻,解冻时则正好相反,是由上往下的,其冻结状态会保持三个半月。根据牧羊人的预计,10天之后冰层就会变得脆弱易碎,到那时就不可能步行过河了。在5月初的时候,河流的水位最低。

2月28日。离开阿奇克河之后的每一天,我们都会看到大量的大雁,不过在我们今天的宿营所在地,一片叫作图别特西迪的树林中的一片林间空地里的一个废弃的芦草棚周围,野雁的数量比往日还要多很多。每过三四分钟就会有三五十只大雁成群结队地飞过,都是朝着正东方向飞去,毫无疑问它们的目的地就是罗布泊。偶尔会有四五只大雁组成的一小群落在大部队之后。只要太阳当空,它们就会高高飞翔,看起来仿佛是点缀在天空中的小小黑点;而每当太阳刚一落山,它们则马上降低飞行高度,与地面之间仅仅保持着60～70英尺的距离,看上去就像刚刚掠过白杨树的树顶。这时我们常常能听到轻微的嘎嘎的声响,似乎是它们正在相互商议哪里是最合适的过夜之处。不过仍然有一些雁群即便在夜里也维持着相当高的飞行高度,或许它们在白天飞过的距离没有那些现在明显意在休息的低飞雁群飞得远。

这些大雁真是神奇伟大的生物！它们对此地的地形地貌了如指掌,就好像它们拥有最精确的地图和最先进的探测工具一般。它们总是一只接一只地排成一长队,每一群都遵循完全一致的行进路线,从同一些白杨树上方飞过,分毫不差地朝着同一方向飞行。我们只要一听到从远处传来它们的叫声,就立刻能判断出能从哪棵树的树顶看到雁阵的头雁飞过。大雁与生俱来的方位感好得惊人，不过毫无疑问的是，它们这一路上也在凭借不计其数的"路标"来为自己指路。每当它们停下来休息之前，总会下降高度，在距离地面较近的低空飞行，仿佛知道下一处休息地点就在不远处。

每一年，大雁都会进行一次从印度到西伯利亚的非凡旅行，然后再原路返回，这样的长途旅行任何一个人都要花上好几年时间才能够完成，并且将会麻烦多多，绝对无法轻而易举地实现。

对于鸟类学家来说，追踪出大雁及其他候鸟穿越亚洲大陆的飞行路线会是一项极其有意思的研究，一张描绘出它们飞行路线的地图必将价值非凡。在塔里木盆地，它们几乎一定是循着河流的流向轨迹前行，同样可以肯定的是，罗布泊也是它们的一个重要聚居点，若干条飞行路线在那里相交，大雁以及野鸭和另外几种涉禽都会在那儿停留一段时间。

不过，它们是如何翻过高耸的山脉并且越过辽阔的青藏高原的？我在之后穿越西藏部分地区的旅行途中，仅仅见到过两三次大雁。而另一方面，塞瑞克库尔山谷、兰格库尔湖群（Lakes Rang-kul）、查克马克登库尔（Chackmakden-kul）则似乎是其迁徙路线上的标志性地点，另一条广为人知的迁徙线路据说与从库车到塔里木河的经度线相重合，然后再沿河而下直至罗布泊。

我们现在正在穿越的地区被统称为"渭干"（Ughen），不过每一座芦草棚所在之处及其周边的树林和牧场都有一个单独属于自己的称呼。通常来说，房屋都是用泥土建成的，屋顶平而宽阔，但除此之外，许多人还拥有敞亮、通风的凉亭，这种建筑的形式是几根柱子支起一个突出的尖顶。

不过从总体上来看，塔里木河两岸的牧羊人过着与和阗河和于阗河流域的牧羊人基本相同的游牧生活，可是他们天性好斗，一点儿也不和善。他们用嫉妒且猜疑的眼光打量我们，每一处家宅都被6只凶巴巴的大狗守卫着。

随着一天天的行进，我们对复杂的河道系统有了更深入的了解，并且更加洞悉了其脾性。河的干流并非局限在一条河道之内，在其于森林里蜿蜒曲折的过程当中，河水常常分成若干支流然后又汇聚在一起。在一个叫作"粪棚子"（Dung-sattma）的地方，叶尔羌河也被称为"玉姆拉格河"（Yumulag-daria，圆河），其左面的分支即北面的支流叫作"渭干河"。但是在森林中的不同地方，河流的命名极端混乱，如果不附上我的详尽的旅行地图的话，是根本不可能清楚明白地对其进行描述的。我在稍后会找机会继续讨论这一有趣的水文地理问题。

　　在茂密的森林中前进殊为不易，甚至就连穿过空旷的原野都很艰难，因为那里的芦苇足有10英尺高。不过幸运的是，我们有一位值得信赖的好向导——来自沙雅的斯拉木·阿洪（Islam Akhun）。

　　3月2日，我们在渭干河岸边扎营，河流在此处收得十分狭窄。

　　第二天下午，我们则在音奇盖河边上建起营地，清澈碧蓝的河水以几不可察的流速在又深又窄的河道底部缓缓流淌。

　　3月5日，我们在名为"琼托卡伊"（Chong-tokai，大森林）的林带停留了一天，为了让骆驼得到休息。在那里我们买了一只绵羊，我还进行了一些天文观测。音奇盖河在此地被称为"恰阳河"（Chayan），有26英尺宽，5英尺深。

　　3月6日，我们在琼托卡伊的牧羊人陪伴之下，朝着东北方向行进。越向前走，身边的树林便越是稀疏，很快就只剩下几丛疏疏落落的柽柳与梭梭，梭梭通过根部相连，形成一个个圆锥形的小堆子。土地变得更加荒芜，小沙丘开始不时出现。

　　在停下来过夜之前，我们发现自己已置身于一片寸草不生的沙地中央。这片孤立的沙地一直延伸到孔雀河（Koncheh-daria）流域，与库车南部相连，它没有被特别命名，仅仅是被笼统地称为"沙漠"或"荒原"。

　　这里也流传着一些关于古代城镇的传说，但那些传言还是一如既往地虚无缥缈。我所发现的全部东西不过是一个火石刀的刀片以及一些烧制的陶土器皿的残片。我们带着一副盛满了水的充气山羊皮袋，在一个久已干涸的河床上扎营，上方是若干20～25英尺高的沙丘。这个河道有一些急转弯，不过总体上仍然保持着向东而去的方向。以前，它曾经是现在已被我们甩在身后的那些河流的出水渠道，这又一次证明了这些平原地区的排水路线经历过多么巨大的变化。

　　第二天，我们穿越了沙漠中余下的地方，然后再一次进入茂密的白杨树林。

在那里，我们从桥上跨过查尔查克（Char-chak），那是塔里木河的一道支流，大约宽30英尺，深10英尺。桥是用富有弹性的厚木板建成的，大约位于水面之上10英尺的地方。两峰年纪较长的骆驼以它们一贯的平静镇定的自信姿态过了桥，但那峰经常大惊小怪的最小的骆驼却无法被引上桥，不管是采取正常还是非正常手段，都不能使它的蹄子踏到桥面之上。它像一根木头一般直挺挺地戳在那里，对穿过它的鼻子的缰绳以及敲打在它的肋骨上的粗棒子都一概无视。我们只好绕道从一个叫作维音普塞尔克尔（Uiyup-serker）的地方过河，在那里，这头倔强执拗的牲畜笨拙地蹦跶了几下，通过了一座相对更稳当些的桥。

第六十五章

在库尔勒与喀喇沙尔

　　我们终于在 3 月 10 日骑行在了库尔勒的街道上。那几峰骆驼已经习惯了沙漠中的安宁与平静,狭窄逼仄的街道上的喧闹和熙攘令它们感到焦躁不安。

　　一群男孩子紧紧跟随着我们,肆意拿我取笑。我毫不怀疑自己安坐于我那高大的骆驼背上的形象看起来确实滑稽可笑。在集市上,我发现了一些从中亚河中地区来的商人,他们的阿克萨卡尔——来自马格兰的库尔·穆罕默德(Kul Mohammed)用一种带着谄媚之意的礼貌接待了我。他拨出了商队旅馆中的两个大房间供我随意支配,于是我与他们一起共同承受了不计其数、成群结队的老鼠的骚扰,整整一个晚上,老鼠都在我的床周围的地板上窜来窜去、吱吱乱叫。

　　中国人认为库尔勒城并不具备足够的重要性来拥有一位专门管理此地的办事大臣,于是库尔勒在行政上是从属于喀喇沙尔的,其守备部队仅仅只有一个兰扎,听从李大老爷调遣。

　　除此之外,更糟糕的还在于,从北京经由兰州、迪化、喀喇沙尔和阿克苏直到喀什噶尔的新建电报线路,并不经过库尔勒。尽管如此,这座城市正位于从北京到中亚的商业和旅行的伟大交通干线之上,因此会有大量富有而显贵的人从这里经过。不过,对我个人来说,这个地方最有趣的特征在于,它是坐落在一条河流之上的,河流名为"孔雀河"或"库尔勒河",它发源于巴格拉什湖❶,与其相比,罗布泊不过是一片微不足道的小沼地。

我在3月11日测量了孔雀河的流量容量为每秒2530立方英尺。

在城里,有一座横跨河流的木桥,我万分惊诧地发现,桥几乎是贴在水面之上的,而现在正值春季,塔里木区域的河流无一例外地在此时水位最低,事实上,其中的一些河流例如和阗河都几近干涸了。毫无疑问,库尔勒河也遵从着这一规律,也就是说,其水量在夏季会达到最大值。但是如果事实如此的话,那么这座桥将不可避免地像风卷残云般地被河水卷走,而伟大干线上的一切交通往来就会因此而停滞。这将是不可想象的。不过人们向我解释说,这条河的水位相当稳定,其高度总是基本相同的,变化范围不会超过两个指头的宽度。

不仅如此,这条河流与这一地区其他所有河流形成鲜明区别之处还在于,其河水就如同水晶一般清澈,是碧蓝碧蓝的。在我看来,很明显这条河一定极为紧密地甚至于特别地依赖于巴格拉什湖的湖水。撇开那些仅仅在阵雨之后暂时存在的无关紧要的小溪小河不谈,巴格拉什湖的水只来自于一条河,不过那可是一条水量相当可观的河流,是裕勒都斯河谷中最主要的干流,它被蒙古族人称为"开都河"或"哈迪克河"(Hädick-gol),而被中亚人叫作"喀喇沙尔河系"。这条河确实也具备塔里木区域其他内陆河流的一些特性。夏季时分,其水量巨大、水质混浊,因为其中悬浮着大量的沙子。春秋两季,河流的规模中等。到了冬季,水量减为最少,而且就像其最终注入其中的湖泊一样,水面上覆盖着厚厚的冰层。

这一水文地理问题勾起了我极大的兴趣,吸引着我一直跑到矗立在哈迪克河左岸的喀喇沙尔城去一探究竟,甚至就连权重势威的办事大臣就在这座城中办公而我并没有通行证这样的事实都不能阻止我前去。

---

❶　巴格拉什湖,即博斯腾湖。

于是,我在3月12日前往喀喇沙尔城,身边只带着库尔·穆罕默德,而把斯拉木巴依和克里木·扬留在了库尔勒照看骆驼与行李。这段路途的距离为36英里,我们骑行了6个小时。到达目的地的时候人们正在破冰,卡尔梅克人正在将其平底船撑出来运送旅行者和商队过河,因此我得到了一个测量河流流量的绝佳机会。我于3月14日进行了测量,发现其流量为每秒1890立方英尺。也就是说,在这段日子里,每秒钟从湖泊流出的水量比注入其中的水量多了640立方英尺。

　　前一个夏季水面到达最高位置所留下的痕迹至今仍清晰可见。摆渡的船夫向我提供了有关河流所经历的季节变化的大体数据,我可以大概计算出一年之中巴格拉什湖的相对流入水量和流出水量。结果是:注入湖中的水量比流出量要大得多,足足有706.5亿立方英尺之多。不过这一巨大的数字也并不是那么令人震惊,如果你了解了一些与罗布泊相关的事实的话——它的入水量至少像巴格拉什湖一样多,却没有任何出水河流或是除了蒸发作用之外的任何途径带走一滴水,但有大量的水渗入地下。不过在该地区,空气的相对湿度可以说是微不足道的,因此蒸发对于维持入水与排水之间的平衡起到了首要作用。

　　但奇怪的是,在冬季时此湖泊流出的水量要大于其接受的水量。对这一现象的解释也许是这样的:有一块大盆地被天山山脉与库鲁克塔格山(Kurruk-tagh,干山)环抱其间,骑马从一端走到另一端需要3天时间,而横穿它需要整整一天,这块大盆地起到了水量供给者与调节者的作用,其作用机制就和全景雷达中的第二只球差不多。

　　最后,我必须提及的是,流入湖泊的水泥泞而凛冽,而且完全是淡水。而流出湖泊的水则像水晶一般清澈透亮,温度稍稍要高一些,水中略微含盐,所有这些现象都单纯明了,无须多加解释。

　　塞米列琴斯克(Semiryechensk)的大湖伊塞克湖所呈现的问题长期以来一直是困扰着地理学家、水文学家和旅行者的难解之谜。规模可观的楚河在流经一片完全平坦的平原之后,到达距离湖泊最西端大约几英里远的地方,不过它并没有像人们所自然而然地认为的那样注入湖里,而是朝着西北方向流去,穿入高大巍峨的阿拉套山脉之中。河水也未曾以任何方式增加湖泊的容量,除了偶尔在极为罕见的发洪水的时期,它会生出一条小支流注入湖中。研究者创造出形形色色的复杂理论来试图解释这一现象,其中部分从地理学的角度出发,部分则是站在水文学的立场上。对此我本人也无意中想到了一套理论,而且其优势在于简明扼要。我认为,楚河之于伊塞克湖的关系,正类似哈迪克河与孔雀河和巴格拉什湖之间的关系。

哈迪克河入湖处的三角洲与孔雀河从湖中流出之处,二者间的距离仅仅不过15或16英里,在这两点之间,湖水很浅,并且被丰茂的芦苇所覆盖。可是湖泊的中央以及东部的水很深,也并无植物生长。除此之外,从哈迪克河还伸出一条长长的三角河口支流一直向着孔雀河延展。在去往喀喇沙尔的路上,在距离该城还有大约一个半小时路程的时候,我们经过了一条干涸的河道,它从哈迪克河分流出来,连接起孔雀河。我向当地人询问这条河道的性质,他们告诉我,每5年或8年哈迪克河河水就会泛滥一次,漫过河岸的洪水有一部分便顺着这条干涸的河道直接通往孔雀河而不必经过巴格拉什湖。我可以说,这里的地势几乎完全是平坦的,其高于湖面的部分可以忽略不计。

那么现在不妨假设,一个世纪以来,洪水泛滥的情况总共发生过15次,这样下个世纪可能就会出现30次。随着哈迪克的三角洲越来越侵入湖中,洪水暴发的次数也会成比例地相应增加,直至最终在河口处形成一道阻挡其自身继续前进的障碍,于是它将不再流入湖中,而是将大部分洪流倾注进那条现在由于沙子与泥土的淤塞而断断续续的水道。但这一后果呈现出来之时,河流将再也不会流淌于其原本的旧河床上,而是从距离湖泊几英里之外的地方流过。这样一来,我们就会看到与伊塞克湖完全一致的特殊情形,即一个湖泊嵌在天山山脉高峻的山峰之间,并且有一条大河从其最西端的边上流过,距离近得几乎要挨到湖泊,可是却并没有为其贡献甚至是1加仑的水量。然后湖泊的面积会缩小,同时其湖水的含盐度则会增加,这正好吻合于伊塞克湖所出现的情况。

喀喇沙尔完全当得起它的名字,它坐落于河左岸一片平坦而贫瘠的平原之上,丝毫没有任何有趣的特征。不过这是一座规模很大的城市,比库尔勒要大得多,它由不计其数的寒酸的简陋棚屋、庭院、集市以及蒙古包所组成,都被城墙环抱其间。这里是中国新疆最主要的商业中心。

出于礼貌，我前去拜访该地区的办事大臣洪大人。我口袋中装着我的地方通行证，心无疑虑地只身去衙门。洪大人是个大约60岁的小老头，胡须花白。他笑容满面地接待了我，显示出非同一般的友好与热情，用茶、糕点和鸦片烟来招待我。通过一位翻译，我向他解释了我为何而来，然后为没有随身携带一张更具有权威性的通行证而表达了歉意。他带着法国人那种矫揉造作的谦恭礼貌回答："您是我们的朋友与客人，不需要任何通行证，您本身就足以作为通行证了。"我猜想大人大概是认为我看起来不像是会对地方安全造成威胁的危险分子。他命人给我制作了另一张通行证，在行政区范围之内有效。接着，在逗留了一个小时后，我起身告辞。很有可能我们一辈子再也不会相见，不过在我的记忆之中，会永远为这位善良老人保留一块温暖的位置——就在此时此刻，他的面容还是如同我们刚刚才分开一般，清晰地浮现在我的脑海。

库尔勒以及依附于该市的55个村庄出产羊毛、绵羊皮、狐皮、棉花、丝绸与稻米，所有这些产品都销往阿克苏和都拉里（Dural）。这一地区的其他产物还包括小麦、玉米、大麦以及石榴等多种水果。有一种叫作"näsbet"的黄色的甜梨在整个塔里木区域闻名遐迩，其果肉能够在舌头上融化。小麦在3月份播种，4个月之后成熟，不过在那些缺水的村庄，小麦则于秋季播种。稻谷在4月份播种，两三个月之后便可收获。

库尔勒在城市规模上与玛喇巴什、疏勒城、固玛以及喀喇沙尔相当。城中的集市无甚特别之处，不过该城占据了一个绝佳的位置，位于水晶般清澈见底的河流旁边，河水中的漩涡在座座小桥底下一圈圈地荡漾开来。

城中的建筑地盘非常有限，许多房屋都挤在河边，其中有几座称得上奇形怪状，透过地板上的缝隙能够看到蓝绿色的激流从下面流逝。水温只有41°F（5℃），但还是有一伙顽童在河里游泳、到处泼水玩或是让自己顺流而下。有人告诉我，库尔勒的任何一个人都会游泳，炎热的季节，人们每天都会在清凉的河水里避暑。

第
六
十
六
章

罗布泊问题

我们在库尔勒扩充了旅行队伍,又新买了两匹马,重新填满了装食品补给的箱子,并且雇用了两名很出色的向导,他们将我们带到了铁干里克,那是一个坐落在孔雀河较下游地区的小村庄,从塔里木河分出的两条支流或者说是两个呈叉状的分支在此交汇。从库尔勒去往那个村庄共有3条路线:第一条顺着孔雀河走,第二条是沿着库鲁克塔格的边缘行进,第三条则要穿越山脉与河流之间的一片卵石密布的沙地。

第一条路线广为人知,余下的两条当中我选择了走第三条路,在行进当中发现了两座古代的中国要塞(烽火台)以及一长串炮台,那是一些用木头和泥土建成的高高的金字塔状物体,用来以"里"(1里等于485码)测量道路距离。

这最后一项发现的重要性非同寻常,它证明了在过去就有一条大路连通着库尔勒与暂且未知的什么地方。这条大路向着东南方向延伸,其另一端在今天已经埋没于沙漠之中。就在这个北纬40°30′的地方,中国的地图上标记的正是罗布泊所在之处,而正如我在对这次十分有趣的旅程进行描述时将要进一步说明的那样,中国的地图是正确的。

因此,我方才所提到的古代大路毫无疑问是通往从前的罗布泊的,

● 渡过孔雀河

在湖泊干涸之后便被废弃了,而我将在下文中指出导致湖泊干涸的那一系列事件。这条大路形成了一道重要的交往纽带,这一点为那些炮台所证明,因为即使在今天,中国人也不会轻易花费气力去建造这样的便利设施,除非是在最重要的商道上。

　　普尔热瓦尔斯基是第一位拜访罗布泊的欧洲人,不过他所找到的湖泊比中国地图上所标记的位置要偏南了整整1°,不仅如此,他还宣称湖水是淡水而并非咸水,结果他就卷入了与德国地理学家冯·李希霍芬的一场论战——自从普尔热瓦尔斯基去世以来,这场论争一直在等待着一个确切的结论。冯·李希霍芬在柏林地理学会的《学报》(*Verhandlungen*)上发表了一篇论文,在其中他以非凡敏锐的洞察力证明了,像罗布泊这样没有出水口通向大海的沙漠湖泊,毫无疑问容纳的是咸水。那么既然普尔热瓦尔斯基所发现的这个湖盆里面承载的是淡水,并且再考虑到中国的地志学者若非亲眼所见绝不会在其地图上绘制出任何地貌这一事实,而他们所标记出的罗布泊比普尔热瓦尔斯基所发现的湖泊位置朝北偏离了整整1°,所以,冯·李希霍芬的意见是:普尔热瓦尔斯基发现的那个湖一定是在现代形成的,它在中国人在地图上标记出罗布泊之后才出现。

534　　普尔热瓦尔斯基通过孔雀河与塔里木河之间的大道来到了他所谓

的罗布泊,因此他就不可能去确认在更东之外还有没有一个湖或是有没有一个已干涸的湖盆,只有沿着孔雀河的东岸行进才有可能找到这个问题的答案;而在那一侧应当有一条支流从孔雀河分出,流向中国地图所标的原来的罗布泊。这场爆发于两位伟大权威之间的论战,双方都是正确的,而我将在下文中说明这一点。

自从普尔热瓦尔斯基首先发现了他所谓的罗布泊之后,有以下几位欧洲人到过该地:凯里(Carey)与达格利什(Dalgleish)、奥尔良(Orleans)的亨利王子与邦瓦洛(Bonvalot)、别夫佐夫与随同他的两位军官、地理学家波格丹诺维奇,以及最后来到这里的利特德尔及其夫人。❶不过所有这些人都是完全遵循着那位伟大的俄国探险家的路线到达那里的,因此除了别夫佐夫之外,没有一个人能够为普尔热瓦尔斯基在叙述自己第一次去往罗布泊的旅行(1876—1877年)时对该地区所进行的严谨周全又娴熟巧妙的描绘,增添任何新鲜的材料,而在1885年春天完成了去往那里的第二次旅行之后,其又对之前的描述进行了补充。

因此,如果我要去判断在普尔热瓦尔斯基与冯·李希霍芬的论争当中孰是孰非的话(而我确实期望自己能够做到这一点),我首先就不能沿着前辈们所走过的路线行进,而必须将中国的地理学家所标记的罗布泊所在位置作为自己探访的特别目标,根据冯·李希霍芬的意见,那里就应当是湖泊坐落之处。

我于3月31日离开了铁干里克村,向着正东方向前进,我的情绪高涨,心里满怀着成功的希望。我的同行者有斯拉木巴依、克里木·扬以及两个对此地了如指掌的伙计。在我们离开铁干里克之前,这两个伙计就告诉我,在向东相当长的距离之外有一长串湖泊。探险旅程刚一

---

❶　凯里,英属印度民政官员,1885年来新疆探险;达格利什,作为英国商人曾是凯里探险队的重要成员,凯里离境后,他定居在叶尔羌,1888年在探险过程中死于喀喇昆仑山口;法国奥尔良的亨利王子,1889年曾抵达罗布泊;邦瓦洛,法国人,自1886年开始在帕米尔做考察,1889年到达巴音布鲁克;别夫佐夫,俄国探险家、普尔热瓦尔斯基的助手,在阿尔金山与昆仑山以及罗布泊做过考察;波格丹诺维奇曾参加普尔热瓦尔斯基探险队,于1890年到塔里木做探险考察;利特德尔及其夫人1892年来到新疆,最终穿越了中国西部,抵达北京。

开始，我们就发现整条孔雀河都流入了铁干里克北面一个叫作马尔塔克湖（Maltak-köll）的沼泽般的湖泊之中，不过它又从湖泊另一端流了出来，被人们称为"阔克阿拉"（Kok-ala），而且与上面所提到的塔里木河的两条支流汇聚在一起。在汇流之后，这条三水合一的河流被称作昆其克希塔里木（Kunchekkish-Tarim，东面的河），它部分注入奇威力克库勒（Chivillik-köll）湖中，又从那里出现流回塔里木河，而另一部分则在阿拉干（普尔热瓦尔斯基写作"Ayrilghan"）渡口处直接流入塔里木河，经过这一路上的蒸发作用，水量已经损失了很大一部分。

　　孔雀河余下的河段被称作"伊列克"（Ilek，河），流往东南东方向。我们沿着这条河流的左岸行进了3天，之后在4月4日，我如愿以偿地发现，正如中国人所标明的以及冯·李希霍芬所相信的那样，它的确流入了一个又长又窄的湖中，湖的长度十分可观，以至于我们又足足走了3天才到达其东岸。不过现在湖面已经几乎完全被芦苇所覆盖，尽管就在几年之前，罗布人（此地区的土著居民）还曾在湖中打鱼。这些人对湖泊的不同部分有着不同的称呼，通常来说会将其分为4个湖盆，分别是阿乌鲁库勒（Avullu-köll）、喀拉库勒（Kara-köll）、塔耶库勒（Tayek-köll）和阿勒卡库勒（Arka-köll），但实际上只是一个湖，只不过

　　　　　　　　　　● 　渡过从马尔塔克湖流出的孔雀河的一条支流

几乎被突出的半岛分割成了两三个空间。

　　湖泊正如中国地图所示，大约坐落在北纬40°30′的地方。时至今日，中国的地理学家仍然把位于铁干里克与阿拉干之间的这片区域称作罗布泊，而在普尔热瓦尔斯基所发现的那个湖泊周边地区，这个称呼则完全不为人知。那个湖包括了两个湖盆，分别被称作"喀拉布兰"和"喀拉库顺"。"罗布"这一名称被罗布人以及塔里木河流域的所有居民——如果他们对其有所了解的话——用来称呼从渭干河与塔里木河的汇流之处一直到铁干里克的这片广大区域。

　　但还是有一个方面存在不一致之处，即我所发现的这个湖泊是南北向延展的，可是中国地图上画出的罗布泊却是东西向延展的。这一分歧乍一看去令人惊异，不过却有一个完全合情合理的解释。首先，必须牢记的是，整个罗布地区几乎处于同一水平位置上，因此些微的相对水平面的变化都会对该地区的整体水文地理定位造成严重影响。而现在存在着两种力量长期持续地发生作用并带来这种性质的变化，即盛行风和塔里木河本身的沉积物。罗布地区的盛行风是从东面以及东北东方向刮过来的，在3月、4月和5月，还有从同一方向刮来的沙暴。我们停留在这个四位一体的湖泊周边地区期间，大气一直很平静，可是当

●　拉一峰不驯服的骆驼渡过孔雀河　　537

我们刚一离开那里,大风就降临了,并且除了中间暂息了几日之外持续不停,一直伴随我们在那附近地区的整个旅行过程。

这种常年持续不断的风暴的威力与能力几乎是超乎想象的:它们最终赶退了湖里的水并且使波浪沿着湖的西岸层层堆积。随之而来的还有沙漠中的流沙,它们填满了在东面所留下的空隙。同样也不缺乏证据表明,这个复合湖体在从前比现在向东面延伸得更远。沿着其东岸,布满了一串小型咸水潟湖、沼泽地以及小池塘,它们是在相当晚近的时期在沙子的侵蚀作用下从湖中被分割出来的。与其几乎平行的还有一道窄窄的带状树林,其中大多数植物是白杨树与怪柳。可以清晰明确地分辨出树林发展的三个不同层次——首先在东面遥远的沙漠中有一片枯树林,接着是在接近于湖泊东岸的沙丘之间有一些活着的树,最后,在湖泊沿岸,生长着幼嫩的小树苗,从这里开始形成树林。由于在没有水的情况下树木就无法成活,因此以上的推断必定确凿无误,即:湖泊已向西面移动,而树林追随着湖泊西移。那些现在立在遥远的东面位于单调荒凉的沙丘之间的枯死的杨树,以前一定生长在湖岸边上并且从湖水中汲取养分。

几乎毫无疑问,这个狭长的四位一体的湖泊正是旧罗布泊所剩下的全部残留。伊列克河从其最北端流入,又从最南端——阿尔卡库勒(Arka-köll,父亲湖)流出来,之后以极其无常多变的蜿蜒姿态向南面流去,将古老的中国要塞麦得克沙里(Merdek-shahr)留在了大约3英里以东的地方。随后河流再一次形成了一长串小规模的湖泊,最后在谢尔格恰普干(Shirgheh-chappgan)与塔里木河再次汇流。这一串湖泊当中最大的两个分别称作"萨达克库勒"(Sadak-köll)与"尼牙孜库勒"(Niaz-köll),是由几个罗布人的名字命名的,他们的小木屋就坐落在这些湖边。

伊列克河注水到这些湖泊之中仅仅只有9年的历史,在此之前,这里不过只是一片荒漠,尽管在那时,现在的湖盆与河床已然成形,河床上最深的那几处造成了咸水水池,野骆驼会到这里来饮水。当普尔热瓦尔斯基结束了他的第二次罗布泊之旅返回祖国之后,他拒绝承认在塔里木河东面有任何湖泊存在。在这一点上他恰恰是正确的,因为直到3年之后这些干涸的湖盆与河床中才有水注入。而另一方面,冯·李希霍芬假定就在此处存在一个湖泊的推断也同样正确——这一湖泊的的确确存在,尽管是处于间歇性干涸的状态。

普尔热瓦尔斯基在南罗布泊——我仍将保留这一名称,因为它在欧洲最好的地图上已得到确立和广泛承认——旅行的时候,它的规模还相当的大,以至于他可以从阿不旦(Abdal)村出发在湖里进行一次持续好几天时间的乘船旅行,一直向东到达位于喀拉库顺的打鱼点。11年之后,我也试着从阿不旦村开始沿着完全相同的行船路线旅行,可是却只能前进短短两天,之后的前行因为芦苇的阻挡而变得极端困难。目前喀拉库顺的打鱼点已经完全被废弃了,而其附近的水面已经完全被芦苇覆盖。

普尔热瓦尔斯基到达那里的时候,南罗布泊的另一个湖盆喀拉布兰是一个庞大的出流湖,它更像是一片海而不是一个湖,因为当一个人站在湖这边的时候是望不到对岸的。它的名字(黑色的风暴)足以说明,它所在的地区特别易于遭受恶劣的沙暴的蹂躏破坏。当我来到这里时,那原先像大海一般的湖泊只在其西岸余下了微不足道的一小块,它被塔里木河里的沉积物所淤塞,其堵塞情况是如此严重,以至于当地打鱼人所乘坐的那种最浅的独木舟也无法漂浮于湖面之上。在夏季,支离破碎的湖泊残余完全和塔里木河以及且末河相分离,其结果是,湖水迅速变成了咸水,到夏季结束之时则在蒸发作用之下全部消失。湖泊原来所在地被茂盛的野草所覆盖,为若羌❶人所放养的牛羊提供了优良的牧场。

当我们于4月底从阿不旦村去若羌时,我们从一块延伸得很长的冲积地带上经过,而当普尔热瓦尔斯基在此地旅行之时,喀拉布兰湖的湖水在这里形成了汪洋一片。

概而言之,现在的塔里木河对南罗布泊所贡献的水量与普尔热瓦尔斯基在此之时相比起来要少得多。就连奥尔良的亨利王子都注意到了这一现象,尽管他到达湖泊的时间仅仅比俄国探险家晚了4年。所

---

❶ 若羌,当时应称罗布镇。1902年(光绪二十八年)置婼羌县,以古婼羌国得名。1959年改若羌县。——本版编辑注

以说，湖泊现在正在经历一个萎缩的过程。

在青格里克乌依(Chegghelik-uy)，河流折向东北东方向，而它的水量也从这里开始以惊人的速度突减，这主要是由于沿其两岸有大量浅浅的小湖。这些湖泊半是天然形成半是本地打鱼人人工挖掘的，不过无论是哪一种情况，流入其中的水都只剩下被蒸发的命运，因此，它们会持续从河中汲水。下面所附的这个测量表将进一步确证我所说的。我还要提醒读者注意，青格里克乌依与库姆恰普干(Kum-chappgan)之间距离仅仅40英里。

	河流宽度 （码）	最深处水深 （英尺）	流　速 （英尺/秒）	流　量 （立方英尺/秒）
青格里克乌依	50	14	1.7	2530
阿不旦	49	20	1.2	2145
库姆恰普干	33	22	0.9	1775

这些测量工作是在4月18日至4月23日期间完成的。

在库姆恰普干，河流分崩离析，在数量众多的湖泊与沼泽地中消失不见。其中最大的湖泊处于中央位置，里面完全是淡水，而外围的那圈潟湖里则是咸水。上面的测量表说明，河流的宽度、水流速率以及流量都随着其向东流去而逐渐减少，而水深却在增加。

我们就这样找到了中国人概念中的那个四位一体的罗布泊。在过去9年，它重新处于有水注入的状态，而在过去的12年里，南罗布泊则萎缩成为一系列浅沼泽地。那么，是否可以不仅是合情合理而且甚至是不能不得出这样一个结论，即：这两个湖系以一种极其紧密而且亲密的方式相互联系在一起，也就是说，当北罗布泊的规模增加之时，南罗布泊的规模便萎缩，反之亦然。

我不得不指出另外一两个特征来支持以下结论：从地理学的角度讲，普尔热瓦尔斯基所发现的湖泊是在相当晚近的时期才形成的。

塔里木区域的每一条与塔里木河相连的河流的沿岸，都分布着带状的杨树林，就连现在与塔里木河水系分离并且最终消失于沙漠之中的于阗河也毫不例外地遵循着此规律。在其岸边的某些地方，杨树林生长过于茂密,以至于都无法从其间穿行。树林通常从几条河流在平原上汇聚的地方开始,因此也就位于同一气候区的边缘地带。由于河流对于植物种类的地理学分布来说是最安全和最可倚仗的运输途径,因此可以完全合理地推测,在塔里木河众支流交汇之处,杨树林会比其他任何地方的更加茂密。然而事实却是,在现在的那个交汇点,树林突然全部绝迹。我在青格里克乌依所看到的胡杨林中最后的样本树龄还不足30年。喀拉布兰和喀拉库顺这两个湖的岸边,都完全看不到一点儿树林的踪迹,无论是旧的还是新的。它们都被贫瘠不毛的荒原所包围。与之相反,在北罗布泊沿岸及其附近,我则找到了枯树林与仍然生机勃勃的树林。

这种树林分布不均的现象并不难解释:南罗布泊形成的时间过短,树林还来不及到达其岸边。

这些论点是建立在纯粹自然地理的事实之上的,除此之外,还有一些历史性质的因素。我曾经不止一次地提到,中国的地图绘制者在其地图上北纬40°30′的位置标出了一个大湖,被若干规模较小的湖泊所环绕。

625年前,马可·波罗曾经游历过"罗布城"(town of Lop)。它现在已经完全消失,遗迹可能紧挨着喀拉布兰湖的南面。如果当那位伟大的威尼斯旅行家游历该地的时候在那附近存在着任何湖泊的话,他不可能没有注意到。是的,他确实也没有提及叶尔羌、和阗,以及他曾亲身横渡的且末河,不过,马可·波罗对于普尔热瓦尔斯基所谓的罗布泊所在之位置存在着一个湖泊这件事只字未提仍然值得注意,相反,他还详细描绘了罗布的沙漠——"它如此之辽阔,旅行者需要花去整整一年时间才能从这头穿行到那头"。

阿不旦的罗布人的老首领昆其康伯克(Kunchekkan Beg)已经80岁了,他曾是普尔热瓦尔斯基的好友,也是我的一位特殊的朋友。他的父亲洁汗伯克(Jehan Beg)以及祖父努买提伯克(Numet Beg)都活到了90岁高龄。昆其康伯克告诉我,他的祖父曾生活在现今那个普尔热瓦尔斯基所谓的罗布泊北面的一个大湖旁边,而在当时,现在那个罗布泊所在地是一片沙漠。南罗布泊最开始形成的日子可以追溯到努买提伯克25岁的时候,由于塔里木河在寻求一条新的河道,结果就是努买提

● 库姆恰普干附近泛舟于塔里木河上的罗布人

伯克居住在其旁边而且他的祖先曾打过鱼的那个湖泊逐渐干涸。正是努买提伯克建立了阿不旦村,时至今日他的后代依然在那里生活。根据我的计算,这一切大约发生于 175 年之前,也就是说大概是在 1720 年。

在 1893—1894 年间的冬季,P.K.科兹洛夫(P.K.Kozloff)来到罗布地区,他在此之前曾经参加过普尔热瓦尔斯基以及别夫佐夫的旅行队。他从铁干里克出发沿着昆其克希塔里木左岸行进,发现了奇威力克库勒湖,而我只是从远处遥望到了这个湖泊。在阿拉干,他进行了一次前往索古特(Sogot)湖的短途旅行,而这个湖可能就是我所说的阿勒卡库勒。从那里开始,他遵循着通常的路线前往阿不旦,之后折向东北方向,沿着喀拉库顺湖的南岸旅行。

我首先了解到有一位"图拉"(tura,欧洲人说的"爵士")曾到过铁干里克一带,然后向当地人尽可能精确地了解他走的是哪一条路,这样我便可以免于不必要地重复经过他所走过的地方。科兹洛夫最有趣的发现是一条古老的河床,当地人将其称作"库姆河"(沙河),它在铁干里克以北不远的地方从孔雀河中分流出来,沿着库鲁克塔格山南面的山脚向正东方向伸展。

科兹洛夫与我自己的探索共同充实了普尔热瓦尔斯基的探险,并且对所了解的整个罗布地区的知识增添了内容。现在我们有了一个该地的详尽而精确的地图,不过关于罗布泊的争论还远没有尘埃落定。科兹洛夫写过一篇文章,题为《罗布泊,特别涉及到斯文·赫定于1897年15日与27日对俄国皇家地理学会所做的演讲》("Lop-nor, with Especial Referenceto Sven Hedin's Lecture before the Imperial Russian Geographical Societyon15(27)th October1897"),在文中他试图反驳冯·李希霍芬和我关于罗布泊所在位置的观点。

我刚一返回和阗,就给冯·李希霍芬发送了一份对于我的发现的报告,它刊印于《柏林地理学会期刊》1896年第三十一卷第295~361页。我的论文还附有冯·李希霍芬撰写的一则笔记,在简略概述了关于罗布泊的论争的早期阶段之后,他接着说:"确实有好几位旅行者曾经沿着塔里木河的河道旅行,可是他们都是踏着普尔热瓦尔斯基的足迹前进。斯文·赫定博士着手解决该问题。他选择了一条更加偏东的从北至南的行进路线,这一事实证明了,他对于目前正在争论中的问题有一个恰当的评估。他所做的观察以及由此所得出的结论证实了我于1878年在柏林地理学会的《学报》上发表的文章(参见第121~144页)中做出推断的精确性。"

科兹洛夫分析了对于罗布泊地区的不同论述——包括普尔热瓦尔斯基的、冯·李希霍芬的、别夫佐夫的、波格丹诺维奇的、他自己的,以及我的,并且得出了如下结论:"我从以上所征引的论述中所能够得出的唯一结论是这样的——喀拉库顺库勒(Kala-koshunKul)不仅是我尊敬的老师普尔热瓦尔斯基所发现的罗布泊,而且也是中国地理学家所说的历史上真正的古老的罗布泊。它现在是,在过去的1000年间是,在未来也仍将是罗布泊。"这个结论出人意料,如果联系起就在同一页中仅仅几行之前他所写下的话一起看就更加令人惊异,他这样写道:"我完全赞同斯文·赫定的意见,即,罗布泊现在的居民的祖先曾经居住在位于罗布泊以北的一个湖边。那是乌丘库勒(Utchu-kul)湖,别夫佐夫曾留给我们关于此湖的描述。"这些论断中暗含一个直接的自相矛盾:它们证明了"在过去的1000年间"那个湖泊并不是一直保持着现今所见的状态,可是科兹洛夫本人所绘制的地图却最具说服力地表明了这种关于千年间一成不变的言论是多么缺乏批判性。他在地图中标出了位于库鲁克塔格山南面的"孔雀河的古代河床(库姆河)"、距离塔里木河经线方向河道以西6.5英里的"干涸的河床"、位于且末河注入喀拉布兰湖之处以北12英里的"古代且末河河床"以及距离阿不旦以北8英里的"谢尔格恰普干的干涸河床"。我还在库姆奇克(Kum-chekkeh)以及麦得克沙里发现了其他古老的河床。我从科兹洛夫地图上所引的这4个说法已经足以表明,罗布泊的湖根本不是永远位于那个位置,流入其中的那些河流也不是一成不变的,恰恰相反,与地球表面任何一个与其规模相当的湖泊相比,罗布泊或许都经历了更加巨大的变化。

从科学研究的角度看,这个问题极其有趣,引人入胜,不过受我现在正在撰写的这本书的篇幅以及写作目的所限,我不得不就此打住,不再进一步深入。我打算在下一本书中详详细细地讨论该问题。而现在,既然我那能力出众而又热情高涨的同路人P.K.科兹洛夫中尉已经开战,我将很愉快地参与进来。这将成为有关罗布泊的论争的第二阶段。我们已经占有了解决问题所需的全部材料,现在所需要证明的仅仅是,到底是北面还是南面的那组湖泊,或者说到底是我发现的还是普尔热瓦尔斯基发现的那组湖泊更加古老,而无论是哪个更古老,它都将毋庸置疑地被认定为中国地图上的罗布泊。争论双方孰是孰非本身并不重要,我相信在决定一个有关事实的问题时,国族偏见是微不足道的,所要做的基本的事情是阐明事实,只要有利于达到这个目的,论争就是有益无害的。

于是,我们了解到了那些在"移动的湖泊"岸边的大型河流系统,正是它们将这个位于亚洲内陆的巨大的中央湖泊里的水汲干耗尽——它们包括从积雪终年不化的泰瑞克达坂上流下来的克孜尔苏河,以及河水源自东帕米尔高原、兴都库什山以及西藏西北部的冰川的拉斯坎河,其流量达到了每秒5330立方英尺,我们曾于1895年9月冒着生命危险渡过了这条激流。从此端到彼端穿流整个塔克拉玛干沙漠的和阗河,它以不可抗拒之势在沙丘之间开辟出自己的前进之路。还有阿克苏河和陶希干河（Taushkan-daria）❶，去年此时我们在10名船工的帮助下才勉强骑在马背上渡过了后者。将藏北的部分降水带到平原上来的且末河，在夏季时它的水势过于凶猛，会暂时阻断和阗和罗布泊之间的道路。最后还有孔雀河，无论在夏季还是冬季，不管在白天还是黑夜，它都保持着每秒2490立方英尺的稳定流量。——我们已经了解到，所有这些大河都没有强大到足以在无边无垠的戈壁沙漠的中心维持永久性湖泊存在的地步。

4月，我们在青格里克乌依发现，那条汇流的河的水量与其一条支流——孔雀河在库尔勒时的水量完全一致。那么其余的水到哪里去了？结论是这样的：孔雀河的一大部分水注入了北边的湖群，另外还有大量水被蒸发，荒漠中的沙子就像海绵一样吞噬了另一部分，除此之外，这些地区的相对湿度简直微不足道，干燥的空气也吸收了大量水分。所有这些因素共同作用，一起消耗掉河流的水量。于是，在严酷的斗争中坚持存留在地表的那一点点水无论是在形态还是在水量方面都要经受严重的波动这一事实也就不足为奇了。

实际上，库姆恰普干的捕鱼点，标志着塔里木区域这个"大坟墓"的入口。那里的恐怖戈壁沙漠所具有的置人于死地的倾向，无论对人类的意志还是河水的巨大力量来说仿佛都是无力征服的——你们可以到这里，但仅仅到此为止，不能再继续前进。还有你们这些骄傲的波浪，也应当止步于此处。

---

❶　陶希干河，即野兔河。参见第五十一章中6月8日的纪事。

第六十七章

泛舟北罗布泊

在上一章中,我已简略概述了关于罗布泊的问题与相关论争,以及从我的发现所导致的新观点,现在我还要进一步描述一下我在该地区进一步旅行时的情形。

4月4日,我们发现了北罗布泊中罗布人称作"阿乌鲁库勒"的那部分水域,在接下来的3天当中,就沿着其东岸前进。整个行程都很艰难,主要是由于那些高达30～50英尺的沙丘以33°的角度直接插入了湖中。每隔一段距离,沙子会退后让出一片区域,在那些地方生长出了杨树林。在每处沙丘高度较低的地方,柽柳就会取代杨树,它们从自身根部所形成的巨大的堆状物的顶部冒出头来。在某些地方,柽柳堆相互之间挨得过于紧密,我们就必须得从这名副其实的柽柳迷宫中踩出一条路来,因此,我们常常宁愿从沙地中绕路以避开它们。

北罗布泊的湖泊里长满了芦苇(后来我们发现喀拉库顺湖里的情况也是一样),除非是站在岸边最高的沙丘顶上向下俯瞰,否则在湖中间都看不到一块空着的水域。有两三次,在湖水较浅或是根本就没水的地方,我们试图在芦苇之间穿行,尽管那些芦苇有两峰骆驼那么高,而且生长得如此繁密,就好像是当地土著居民绑在一起用来作为他们的小茅屋的墙壁的芦苇捆一样。我们的一位向导先行去了解路况,跟在他后面的是骆驼,它们把芦苇踩在蹄下,并用自己沉重而笨拙的身躯把芦苇挤到一边,从而闯出一条路来。当我跟在向导身后向前走的时候,我感觉自己就像是行进在一条黑暗的通道里,当终于从里面出来看到前方有一条视线无阻的道路的那一刻,心情真是万分愉快。

由于骆驼在这片不利于行走的土地上已耗到筋疲力尽,我们不得不停下来让它们休息一天。

4月6日。像往常一样,我们在露天扎营,营地设在一座高高的沙丘之上,位于一组古老的白杨树的树影下面,树木刚刚披上它们最鲜亮的春季绿斗篷。我们营地的所在之处拥有一个俯瞰喀拉库顺湖的广阔视角,可以望到在遥远的西面环绕着奇威力克库勒(Chivillik-köll)湖的那一圈茂密的芦苇。此时的热度几乎令人难以忍受——中午1点钟时即使是在树荫底下温度也达到了91.6°F(33.1°C),而且空气完全静止不流动,这在一年中的这个时候实在是个罕见的现象。

在那些平静无波的日子里,我们被蚊子所深深折磨着。整整一路上,这种带着传染性细菌的讨厌昆虫像一团圆柱形的云雾一般始终萦绕在骑着骆驼的我们周围。它们生命中的唯一目标似乎就是折磨人类,而且它们将耐性发挥到了极致。不过到了太阳落山我们扎营过夜之时才是它们最为猖獗的时候,千百万只蚊子在我们周围嗡嗡作响,急不可耐又贪婪不堪,仿佛我们到这里来完全就是为了给它们提供一顿丰盛的晚餐!几千只蚊子相互竞争着要享受叮咬你的手的快乐,即使你的另一只手中不停地扇着一块布片也对它们丝毫没有影响,在这样的情况下还怎么可能写作?或是将温度计竖在我刚才提到的地方,然后将你的帐篷用一道火墙包围起来,而同时你自己也被烟熏得几乎窒息,这样又有什么乐趣?

当到达喀拉库顺的湖盆的时候,我们偶然发现了一种反击蚊子的巧妙方法。在日落时分,我们将前一年的干芦苇引燃。火焰以燎原大火的迅猛势头在湖面铺展开来,烟雾就像一层轻薄的面纱一般笼罩在我们的营地周围。我这半个晚上都醒着,欣赏熊熊烈焰那辉煌的活力,

547

为终于得以报仇雪恨而感到欢欣鼓舞，因为不计其数的蚊子正在像谷壳一般随着飘移不定的烟灰飘向世界的尽头。在其他时候，我被迫一直都得把自己可怜的皮肤用一层一点儿也不舒适的防护层保护起来，其实就是在双手和脸上涂抹烟碱。于是我必须拼命抽烟，为了不至于让这精华汁液供给不足！我从和阗带来的烟草原本估计能维持50天时间，但早已经在很久之前消失在烟雾中了。我在喀喇沙尔购买了一些中国烟草作为补给，不过只在急迫而必须的情况下才会抽它。在库尔勒的时候，我又为自己补充了存货，买了少量的又苦又酸的本地烟草，这种烟草装在一只木桶里，与其相比，最烈性的烟草卷的气味也会显得像纯正的哈瓦那雪茄一般。

　　说到引燃芦苇的事，我的向导告诉我，有一次有人于风雪天在喀拉库勒点燃芦苇，大火一直持续燃烧了三个夏季三个冬季。这当然只不过是一个编造得相当精巧的无稽之谈，但有一点还是完全清楚的，那就是——一旦干芦苇燃起了火，大火就会持续燃烧特别长的一段时间。阿不旦的老首领昆其康伯克乐意相信，若是将南罗布泊的芦苇点燃，它们能持续烧上一个星期。强烈的气流贴着水面从干枯

● 喀拉库勒湖中起火的芦苇

的芦苇秆上横扫过去,熊熊烈焰奔腾而起,滚滚不息,仿佛那火焰是被一对巨型风箱煽起来的。芦苇发出噼噼啪啪的爆裂声,被烧光燃尽,一直烧到了湖岸边,同时大片的火星和那盘旋的长长烟云在空气中浮动着渐渐远去。

在我们于4月9日在库姆奇克扎营之前,已经有好几天时间都没有遇见过一个人了,而我们在那里发现有三个打鱼之家居住在伊列克河岸边,他们是不久之前才从北罗布泊附近迁徙到那里的。在此处,河水经过湖中芦苇甸的过滤作用,呈现出可爱的深蓝色,而且就像银子一般明亮。从这里开始,河水在一条侵蚀形成的深深水道中向南流去,在经过两整天行程的距离之后,它再次汇入塔里木河,而这一路上又形成了另一系列小湖。

在库姆奇克,我让斯拉木巴依带领着旅行队伍继续前进,去往两河汇流之处,而我自己则只带着两个为我划船的伙计,乘坐独木舟进行一次短途旅行,前往南罗布泊的最远端,即喀拉库顺。这趟行程花了8天时间,其中还不包括休息日。这真是一次棒极了的旅行!独木舟这种交通工具上恐怕从来也没搭载过比我更感恩戴德的乘客了。在无边无际的沙地里步履沉重、又热又无聊地行进了那么长时间之后,现在所享

● 湖上泛舟

受到的这份宁静、舒适与安逸真是无比宜人——那种美妙的感觉简直无法形容！

居住在新旧罗布泊的居民，都将自己称为"Loplik"，也就是"罗布人"的意思，他们把自己的独木舟叫作"kemi"，这个词可以用来指代"小船""渡船"或是任何用来在水中漂浮的工具。当然，独木舟的尺寸变化很大，我见过的最大的超过26英尺长，宽度为2.5英尺，我自己所乘坐的那只大约长20英尺，却只有1.5英尺宽。3个男人尽全力干上5天，才能用一棵白杨树砍凿出一只独木舟，作为原材料的那棵树必须内里结实并且没有裂纹。这里的人从来没用过船帆，而总是使用带着一片又薄又宽的木板的船桨来划船，这种船桨被他们称作"盖迪亚克"——这个词也被用来指一种外形类似于吉他的乐器，他们拼命用力又极富技巧性地不断划动它。在湖面开阔的水域，划手们通常采取跪姿，但到了芦苇生长茂密的地方，他们就会站立起来以获得更好的视野。他们面朝着船行进的方向向前撑船，一般来说，船的两侧各有两位划桨者，位于后面的那两个人通常是站着的，这样可以越过前面的人的头顶看到前方。

我利用休息日的一天时间在湖中进行了若干次实验性的划行，目的是要确定我的划桨者们的平均速度是多少，换句话说，是为了得到一组关于时间与距离的数据，借此可计算出前方路途的长度。

我们于4月11日出发，一位划手位于船头，另一位位于船尾，我则处在船的中部，坐在一堆毡子和垫子上，舒服得就好像是坐在安乐椅中一般。我手边放着记录旅行日志的笔记本、钢笔以及指南针，而其他工具包括打了结的探深绳、卷尺以及供两三天吃喝的食品储备，则被塞进每一个空着的角落和凹窝之中。我有个很讨人喜欢的旅伴——一条被命名为"约尔达西三世"的猎犬。我们离开库尔勒的时候，它还是一只黄色的小狗崽儿，由于还没强壮到能够在沙漠中奔跑在旅行队伍的旁边进行长途跋涉的地步，我便把它装到一只篮子里面，然后将其放到一峰骆驼的背上。

第一天的骑行，约尔达西三世就"晕船"了，不过它很快就习惯了这种运动方式。每当跑得不耐烦了的时候，它就会躺倒在草丛旁边，静静地等着，直到一个伙计返回去把它拎过来放到篮子里。在我穿行亚洲的余下的旅程中,这只小狗从未离我左右,它是我的亲密旅伴,陪着我走完每一天的行程,完成每一次历险。它陪我坐在独木舟里,并且很快就对如此舒适的行进方式表达了自己的满意之情。在整个返回和阗的漫长路途中,以及在我穿越中国西藏、柴达木等地以及俄国西伯利亚的全部旅行过程中,它都和我在一起。约尔达西三世依靠自己的力量徒步完成了这迢迢路途的绝大部分,当我们最终到达圣彼得堡的时候,它的状态绝佳。然而不幸的是,有规定禁止从俄国携带犬类入境瑞典,因此,就在家乡大门的门槛处,我不得不与自己忠实的旅伴告别。不过,我把它托付给了最好的接管者——普尔克沃(Pulkova)的州议员巴克伦(Backlund)先生。现在,它正迫不及待地等着开始一段前往大沙漠的新鲜旅程。

一切准备就绪,船桨入水,独木舟像一条鳗鱼一般灵巧轻盈地在蜿蜒的暗蓝色河面上向前滑动。

不过此时,空气已经不再是静止安宁的了。前一天夜里,一阵强劲的黑风暴从东面刮了过来,现在的天空因此而变得黑压压一片。粗壮的白杨树也在这狂暴愤怒的大风中谦卑地弯下了腰。只要我们还在河里就不会有什么危险,因为河水是在一条又深又窄的河道底部流动的,完全处在两岸边的芦苇的保护之下,而且沿着河边生长的树林也进一步敲碎了风暴的利齿。不过这种情况大概仅仅维持了几个小时,之后我们的全部行程都是在出流湖中展开的。两位划桨者十分畏惧这一部分的旅程,我竭尽了自己全部的说服人的能力才劝说他们相信并没有什么可令人害怕的危险,因为我们三个以及约尔达西三世都会游泳。就我个人来说,我其实是很欢迎沙尘暴的到来的,原因是在它的作用下,这天中午1点钟的气温降到了69.2°F(20.7°C)。风暴在白杨树叶片繁茂的树冠中吟唱着声音尖利而单调的歌谣,这歌谣永远不会令人感到厌烦,它不断地开启着白日梦中常变常新的新奇幻象。

我们就这样沿着幽暗的水道向前赶路,我百无聊赖地注视着轻盈的独木舟如何在水面激起一圈圈荡开的涟漪,看着这些涡旋怎样变幻无穷地相互交织。窄窄的两行芦苇带好像树篱一般立在河的两岸,这让我不由得想象我们现在正在顺着一条被废弃的威尼斯运河划行。

我们不时停下来以便让我测量河水深度。有一回,划桨者自动停了下来,说是当河流与湖泊都干涸的时候,河床上的"这个位置"曾经存在着一个永久性盐池。我测量了那里的深度,达到31英尺,对于一条流量为每秒810立方英尺的河流来说,这的的确确是一个相当不寻常的深度。为我服务的一位船夫——猎手库尔班已经在这一地区游荡了50年,他既了解这里除沙漠之外别无所有时的状况,也熟悉9年之前水重新回到此地的情形。库尔班告诉我,普尔热瓦尔斯基曾经派他和另外两三个来自阿不旦村的自告奋勇的伙计一起去为他弄一副野骆驼皮。他们射杀了一峰骆驼,那副骆驼皮为他们换得了包括金钱、刀具以及其他物品在内的丰厚报酬。不过自从水回到此地之后,由于人类逐水也来到这里生活,野生动物就完全绝迹了,毫无疑问,它们去往更东面的沙漠寻找庇护所。

我们到达了湖群中的第一个湖泊。被风暴刮起的波浪像沸腾了似的向西流去,浪涛的顶部盖着泡沫的装饰。乘坐如此动荡不稳的独木舟颠簸在波浪之上有些冒险,况且湖泊的水非常之浅,如果独木舟的底部撞到了沙质的湖底的话,它必定会倾覆,因为风和浪都是冲着左舷这一侧的。因此,我们尽可能地贴近湖东岸行进,利用高高的沙丘作阻挡。

最终,我们满心欢喜地到达了萨达克库勒湖距我们最近的末端的一个无名的小村庄,那里有几户人家居住在芦苇搭成的小茅屋里。这些人用最自然的热情好客接待了我们,他们烹制了刚刚从湖中打来的鱼,还单另为我加了野鸭蛋、芦苇的嫩芽以及面包。在我享用这顿简单但十分美味的晚餐之时,我成为周围那一圈欢笑着聊天的男女老少钦慕的中心。事实上,那些年轻女子一

● 一位来自萨达克库勒的罗布小男孩

点儿也不羞于让我看到她们生气勃勃然而却丝毫谈不上美丽的面容。

后来,我发现了这种非同寻常的缺乏害羞与胆怯之情的原因所在:这些善良的人在此之前从未见过一个欧洲人,尽管他们曾听说过关于那个伟大人物,即普尔热瓦尔斯基的传说,他曾经拜访过他们居住在更南边的部落同胞,身边跟随着20名武装到牙齿的哥萨克人以及长长的驼队,还带着一大堆奇形怪状的东西。所以,我对于他们来说就是一个谜,因为我是孤身一人来的,没有随从也没有旅行队伍跟随,只是在两名他们的同胞的陪伴之下乘着一条独木舟抵达这里,而且说着和他们一样的语言,吃着和他们相同的食物,还差不多与他们一样一穷二白。他们对于欧洲人的先入为主的成见就这样被悲哀地颠覆了——原来一个欧洲人与一个罗布人之间的差异实际上并不是天壤之别。

4月21日,风暴过于气势汹汹,以致我们无法外出。不过到了第二天,风暴稍有减弱,我们的独木舟再次出发。当暂时不用船的时候,罗布人会把它们拖到岸上,隔一段时间就往上面洒些水,以防止船体开裂。即便是这样,也很少有独木舟能够使用10年以上的时间。

我们在日出之前出发,开始了一段美妙的旅程,其中一部分是在出流湖的湖面上,另一部分则是在芦苇甸当中穿行。湖泊后半部分的最深水深为11.5英尺或15.5英尺。不过,到了中午时分,风暴又恢复了先前那放肆不羁的狂暴劲头,因此,我们这天余下的旅程中危险重重。不同的湖泊经由狭窄的水道或峡口连接在一起,我们只有通过横渡宽敞开阔的水湾的方式才能进入其入口。

对我来说,伙计们能够找到路真是个了不起的奇迹。湖泊的湖岸线极端不规则,数量众多的溪流、半岛和小岛将其分割得支离破碎,直到我们实际置身于峡口之中的时候才能发现它的入口在哪里。从湖泊东岸的沙丘顶上吹过来的散沙形成了云团,将湖岸笼罩在一片浓浓的雾霾之中,并且在湖面上方盖了一层黄色的沙尘帐幕,这为辨识路径进一步增加了难度。湖水处于激烈的动荡状态,波涛在独木舟四周翻涌,浪花奔放地飞溅在每一道波浪的顶峰,浸湿了我们的皮肤。我们必须机警地留神周围情况,甚至脱去了一些多余的衣物,以便在必要时候能够更加轻松地游泳。事实上,我们是在用自己的身体与手臂维持独木舟的平衡,并且保持着最高的警觉性,唯恐因一头撞上隐蔽莫测的沙岸而使船只搁浅。

　　幸运的是,我们平安无事地穿过了一条又一条峡口。只有一次,我们在一个湖中的小沙岛的庇佑之下待了大约一个小时,那是在尼牙孜库勒大湖的中间。自那之后的那些湖泊的规模都比较小,最后,我们终于进入伊列克河,顺着河水在其平滑的河面上划行,一直划到了谢尔格恰普干村。"谢尔格"之称呼来自一个罗布人的名字,村里住了大约6户人家,我在那里找到了我的旅行队伍。斯拉木巴依和其他人已经为我长时间的缺席而感到不安了。

第
六
十
八
章

沿普尔热瓦尔斯基的罗布泊划船前进

　　我休整了几天之后,旅行队伍从陆路朝着塔里木河边的青格里克乌依进发,而我则乘船前往那里。"大塔里木河"(the Chong-tarim)以一种最变化无常的方式来来回回反复蜿蜒,往往划出几乎完整的圆形曲线,因此,我们一直需要依赖指南针来指引方向。由于现在位于开阔空旷的地方,没有什么东西为我们阻挡狂暴的飓风,我的船夫们就提前采取了防范措施。他们把两只独木舟并排固定到一起,用两根捆在挡浪板上的杆子把它们连接起来,两船之前留有大约一英尺的距离。这种双体独木舟由4名船夫来操纵,可是风暴是如此猛烈,船夫们的力气受到了最严峻的考验。尽管在这片水域当中,独木舟的船头是指向西面的,它们还是迎头撞上大风,只能一边打着转一边前进。

　　树林渐渐变得越来越稀疏,直至完全消失不见,寸草不生的荒漠在河流东、西两岸延展。

　　青格里克乌依是个典型的亚洲风格的打鱼点——那里沿着河岸建有一排用黄色芦苇搭成的茅屋,二十来只独木舟被放置在紧挨着茅屋的屋前空地上,长长的杆子上面晒着渔网,到处弥漫着鱼类腐臭的气味。有8户人家终年定居在此地,冬季时分,还会有另外15户人家也搬

555

● 划独木舟的
　罗布人

过来,这些人春天时便去往若羌,在那里种植庄稼并且等待其成熟,并于收获之后返回青格里克乌依。所以说,他们的生活方式是半游牧式的。

旅行队伍从陆路一直走到了阿不旦村,与此同时,我则仍然继续着水路的旅行,渡过喀拉布兰湖所剩无几的那一点点水域,尽管12年之前,它曾经是一个宽广的大湖。

风暴最终暂时性地止歇了,可是雨水却取而代之,雨下了整整一天(4月18日)。在倾盆大雨下得最猛烈的时候,我们在一座叫作托库兹阿塔木(Tokkuz-attam,九个父亲)的小村子里躲避了几个小时,那个地方完全位于湖水的包围之中。由于水流冲刷下来的沉淀物和沙土所形成的厚厚的层层沉积物,所有的湖泊水都很浅,事实上,在某些狭长的伸展出来的部分,湖水还不足4英寸深。于是,船夫们不得不下船涉水而行,并且像拖着椅式雪橇一般把独木舟拖在身后。

我们在一个叫作恰依(Chai)的村庄里过夜,第二天划船前往阿不旦,这段距离有37英里(尽管直线距离只有27英里)。这段旅行棒极了,因为天气晴好。随着塔里木河向东流去,河水变得越来越深也越来越窄,而其两岸的景象则越来越荒凉,直至最后连丝毫植物的踪影也看不到了。

当我们到达阿不旦附近的时候已是黄昏,这地方所有的人都跑出来在岸上迎接我们。当看到其中有一位个头矮小的老年族长时,我不禁指着他大喊:"那就是昆其康伯克!"尽管我与他素昧平生。人们为此而大吃一惊,不过自从普尔热瓦尔斯基在记述其第四次旅行的书中附上了这位长者的肖像之后,认出他来就毫无困难了。年迈的首领像对待一位老朋友那样迎接了我,并把我领到他的芦苇小屋中的一间干净的"会客室"里。

昆其康伯克是位精明敏锐的老人。他一直持续交谈,其间从没有停下来等待别人提问,他为我提供了大量富有价值的信息。普尔热瓦尔斯基曾经送给他一幅自己的照片作为礼物,同时还有以附近的湖泊、渔网、一只煮饭锅以及其他不同的用具为拍摄对象所拍下的几张照片。老人将自己珍藏的所有宝贝都保存在阿不旦村北边的一个小沙丘之中,以防万一在火灾发生或是强盗进攻之时令其遭到毁坏。我试图

557

● 阿不旦的昆其康伯克

向他解释在瑞典我们的船只是什么样的以及我们是怎样操纵船桨的。老人拍着自己的双手，用万分确定的语气大声说："哦，我老早以前就知道了。琼图拉（Chong-tura，普尔热瓦尔斯基）告诉过我这些。我确切地知道在你的家乡那些玩意儿是什么样子的。"

4月21日，我们沿河去往那个叫作库姆恰普干的大村子。年迈的首领昆其康伯克亲自划起了一只船桨，那力度与准确性无疑与其在60年前所拥有的状态别无二致。

人们告诉我，阿不旦村与库姆恰普干所在的河段一样，都不适于航行，因为在库姆恰普干那里，河水分流成为数量众多的小支流，最终全部都消逝于湖泊与沼泽地之中。普尔热瓦尔斯基曾顺着那一连串湖泊划船到了喀拉库顺，可是现在那些湖中长满了芦苇，而在他拜访之时居住在喀拉库顺湖岸边的人们早在10年前就离开了。不过我还是在库姆恰普干找到了两个人，让他们为我朝着东北东方向划上两天船，也就是要去独木舟最远所能够到达的地方。我特别迫不及待地想要将这些湖泊尽可能完完整整地全部标记到我的地图上，因此下定决心一定要进行这次旅行。但是还得先返回阿不旦，因为我们没有随身携带供给品。

我不是顺着塔里木河回来的，而是取道阿不旦附近的那些湖泊，它们紧挨着河的右岸而且与河流相平行，事实上，它们属于那种河岸边的潟湖，其水来自河里。由于河水每年都会沉淀下来大量的沉积物，河床就变得高出其两岸紧挨着它的土地的平面，这样一来，河水就好像是在一条凸起的河道当中流动。河水常常会从封闭它的河岸上的薄弱之处奔涌而出，将附近地势较低的土地淹没在洪水之中。除此之外，罗布人还有意地在河岸上凿出缺口，好让河水流出来形成人造湖泊。到了春天，当河水水位降到最低的时候，他们就堵住缺口，在人造湖泊中的水得到了充分蒸发之后，他们便可以捕捞那些通过缺口游到湖中的鱼。整个冬季，人们都靠吃鱼干和馕过活。不过，库姆恰普干的居民是真正的以鱼为主食的人，因为他们一年到头都完全依赖鱼作为其食物，他们食谱上唯一的添加物就是野鸭蛋、芦苇嫩芽以及盐。根据普尔热瓦尔斯基的说法，南罗布泊当中生活着两个种类的山地鲃鱼（Schizostorax Biddulphi 和 Schargentatus）、一种鳅鱼（Nemachilus yarkandensis）、一种鲤鱼（Diptychus gymnogaster）以及一种类似于梭子鱼的鱼（Aspiorrhynchus Przhevalskii）。

4月22日，我们乘坐三条独木舟开始旅行。其中的一条上载着我和三名船夫，另一条上是看管着供给品的斯拉木巴依与两名船夫，第三条船是一条轻便的小舟，搭载着年迈而经验丰富的吐逊（Tuzun），这条船划在最前面，在芦苇丛之中开路。

天气好极了，我们并未在库姆恰普干停留，而是顺着最左边也是河流最大的支流前行，但不久就迷失在高高的芦苇中间。如果没有罗布人在其中开辟出的那些狭窄的水道，这片芦苇所构成的森林将会是完全无法通过的。甚至现在确实是通畅的水道也会在一年之内被芦苇封闭起来，要是每年春天不把冒出的芦苇芽苗连根拔起的话。通常来说，一条水道大约宽1码，坚硬的芦苇列于两岸，就像宽阔的墙一般让人无法穿过，而其高度至少也有15～16英尺。在某些地方，它们被捆扎成竖捆或是被向后压倒，以免它们向前方倒去，从而阻塞水路或是河道。

这些水道——恰普干相互交叉，形成了一座四通八达而曲折复杂的迷宫，一位初来乍到的人在其中绝对会迷失方

● 昆其康伯克的儿媳　　**559**

向,然而它们的原始目的却并不是仅仅作为供人通行的水路,它们主要是用来捕鱼的。我们划船从成百上千的渔网上方经过,透过清澈透明的河水,我能够看到无数的鱼群在我们下方游动。在行进的过程当中,我们捕捞了几尾并且将其烹熟。每户人家都拥有自己专属的水道,他们有权在其中独家铺撒渔网。

让我迷惑不已无从理解的是,这里的人们是怎样在如此混乱不堪的迷宫当中辨识出路线的。我们所在其中的河道不时地会通向一个小小的圆形湖盆,芦苇像篱笆一样围绕在其四周,而从此湖盆中又会辐射出半打其他的湖盆,彼此之间别无二致,看起来全都是一个样子。当独木舟的船头一进入其中的一个潟湖,船夫们就会把船桨浸入水中,让独木舟像一只野鸭一般从开阔的水塘中掠过,于是水在船首处发出"嘶嘶"的响声,让我不由自主地设想:或许在一两分钟之内,我们就会一头撞上一堵木墙。不过情况并非如此,随着"嗖嗖"和"噼噼啪啪"的声响,

　　　　　　　　　　　　● 罗布泊库姆恰普干的罗布男孩们

芦苇如同幕帘一般倒向左右两边，而我们的船则轻快地滑进了下一条像隧道一样的水道之中。

就这样，我们整整一天都在欢快地飞速疾驰。每隔上一段距离，我就能清楚地瞥到一两眼那正缓慢缩减的塔里木河。我们划船经过的某些湖泊规模可观，在其中的约堪阿克库勒（Yokkanak-köll）湖中，我测量到了自己在南罗布泊地区所探测到的最深的深度，即 14 英尺。所以说，这些湖泊中的水都很浅，事实上，它们更像是沼泽而不是湖泊。

下午时分，我们进入了最大的湖泊——卡纳特巴格拉干库勒（Kanat-baglagan-köll，被缚的翅膀之湖）。人们如此称呼它可能是源自于这样一个事实：时不时有一只野鸭的翅膀被芦苇所束缚住，从而变成了路标。我们在蜿蜒穿行去往湖泊北岸的过程中遭遇到了绝无仅有的巨大困难，不过由于湖岸完全是由充满了沙子的稀泥构成的，我便选择在独木舟中睡大觉。

第二天，我们继续划船横渡那个大湖。有一次当我们停下来测量水深的时候，约尔达西三世大概是觉得独木舟上太热了，便越过船侧一个俯冲跳入水中，不过在游了相当长的一段距离之后，它得出结论——这儿离岸边还是太远了，于是又爬上了甲板。那条小巧的作为先锋的独木舟在前面领着路，后面跟着补给船，而我所乘坐的独木舟行驶在最后边。我在湖中吃完了由野鸭蛋和面包组成的简单早餐，斯拉木巴依把食物放到一个木碗里面，然后让其浮在水面上（水面完全平稳），通过这种方式把食物传递给我，我在我们的船疾驰过那里的时候把碗捞起来就行了。

一些巨型芦苇形成一条带子斜着穿过整个湖面，每一株足足有25英尺高，在水面处的周长为2.25英寸。由于罗布人极少会远涉到我们那时所到达的地方，因此水道又被疯长的芦苇给封锁起来了。那条小巧的打头阵的独木舟倒是相当轻易地穿了过去，可是两条更大更沉的船就只能一英寸一英寸地费力推进。船夫把船桨放到了一边，用手臂驱动船前进并且以芦苇作为支点。芦苇在各个方向闭合，我们完全被围困其中，视野之内甚至看不到一滴水，水面完全被芦苇和船遮蔽住了。这条幽暗、封闭而温暖的隧道当中透不进一缕阳光。

当我们终于从这条水隘路中冒出头来重见天日并且出现在最后一

● 在南罗布泊的芦苇丛中泛舟

个出流湖那被微风吹起涟漪的湖面上的时候,我长舒了一口气,心中溢满了强烈的欣慰之情。

中午时分,我们到达了这一连串出流湖的最末端,想要从这里的芦苇丛当中穿过是绝对不可能的了,无论是夏季乘独木舟还是冬季从冰面上走都不行。芦苇密密实实地紧挨在一起,就像是一道木栅栏中的桩子。在某些地方,它们是如此坚硬强韧又如此紧密地交织在一起,以至于我们实际上是从它们所交缠形成的垫子的顶上走过去的,走在上面的时候甚至一点儿都想不起10英尺深的水就位于我们脚下这样一个事实。

在掉头返回之前,我们又一次强行开道前往湖泊的北岸。在那里,我站在此地特有的怪柳根所形成的土丘的顶上朝四面看,望向每个方向的视野都十分开阔。东边是一个水塘,其面积不足1平方码,那里布满了繁茂生长的芦苇,形成了一片真正的森林。在其相反的方向,我们来时所取道的那条狭窄的水路仿佛一卷蓝色缎带一般在黄色的芦苇当中曲折蜿蜒,一直向西而去,一小片一小片幼嫩的春芽稀疏地散布在密集的芦苇甸当中,形成了同样鲜明的对比。

　　我们沿着与来时相同的路返回了阿不旦村。由于路线已然设计好了，我唯一能做的事就是倚靠在毡子和垫子上聆听水打在船侧那如泣似诉的声音，以及观察明澈的水面上各种色彩那令人心驰神往的交织变幻。在湖泊水较深之处，湖面呈现出铁青色，而在较浅的地方，由于黄色的芦苇的映像作用，水面上微光闪烁，就好像是一块用莱茵葡萄酒做成的果冻。

　　当我们划入在东面紧邻着库姆恰普干的塔里木河之中的时候，逆着我们而流的河水的力度更加强劲，我们划行的速度也较来时更慢。出来时那一路上，独木舟以飞快的速度扫过这一河段，船夫们所要做的仅仅是不时地把船桨轻轻浸入水中来为那轻盈而富有弹性的小舟引导方向。可是现在，在返回的过程当中，他们不得不凭借最坚定的意志用力划桨。

　　我急迫地想要赶时间，因此在太阳落山之前都让船夫们用尽全力划船，甚至在夜晚降临之后也叫他们保持同样的状态划了相当长一段距离，而他们也并未为此而抱怨，因为我许诺说会付给他们丰厚的报酬。月亮升上天空，照亮狭窄的水道，就像灯塔洒下富有穿透力的光线。夜晚宁静而温柔，除了船桨有节奏地摆动以及鱼儿偶尔跃出河面时激起四溅的水花之外，再也没有任何东西搅扰这笼罩一切的寂静。这是个迷人的夜晚，是我无法忘却的一夜。

第
六
十
九
章

返回和阗

　　在这一年的前4个月当中，我们一直持续不断地向东行进，使自己
与我们新的大本营和阗之间的距离越来越远。当我们到达此次旅行的
目的地——罗布泊最远端的那些湖泊的时候，我们距和阗已经足足有
600英里，而我在那里存放着自己差不多所有的行装以及不必要随身
携带的钱财。不过这漫长的旅行并非一无所获，我已经完成了自己在
出发之时所制定的目标：我考察了沙漠之中的古代城市，沿着于阗河的
流路前进，一直到达其最远流到的地方，穿越了戈壁沙漠，搞清楚了塔
里木河那复杂的河道系统，研究了关于巴格拉什湖的问题，并且探索了
罗布泊附近的地区。

　　穿越沙漠的艰苦而急迫的旅行令我们所有人都精疲力竭。暑气逼
人的炎热夏季正在到来，这一前景对我们来说一点儿也不美妙，原因是
我们的身边只有冬季的衣着装备，因此，大家都万分渴望回到和阗好好
休整一番。如果能够插翅翱翔的话，我们肯定已经那么做了，因为自从
普尔热瓦尔斯基、别夫佐夫、达特维尔·德·瑞恩斯以及利特德尔完成了
他们的旅行之后，沿昆仑山脉北面山脚行进的那两条路线都已广为人
知了，而那一路也并未提供任何有意思的东西。不过，我们毕竟不是像

野鸭那般长着一对翅膀,除了骑在骆驼背上行进之外别无选择。就这样,情真意切地与"标准的"老首领昆其康伯克道别之后,我们于4月25日带着自己的三峰骆驼和两匹马离开了阿不旦。

我为掉头西行而真心实意地感到高兴和欣慰,因为在抵达和阗之后,我的宏伟计划就只剩下最后一部分有待完成了,那就是——去探索藏北。除此之外,我急切地想去和阗还有一个原因:在喀喇沙尔的时候,我曾经听总领事彼得罗夫斯基说,他派人将一大包从瑞典寄给我的信件送到了和阗。在我长期不在的期间,家里都发生了什么事情?那一包信件像一块磁铁一般,以巨大的吸力将我向西引去。因此,在我们刚刚离开阿不旦之时,当纠缠不已的自东而来的风暴再次刮起并卷起一阵阵尘土与黄沙的烟团的时候,在我看来,这似乎预示着老天也在眷顾我们。

正如我在前文中已提到的那样,这种沙漠风暴既宏伟壮观又令人敬畏。塔里木河流淌在该地段的河道时,正常条件下本来是向东流的,可是由于受到那个时候吹过来的疾风的影响,河面的水流居然朝着恰恰相反的方向而去。举例来说,在阿不旦,水平面下降了16~20英寸,而在西边的喀拉布兰,水平面则上升了8~12英寸。因此,该湖泊就以一种可以觉察到的速度扩张着。当在这样的风暴之中骑行的时候,必须克服很大的困难才能将自己保持在鞍座之上。每分每秒,你都会感觉到自己的身体似乎要被整个儿地抬起并甩出鞍座,马匹摇摇晃晃地蹒跚而行,好像喝醉了酒一般,而骆驼则四蹄甩开以保持平衡。

尽管喀拉布兰湖的边界因此得到了扩展,我们却还是骑着牲畜从那里穿过,也就是说,我们通过的是自普尔热瓦尔斯基游历的时候就已经干涸的那些湖泊部分。在此之后,我们抵达若羌河下段,该河流应当注入湖中,但却在到达湖泊之前消失在低洼的地面之下。这条河同样受到风暴的影响,它也在一段空间之内逆转了流向,朝着两岸较低的地面涌过了很远的距离并且将原有的河道掩盖起来。在大多数时候,我们骑在牲畜背上偶尔蹚过6~8英寸深的水,在我们极目所至之处,除了一片无边无际的漫漫水域之外别无他物,而这一大片水域则最终被劲风吹得破碎不堪。水花在我们的耳边四溅飞舞,河水被整个儿地掀起到空中,然后碎裂成无数水滴,带着激烈的"嘶嘶"声泼洒下来。可是我们其实并望不到太远的地方,因为空气中灰尘密布,事实上已经使得天昏地暗。这次黑风暴没有丝毫间断地持续肆虐了整整三天三夜,在此期间气温一直保持在 59 ~ 64.4°F(15 ~ 18℃)之间,我们因此也感觉非常凉爽。

当我们抵达若羌这个拥有约 100 户居民的小城镇的时候,风暴终于止歇,天气又重归平静;可是,另一方面,我们的营地却陷入混乱之中。首先,我们要和那三峰骆驼说再见了,自从离开和阗以来,它们就一直为我们提供着价值难以估量的巨大帮助。一连几个月,它们都如同斯多葛主义者(Stoic)一般迈着坚忍的步子,穿过条件极端恶劣的沙漠,带着君临一切的庄严稳重昂首阔步地穿行于塔里木的原始森林里,毫无惧意地徒涉河流与沼泽。它们从无怨言,极少制造麻烦,反而常常以自己的沉着冷静激发出我们的勇气。可是我们已经榨干了它们最后一丝气力,它们现在急迫地需要休息,如果再让它们跋涉那么长的距离返回和阗的话实在是太过残忍,因为在中亚地区,骆驼在夏季是无需工作的,而是可以享受在高山草场上尽情吃草的特权。

与作为我的坐骑的那峰骆驼分别最令人难过,它是一峰棒极了的 10 周岁的雄性骆驼。正如我在说到野生品种的时候曾经评论过的那样,骆驼并不喜欢人类,也从未像马一样被彻底驯养,不过我却总能够和这头特别的牲畜保持最好的关系。每当那个负责用穿过其鼻孔的绳子牵它的人靠近它之时,这峰骆驼就会怒气冲冲地嘶叫,并且呼哧呼哧地喷鼻息。不过自从它发现我从来都不碰那绳子的时候,它便用完全不同的态度对待我,它允许我拍它的鼻子,轻抚它的面颊,却从来没有表现出一丝一毫的怨憎之意。每天清晨,我都依循惯例喂给它两大块玉米饼子,到了最后,它已经完全习惯了这种被喂食的方式,以至于一到那个钟点,它就会来到我的帐篷前面提醒我该给它喂食了。有时候,它甚至用鼻子有节奏地拱着我,把我从睡梦之中唤醒。

现在,我们却不得不与我们这三位富有经验的"老兵"道别了,它们这么长时间以来一直与我们共同面对风霜雪雨的考验。我把它们出售给了一位商人,售价只有我买它们时所支付的价钱的一半。我又买了

● 和阗附近的村庄（在赶集日的情形）

4匹马来取代它们的位置。当购买者领着骆驼远去的时候,我感到十分孤单。院子里看起来空荡荡的,非常荒凉。幸运的是,约尔达西三世仍然在我身边,它待在我所住着的小矮棚子中它的位置上忠诚地陪着我。有一天,当我正坐在一条毡毯上写东西的时候,这条狗突然间跳了起来,开始放声吠叫和咆哮,鼻子凑到地面上嗅来嗅去。一开始我并未注意它,可是它却蹿到了离我很近的地方,明明白白地表现出自己的不安情绪。于是我左右四顾去寻找原因,发现紧挨着我的脚边有一只黄绿色的外观可憎的蝎子,它有2英寸长,正在用自己带毒的尾巴对着狗。不过犬类的本能阻止了我的狗用嘴去捕捉这东西。我立刻弄死了蝎子,并且给约尔达西三世奖励了一大片肉。我轻拍它、爱抚它,让它明白自己是个很棒的家伙。

　　若羌处于一位办事大臣李大人的管辖之下。当东干暴动[1]于1894

───────────────

❶　东干暴动,此处指第三次河湟事变。——本版编辑注

年12月爆发,蔓延到西宁府并且在那里发展成危急之势的时候,当局在若羌城中驻扎了一支265人的守备部队,装备着在克里米亚战争时期被放弃的英国来福枪。

按照习俗和礼节,我在刚一抵达那里之时便派了一名信使前去拜见李大人,向他呈上我的中国式的拜谒名帖以及喀喇沙尔的洪大人发给我的地方通行证,同时询问我什么时候可以荣幸地与其会面。

作为回复,李大人派了他的翻译来告诉我,在接见我之前,他必须要先看到一个更大区域内的通行证,对于他所管辖的这一区域要有效力。那位翻译是一位非常体面有派头的伯克,我请他替我向李大人解释,我把自己来自北京和喀什噶尔的"大通行证"留在了和阗,因为当我出发开始旅行的时候并没有打算要走如此之远,那么最好让我前去拜访办事大臣,这样就可以亲口对他详细解释事情的原委。

可是传回来的回复却是:一个没有携带通行证旅行的人必须被视为可疑人物,办事大臣不会接见我,而且通往和阗的南面的那条路线也不对我开放。不过鉴于我拥有"小通行证",作为赐予我的恩惠,我被允许返回喀喇沙尔,然后从那里沿着来时所走的路回和阗。

这可真是个光明的前景!花三个半月的时间沿着一条我已经探索过的道路穿越沙漠,还是在最炎热的酷暑时节,而要是走途经且末的南线的话,一个月之内就能够到达和阗!

我让翻译转告说我打算在第二天就出发前往且末,可我得到了如下简明扼要的回答:"去吧。但是如果你这样做的话,我将会逮捕你,并派10名士兵护送你回喀喇沙尔。"再进行口头交涉已毫无裨益,我必须行动起来。我迅速决定了要做什么,我要像自己所宣传的那样,第二天一早就向且末进发,然后李大人会逮捕我,把我送回喀喇沙尔,那么我就将从那里前往迪化。于是我和那个从我这里购买骆驼的商人进行协商,由他来帮我照看行李与马匹。我决定带上斯拉木巴依与我同行,我们将几件必需品打包,用带子捆缚在鞍座的后面。

一开始,我为自己要以这种大张旗鼓的方式被逮捕而感到非常烦恼,因为要去对抗一位身后拥有265名士兵的清朝官员,诉诸武力或是运用诡计当然都是连想都不必去想的事。不过这天还没过完,我就对于前往400英里之外的迪化的这趟旅行产生了完全不同的想法。如果去那里,我就可以沿着从未走过的新路穿行于那些有意思的地方,而且还能见到中国的中亚之都,那里有众多尊贵的官吏,还有那小小的俄国领事。最后,我反倒相当期待起这趟旅行来,唯一将我吸引到相反方向的东西,就是我在和阗的信件。

然而,我的运气比驻若羌的办事大臣李大人的运气要好。那天晚上稍晚些时候,有一位50岁左右看起来体态柔弱却又威仪赫赫的清朝官员来到了我的住处。他做了自我介绍,说自己是施大人,是守卫部队的指挥官。他告诉我说他接到了第二天逮捕我的命令,但他却为李大人来向我道歉。他说,他会试图奉劝办事大臣,让他重新理智地处理问题。在此之后,我们的谈话转向了其他话题。施大人对我的旅行非常感兴趣,向我询问了许许多多问题。当我向他讲述自己穿越塔克拉玛干沙漠的灾难重重的旅程之时,他几乎一下子就要扑上来抱住我的脖子并且大声叫了起来:"噢,原来那是你啊!那个时候我正在和阗,人们唯一的话题就是你那不幸的旅程。林大人和我说起过你,我们都盼望着能在和阗见到你呢!"

他所说的"林大人",其实是保罗·斯普林格尔德(Paul Splingaert),他是一位比利时人,却在中国生活了约30年时间,并且曾经为李希霍芬男爵担任过4年的翻译,陪同男爵游历全中国。现在,他终于成为一名中国人,并且在肃州就任重要官职,成了一位具有影响力的清朝官员,而且娶了一位中国太太。他太太为他生了11个子女,其中有几个在上海的罗马天主教教会学校接受教育。

斯普林格尔德和施大人受迪化的地方总长官之派遣,在进行遍及整个塔里木区域的巡视之旅,特别是要探究清楚在南部边境地区的山地中有没有金矿的存在。因此,当我在布克塞姆的森林中迷路徘徊之时,他们正好身处和阗。当他们到达喀什噶尔的时候,我刚刚启程前往帕米尔高原,而我在秋季回到喀什噶尔时他们则已经离开了。我非常渴望见到斯普林格尔德,因为我还担负着替李希霍芬男爵向他转达问候的责任。不过我直到一年之后才在北京的俄国公使馆中遇到他,他那个时候正要去天津安家,他在李鸿章的举荐之下被委任了那里的一个重要职位。

在找到了彼此共同认识的人之后,我与施大人成了真正的好朋友,好像我们已经熟识多年。他这半个晚上都和我待在一起,分享了我的晚餐,我们又一同抽烟、聊天。我向他展示了我的旅行线路地图以及绘制的速写草图,并且为他解释了关于罗布泊问题论争双方的所有意见,他对于这个问题尤其感兴趣,他说他本人对此也有所认识,知道该湖泊原来所占据的是另外一处位置。

第二天,我们没有去迪化,而是一整天都待在若羌,我对施大人进行了回访。他快乐而友好地接待了我,并向我展示了他自己绘制的若羌与且末南面的山路的路线图。我承认,我被他的成果震惊了,如果那些地名不是用汉字写的话,没有人会质疑它必然出自一位欧洲人之手,图上的山脉居然是用现代地理学家最正统的等高线标识的。

接着,他又为我展示了他的英国指南针、屈光镜、测量仪等用具。在此之后,他带我参观了"要塞",让我看他所储备的弹药与火器,并且证明他自己是毫无偏见的。

当我们共进晚餐的时候,我认为这是个恰当的机会来询问他将如何处理逮捕我这件事。他回答说,他花了整整一上午时间试图向李大人的头脑中灌输进哪怕是一丁点儿理智,可是李大人还是顽固地坚持:只要东干人还在暴动,他就会坚持下令阻止任何人经且末到和阗去。对于这一点,施大人说他的回答是,我并不是一名东干人,而是位爱好和平的欧洲人。办事大臣则反驳说,他不知道我是什么人,因为我没有护照。

"好吧,那么,我想我必须准备去迪化了。"我说道。

"去迪化?你疯了吗!"施大人大声叫道,同时爆发出一阵大笑,"不,去且末吧,就像什么事都没发生一样。我会对一切后果负责。办事大臣传达了逮捕你的命令,可是守备部队的指挥官是我,而不是他,而我并不打算为这件事派出一兵一卒。要是李大人试图在本地的伯克们的帮助之下逮捕你的话,我还会派一队护卫士兵来保护你。"

还能想象比这更好的运气吗?那些李大人威胁说要来逮捕我的士兵居然会来保护我!不过在当时,中国的民政当局与军方当局之间发生的这种冲突并不罕见,我在喀什噶尔和和阗的时候都见到过类似事件。

第二天一早,我们再一次整装待发。尽管施大人还没能充分向我展示他的装备精良的办公地点,但他还是及时为我送来大量的糖和烟草,这些正是我目前想要的东西。作为回礼,我送给他一些我已不再需要的地图以及若干件小玩意儿。于是,我们又一次向西进发。我们的骆驼在小城边缘的一个园子里啃食着树上的绿叶,当经过它们身边的时候,我们满怀伤感地向它们挥手道别,可是它们一直忙着吃食,连一秒钟也不曾停下来,而且也并未屈尊在我们身上浪费匆匆一瞥。

我必须加快速度,迅速结束关于从此处到和阗那560英里路途的描写,我其实很愿意细细描绘旅程中的种种细节,可是这本书篇幅有限。而且我希望自己能够再次回到这一地区,搜集全关于它的丰富的观察资料,然后在下一部作品中予以呈现。

在前往且末的路上,我们参观了瓦石峡(Wash-shahri)的遗迹,在那里我从一位当地人手中购买了一只古代的铜罐子。随后,我们抵达且末河流域,穿过那里稀疏的树林之后,来到且末城中。

从那里有两条路线通往和阗。走北路要穿越沙漠,10天可抵和阗,马可·波罗当年似乎选择的就是这条路。不过途中所经过的地区几乎杳无人烟,而且在每年的这个季节,水井中的水是咸的,更何况还有蚊虫这一令人无法忍受的烦扰,于是我们宁愿走南线。南线紧贴昆仑山脉的山脚,比北线的平均海拔高出了3000～4000英尺。那条路上的空气十分新鲜,天气总的来说晴朗宜人,一路上的风景也变化多样。我们所途经的地区的居民被称为塔格里克人(Taghlik,山地人),他们主要以饲养家畜为生,同时也从事很小规模的农业生产。走这条路比走北线多花了4天时间,不过相对来说,这点儿损失微不足道。

我们下一站是前往位于科帕(Kopa)的金矿,这里的居民采用一种十分原始的方式来追求好运。含金的矿石最深位于地下300英尺的位置,为了得到金矿石,矿工们挖出一个垂直井筒(kan),再在井筒的底部开凿出狭窄的隧道,就如同鼹鼠的通道一般,那些隧道都与旧河床的方向相平行。仅仅描述这些就配得上整整一章的篇幅,可是我必须加快推进笔下旅行的进程。我们又越过了克里克萨依(Kirk-sai,四十道河床),在其深深的河道中流淌的是从山里面流出来的融雪之水,这水一路流到了戈壁或塔克拉玛干那炽热的火炉之中。

从那里我们又骑马前往索尔嘎克(Sourgak)，那里同样产金子。下到低地与沙漠中的时候，我们在一片名为"扬资玉尔干"(Yaz-yulgun，夏季柽柳)的小绿洲里发现了一个绝佳的停留地点。在于阗，我受到了我在喀什噶尔交到的好朋友曾大老爷的热烈欢迎，他最近刚刚被任命为驻于阗的办事大臣。

我们于5月27日到达和阗，一行人身体状况良好，依然很强壮，只是非常疲倦，我们将享受到其他人对我们之到来的最热切的期待。

第
七
十
章

沙漠之旅续篇

　　应当铭记,在我们于1895年4月和5月间穿行塔克拉玛干沙漠的灾难性旅程当中,我们是怎样迫不得已地丢弃了旅行帐篷和差不多所有的行李,价值约合275英镑,还不得不放弃了两名因为干渴而濒临死亡的伙计。在喀什噶尔,这两个人所留下的寡妇跑来找我,哭泣着乞求我把丈夫还给她们。我尽了最大努力去安慰她们,并且赔偿给她们我所能够负担的最大数目的金钱。在此之后,我忙于为前往帕米尔高原的旅行做准备,这占据了我所有的时间,因此那些发生在沙漠里的事情也就渐渐地从我的记忆之中淡去。我很快就忘记了自己曾经历的困苦和遭受的损失,不过关于那奇迹般地脱离险境以及被救援的记忆却时常萦绕在我的脑海中,每每在危急时刻赐予我坚强的信心。

　　当那支瑞典军官的左轮手枪如此出乎意料地在1895年夏天出现在喀什噶尔的时候,自然激起了我们的满腹疑惑,因为它应当与骆驼大个子背上的其他行李一起被留在了沙漠边缘。总领事彼得罗夫斯基与道台都向和阗下达了指令,命人重新调查这件事,但是却毫无结果。我自己于1896年1月初到达和阗,当我离开那里的时候,百分之百地肯定我的帐篷、行李以及那两名死者在很早之前已经被黄沙掩埋,而且会在

573

那个地方留存许多年。因此你可以想象,在我回到和阗的当天,当看到刘大人派来的人将我所丢失物品中的绝大部分东西送到我的住处的时候,我是多么地惊喜,我已经有一年多时间没见到这些东西了。

但我必须承认,我重新拿回这些物品的时候虽然很愉快,心里却五味杂陈,因为此次的失而复得暴露了我们曾经落入盗贼与叛徒之手的这一事实。随之呈现的是一个关于犯罪的传奇故事,它本身十分复杂,对我来说是一次极其令人不快的经历,更不用说为了彻底解决这件事还浪费了我大量的时间。

赛义德·阿赫兰·巴依(Seyd Akhram Bai)是在和阗的那些安集延来的商人中的阿克萨卡尔,他从玉素甫那里得到了瑞典左轮手枪,玉素甫正是曾经给因干渴而挣扎在生死边缘的斯拉木巴依饮用水的那位商人。毫无疑问,玉素甫此举的目的在于贿赂阿克萨卡尔,谋求获得他的好感并让他保持沉默。不过阿克萨卡尔事先已经得到了彼得罗夫斯基先生的警告,因此并没有落入陷阱之中。他严厉地审问了玉素甫,玉素甫最后终于承认,自己是从塔瓦库勒的首领托克塔伯克那里得到左轮手枪的。阿克萨卡尔把那武器交给了刘大人,而后者又将其送到了道台那里,道台再派人把它给我送来。玉素甫发现这件事激起了一定的关注度,于是非常小心谨慎地躲到了迪化。与此同时,由于再也没有得到有关这位商人的任何消息,阿克萨卡尔便派了一名探子前往塔瓦库勒,去监视托克塔伯克及其住所。

衣衫褴褛的探子到了塔瓦库勒,他的角色扮演十分出色,以至于托克塔伯克雇用了他,并且让他负责照看一群绵羊。

● 和阗的办事大臣刘大人

此人在那附近四处游荡,他忠于职责,表现获得了其新主人百分之百的满意。他获得的酬劳很低,可是有一天,当前往伯克的住所去领取那一丁点儿报酬的时候,他有了一个重大发现。伯克一看到他出现在门廊便立刻跳了起来并阻止他进到屋子里去。不过那人已经捕获了自己需要的所有信息:他看到伯克和我们的三名来自和阗河的猎人在一起,这三个人是阿合买德·莫翰、喀西姆·亚克翰和托克塔·沙赫,除了他们之外,还有曾经作为向导指引我们到达沙漠中最先找到那几座古城的雅古·沙赫(Yakub Shah),这几个人正蹲坐在一些箱子周围,还有几件只可能属于一位欧洲人的物品被拿了出来散放在地毯上。探子并未暴露自己的身份,他领取了报酬,慢吞吞地退下,不过一离开了那些人的视线范围,他立刻就抓住了自己遇到的第一匹马,跃上马背,一路奔向和阗,并向阿克萨卡尔报告了他所看到的一切。阿克萨卡尔马上将此事向刘大人汇报,刘大人派了两名处理法律事务的官员以及一队士兵前往塔瓦库勒,去搜查伯克的住所并没收被偷的财物。

与此同时,伯克已经迅速发现了新来的牧羊人以及一匹马的失踪,他立即就猜到事情有些不对头,就派人骑马以最快速度去追踪逃跑的人。不过由于探子很早之前就已出发,而且他明白要保住自己的小命,就必须抢先到达和阗,因此他并没有被追上。现在,伯克处于一个万分尴尬的困境之中,但他还是以一个外交家的圆滑诡诈挽救了自己:他急急忙忙把所有物品都塞回箱子里面,在刘大人派去的人的陪同之下带着箱子一起去了和阗,亲手把所有东西交给了他(办事大臣),并说这些东西是两三天之前才被发现的。那些猎人们也在同一时间到达和阗,所有的同谋者全都住在同一所商队旅馆之中,但阿克萨卡尔在那里也布置了自己的眼线。

第二天,眼线跑来报告说,前一天夜里,伯克已经教猎人们如何统一口径,安排好了当刘大人询问他们事件原委的时候应当怎样回答,因为大家都确定无疑很快就要展开一场正式的调查,以查明他们是在何时、何地以及怎样发现这些东西的。

不过,阿克萨卡尔首先把猎人们都叫到了自己跟前——应当记住的是,这些人正是在我们于沙漠之中遭遇劫难之后和斯拉木巴依一起返回寻找帐篷未获成功的那些人。他们告诉阿克萨卡尔,冬季的时候,他们回到三棵白杨树那里，从那个地方开始再追随一只狐狸的踪迹朝正西方向进入沙漠之中。他们沿着那足迹走了一些日子，最后来到某处，狐狸在那儿停下脚步并且用爪子搔刮起沙地来。那处的沙子就像白垩一样雪白，他们发现，这种白色的出现是源自于面粉。随后，他们就开始向下挖，终于挖到了帐篷。帐篷已经完全被掩埋在沙子底下，就连帐篷支柱的最顶端距离地表也有足足一英尺的深度。接着他们从下面捞上来一件又一件物品，将其全都装载到驴子背上并驮回河区。

这是一个极其有趣的故事。它证明了帐篷周围的沙丘在那段时间之内高度上升了6英尺以上，尽管这种增长很大程度上也是因为地形的不规则，而崎岖的地形又是由于沙子在帐篷被遮蔽的那一侧的堆积所造成的。很明显，在1895年的夏季风势猛烈，而冬季还是一如既往地平静而安宁，因此，狐狸留下的足迹并未被抹去，而是非常容易就可追踪。毫无疑问，狐狸嗅到了母鸡以及我们所遗留下来的口粮的味道，于是穿过沙漠去寻找这些食物。猎人们在远离营地的一座沙丘上面发现了一只母鸡的骸骨，不过他们并未看到那两位死者的遗骸，或许他们俩在5月1日夜里都曾向远处爬行了一段距离。

阿克萨卡尔很快就对故事的真实性形成了自己的判断。他们为什么不直接把东西上交给办事大臣刘大人，而是一直等在那里，直到探子发现他们为止？好吧，托克塔伯克以前曾经在阿古柏的军队任职，他是一个众所周知的无所不为而难以对付的家伙，也因此而招来许多怨恨——他听说了这次"发现"，便力劝那些原本温良无害的猎人们对此事不要声张，然后逐渐卖掉其中的一些东西并把那些对自己有用之物留在身边。因此，我只拿回了我的部分财物，主要是那些本地人用不着的物件，比如说我的一部分工具、平板绘图仪及其支架、药箱、乌尔斯特大衣、雪茄烟、烧石油的炊具炉子以及两个摄影用的照相机。不幸的是，在此之后那两个照相机再也没派上什么用场，因为塔瓦库勒的居民们已经将其中的感光板拆了下来并把它们装在自己屋子的窗户上当玻璃用。所以，我的行为仍将受限，将来还是只能依靠钢笔和铅笔来画图。其结果就是，这本书只有前半部分的插图使用的是照片。

猎人们被托克塔伯克的提议所蛊惑，他们已经处理掉了价值约合110英镑的物品。阿合买德·莫翰和喀西姆·亚克翰曾经陪伴我一直走完了顺于阗河而下的路程,却在整个旅行期间对这件事不露声色,不过我猜想他们的良心一定受到了谴责,因为每当谈论起我们那段不幸的沙漠旅程的时候,他们总是会说,我所丢失的东西一定还会被找回来的,他们在从奇敏回家的途中会去寻找它们的。这些话仿佛是在为他们自己寻求退路。而我现在也理解了,在我拜访塔瓦库勒期间,托克塔伯克为什么让我住到一所普通的房子里,而不是好客地让我住到他自己家中。原来那些被偷的物品就藏在他家的地毯和毡子底下,他怕这些东西有可能被我发现。

办事大臣刘大人也主持了一次讯问,在此期间他提到,我的几个箱子上的锁全都被以施加强力的方式给打开了(在1895年5月1日的那个不幸的日子,我将箱子都上了锁,然后把钥匙塞到了其中的一个箱子底下)。刘大人质问这些人他们怎么敢做这样的事,难道说他们不知道法律禁止染指他人的财物吗?他们回答说,由于箱子太沉了,他们不得不将其打开,为的是能够把里面装的东西一件一件地逐个运走。

以上所有事情都发生于我回到和阗之前两三个月的时候。为了让猎人们开口供认,刘大人下令对他们动了刑,他们遭到责打并被投入监狱,可是那狡诈的伯克却依然逍遥法外。

我回到和阗以后,这一案件再次浮出水面。阿克萨卡尔在办事大臣的衙门里也有个眼线,职责是向他报告那里所发生的事情。不过我们很满意,刘大人秉公执法,并没有被贿赂。盗贼的命运现在掌握在我的手里。对于这些可怜的家伙来说,那种等待自己命运的悬而不决状态的滋味,一定是难受极了。当然,一开始,我的确是意欲让他们好好地担惊受怕一番之后才放他们走,但我也不希望看到他们受到过于严厉的对待,因为当我自己的生命危在旦夕之时,对众生至慈的上苍不也向我伸出了援助之手吗?

刘大人担当起法官的角色,他十分庄重而且极具威慑力地宣称了自己的权威。他要求列出一份我所丢失的物品的清单并标出其中一些东西的价值,然后他拿着这份清单屈尊亲自驾临塔瓦库勒,并在那里主持了一次从头来过的调查。在此之后,案子在和阗继续开审。由于一些证据相互矛盾,刘大人因此希望通过严刑拷打来得到事实真相,但我尽了自己最大的力气来反对他的这种企图。可是他至少还是要动用棍棒,在整个审讯过程当中,棍棒和行刑者都近在眼前。不过,我宣称如果他下令这么做的话我就必须撤诉,因为即使是对一名罪犯也不应虐待。在我做出了如此声明之后,刘大人终于让步了,决定尊重我的以上顾虑。

那几位猎人一致坚持说,他们已经把所有的财物都交给了托克塔伯克,如果还少什么东西的话,那位伯克就是唯一知晓其去向的人。而另一方面,托克塔伯克却赌咒发誓说是猎人们偷走了丢失的物品。于是,刘大人就像所罗门王一样做出了如下判断:"两方中必定有一方在撒谎,但是通过审问无法确定说谎的究竟是哪一方。因此,我责令双方都要在两天之内赔给我们的客人与那些丢失的物品等价的钱财,即5000天罡(将近120英镑)。"

我立刻当着犯人们的面回答说办事大臣的决定有理有据、完全公正,不过我并不打算问这些小偷要钱,无论他们所犯下的罪行有多大。

对于这一点,刘大人坚定决然地回答,即使我本人对金钱浑不在意,这件事对于中国人却是至关重要的,因为他们要让自己的子民们明白,一个人不可能在劫掠了别人之后还可以逃脱责罚,否则的话,下一次再有旅行者走那条路的时候,同样的事情还会再次发生。

不过我认为,关于被留在河边的骆驼也被劫掠了这一点并没有得到令人满意的证明;除此之外,猎人们还声称,有些东西被留在他们发现帐篷的那个地方了。根据这些理由,我努力说服刘大人把罚金降到了1000天罡。如果说我在其他方面别无所获的话,我至少还是赢得了犯人们的尊重。

刘大人所表现出的敏锐的正义感和坚定不移的精神,是中国的清朝官员身上通常所缺乏的。不过正如我已经了解到的那样,这位刘大人是个能力超群的人,而这一点通过另一件事例得到了证明。和阗绿洲每年向国库所缴纳的岁贡加起来大约为3000jambaus(约合3.3万英镑)。在和阗以及塔里木区域的大多数城镇,地方长官三年一换,但即使是在这段时间之内,官员们通常也能找到机会为自己"搜刮"几千jambaus,因为征收来的税收中有很大一部分都会落入他们的腰包。刘大人已经在和阗担任了3年的地方长官,而他每年都能将岁贡分毫不差地送到北京。他这种极其罕见的正直诚实引起了迪化方面相当程度

● 和阗的一条集市街道

的重视,因此他刚刚被提拔为叶尔羌的办事大臣,即将和我同一天离开和阗,去往自己新的就职之处。

我们在和阗度过了一段十分快乐的时光。在刘大人的命令之下,本地最富有的人阿里木·阿洪(Alim Akhun)将自己的夏季住所安排给我自由居住,当我于5月27日到达那里的时候,所有的东西都已经为我准备就绪。有人引领着我穿过一道大门,然后经过两三个庭院,最后进入一个被高高的四方形院墙包围起来的大花园。一条厚石板铺就的小路直通向一所长方形的砖房子,它位于花园正中的石阶之上。房屋内部只包括一个大房间,这间房开着15扇窗子,上面装着木头的格栅,就像是百叶窗那样。台阶周围围绕着一圈深渠,里面注满了水,有4座小桥架于其上。这所房子四周所种植的柳树枝叶繁茂而且彼此之间挤挤挨挨,以至于连一丝阳光也无法穿透这屏障来破坏此处清爽宜人的阴凉。空旷之处的温度已经升到了100.4℉(38℃),而在树底下,温度则足足低了18℉。清水在渠中荡漾起涟漪,风在树顶上轻轻低语。尽管在这个季节里沙尘暴十分常见,但它根本无法侵入这里搅扰这花园的宁静。

房子只有一个门，一个高约1码的木头平台贴着其他三面墙，将石头地板的中间空了出来。我把行李箱和毯子放置在平台上，并在屋子的一角支起了自己的床。随后我就盘腿坐好，拿一个箱子当作桌子，一直工作到深夜。这地方确实挺像个学生的房间，只除了那大量的旅行装备让它看起来有些不同寻常、稀奇古怪。

　　厨房是一个小小的泥土房子，位于花园大门旁边，为了保证我在某种程度上不受打扰，斯拉木巴依在两个房子之间装配了一个临时用的铃铛。我一天只吃两顿饭。斯拉木巴依过来宣布："米糊已经做好了，先生。"然后他在我身边的平台上铺开一块布，将饭食摆上去。洋葱和羊肉做的布丁、蔬菜和骨髓熬制的汤、新鲜的面包、酸奶、加了糖和奶油的茶、鸡蛋、黄瓜、西瓜、葡萄和杏子——哇，我简直像个王子一般过着奢侈的生活！

　　中国的官吏前来拜访我，本地的商人也带着古董和玉器来向我出售。我唯一的伙伴就是约尔达西三世，当地人给它起了外号，叫它"约尔达西阿洪"或"旅行伴侣先生"。它为我看守着房子，当斯拉木巴依举着晚餐托盘过来的时候，它就摇摆着尾巴表示自己对此很感兴趣。

　　我是多么地享受在那美丽的花园中休憩的时光啊！四周如此宁静，如此安详，集市上吵闹的声音一点儿也传不到这里来，街道上那令人不快的气味也一丝一毫都飘不过来。当然，毋庸置疑的是，同沙漠中的境况所形成的强烈对比让此处显得尤其令人愉快，而同样让我欣喜的是，从家中寄来的信件中诉说的全都是好消息。

　　用过晚餐之后，我在花园中闲逛了片刻，沉醉于成熟的桑葚和桃子以及怒放的玫瑰和郁金香所散发出的诱人香气之中，而郁金香还带有一抹绿色。花园中还有一只母鹿，脖颈上系着蓝色的丝带，上面拴着几只铃铛，它时不时地迈着敏捷灵巧的跳步跑过来，想要同我一起玩耍。总而言之，这里是一个人所能够梦想到的最可爱宜人的地方，实际上称得上是个完美的天堂——只不过，这里没有夏娃。

　　我的15匹新马都在马厩里，我在1895年夏季所骑的马是唯一的一匹原有的老马，不过在我前往罗布泊期间将它留在了和阗，它已经得到充分的休息，现在为之后的艰苦旅程做好了准备。刘大人派人为我送来丰富的玉米和青草草料储备。我曾经抗议说，如果他这么做的话，我就被迫要提前出发了,但他对我的抗议置之不理。相反,他还请求我多逗留些日子,并且向我保证说,这是每一个真正的中国人的待客之道。他所做的还不止这些。当我再次出发开始下一段旅行的时候,他送给我足够旅行队伍中所有的人和牲畜吃上整整一个月的口粮和供给品。事实上,我无法一一列举出所有事例,来证明这位杰出的官员所慷慨给予我的善良仁慈与热情友好。不过有一件事是必须要提及的,他为我介绍了一名汉语翻译,名叫冯时,是个快活开朗而易于相处的小伙子,他可以轻而易举地用母语写作,同时又能够流利地讲当地人通用的察合台语——而且,他不抽鸦片烟。他将自己的妻子和孩子留在和阗,刘大人承担起负责他们生计的责任。不过我还是提前支付冯时3个月的薪金,他把那钱留给了妻子。无论何时只要一有空闲,他就会给我上汉语课,我们甚至在离开和阗之前就立刻开展了这项教学活动。

当夜幕降临,斯拉木巴依放下窗帘,点起一对硬脂的蜡烛,然后我坐下来,寸步不移地一直工作到凌晨2点钟。在一个风暴肆虐的黑漆漆的夜里,我被约尔达西三世吵醒,它趴在一扇窗子上如同发疯了一般狂吠。可是在大风穿过树丛时所发出的忧伤的呻吟声的掩盖之下,我听不到任何异常的动静,于是我爬向铃铛所在的地方。

拴铃铛的线已经断了,我无从知晓这是由于风暴所致还是有人故意搞破坏。我走出门,来到台阶上,我的狗正在盛怒之下浑身发抖,它一下子就跃入灌木丛中。我看到几个黑影向着花园的院墙处潜行逃走。我急忙跑到斯拉木巴依那里把他叫醒,因为他手里有火器。他拿起一支来福枪,胡乱地射出了两三发子弹。第二天早晨,我们发现一架梯子靠墙支在那里。那些闯入者一定是小偷,他们在慌乱的逃离过程中将梯子丢在了身后。从此,我在身边一直放着一把左轮手枪。我们还在花园中安排了两位守夜人,他们每分钟都要敲三下鼓,这依照的正是集市在夜里防贼的惯例。自此之后,我再也没有受到搅扰。

不过,时光飞逝,我无法抽出一个月以上的时间用于休息。很快,我就又期盼着再次上路。到了6月底的时候,万事俱备,可以又一次踏上旅途了。我最信任的斯拉木巴依已经雇用了一队新的随行人员,也购买了新鲜的供给品。集市上的一位做帐篷的工匠为我做了一顶新的大帐篷供伙计们住宿之用,我自己则打算仍然继续使用那顶曾被我丢弃在沙漠中的帐篷,它如此离奇地从埋没它的塔克拉玛干的沙子中复归故主。

在出发之前的最后一个下午,那些要同我一起上路的伙计们举行了一场盛宴来庆祝启程。小院子里到处都挂满了五颜六色的中国灯笼。他们找来了一个包括吹笛手和鼓手在内的完整的乐队以及几个舞者,其中的一个装扮成女人的样子,他们尽情展示着自己的技艺,所表演的绝不是富有教育意义的内容。与此同时,他们围坐成一圈,大声鼓掌,纵情享乐。随后他们相互传递着茶和米糊,欢宴就这样一直持续到凌晨。